高等职业教育扩招系列教材

宠物内科

刘洪杰　主编

中国农业大学出版社
·北京·

内容简介

本教材遵循高等职业院校宠物诊疗技术专业的教学体系和课程设置要求，结合宠物诊疗的实际需求和学生的理论基础水平。在编撰中，以理论够用，技能突出为原则。重宽泛轻深入，虚化基础理论的介绍，强调实用性，并插入部分图片，实现图文并茂的效果。全书共十章，介绍了消化系统疾病、呼吸系统疾病、心血管系统疾病、泌尿系统疾病、神经系统疾病、营养代谢疾病、内分泌系统疾病、免疫性疾病、中毒性疾病和皮肤病共计 128 个疾病的概念、病因、症状、防治。本教材可供高等职业院校宠物诊疗技术专业、畜牧兽医专业、动物医学专业及其他相关专业教学使用，也可以作为宠物临床工作者参考用书。

图书在版编目(CIP)数据

宠物内科/刘洪杰主编 .--北京：中国农业大学出版社，2021.11

ISBN 978-7-5655-2642-8

Ⅰ.①宠…　Ⅱ.①刘…　Ⅲ.①宠物－内科－疾病－诊疗　Ⅳ.①S856

中国版本图书馆 CIP 数据核字(2021)第 215959 号

书　　名　宠物内科

作　　者　刘洪杰　主编

策划编辑　康昊婷　张　玉　　**责任编辑**　康昊婷

封面设计　郑　川

出版发行　中国农业大学出版社

社　　址　北京市海淀区圆明园西路 2 号　　**邮政编码**　100193

电　　话　发行部 010-62733489，1190　　读者服务部 010-62732336

编辑部 010-62732617，2618　　出　版　部 010-62733440

网　　址　http://www.cau.edu.cn/caup　　**E-mail** cbsszs@cau.edu.cn

经　　销　新华书店

印　　刷　北京溢漾印刷有限公司

版　　次　2022 年 1 月第 1 版　　2022 年 1 月第 1 次印刷

规　　格　185 mm×260 mm　　16 开本　　12.25 印张　　300 千字

定　　价　37.00 元

系列教材编审委员会

编审人员

主　编	刘洪杰	黑龙江农业职业技术学院
副主编	杨名赫	黑龙江农业职业技术学院
	车有权	黑龙江农业职业技术学院
	王　浩	黑龙江农业职业技术学院
编　者	刘　红	黑龙江农业职业技术学院
	高月林	黑龙江农业职业技术学院
	刘　云	黑龙江农业职业技术学院
	鲁兆宁	黑龙江农业职业技术学院
	陆江宁	黑龙江农业职业技术学院
	张佳韧	黑龙江农业职业技术学院
	倪士明	黑龙江农业职业技术学院
	孙凡花	黑龙江农业职业技术学院
	王瑛琦	黑龙江农业职业技术学院
	陈腾山	黑龙江农业职业技术学院
	解志峰	黑龙江农业职业技术学院
	李凤刚	黑龙江农业职业技术学院
	岳增华	黑龙江农业职业技术学院
	葛婧昕	黑龙江农业职业技术学院
主　审	于　波	黑龙江农业职业技术学院

总 序

黑龙江是农业大省。黑龙江农业职业技术学院是三江平原上唯一一所农业类高职院校，也是与区域社会经济发展联系非常紧密的农业类高职院校，具有服务国家“乡村振兴”战略的地缘优势。在过去70多年的办学历史中，涉农专业办学历史悠久，培养了大批工作在农业战线上的优秀人才。在长期培养实用人才、服务区域经济的实践中，学院形成了“大力发展农业职业教育不动摇、根植三江沃土不动摇和为‘三农’服务不动摇”的办学理念。20世纪90年代初，学院在农业职业教育领域率先实施模块式教学，在全国农业职业教育教学改革中走在前列。学院不断深化改革，努力服务经济社会发展；不断创新办学模式，努力提升人才培养质量。近年来学院先后晋升为省级骨干院校、省级现代学徒制试点院校，在服务区域经济社会方面成效显著。

学院涉农专业是省级重点专业，拥有国家财政重点支持的实训基地；有黑龙江三江农牧职教集团，校企合作办学成效显著；有实践经验丰富的“双师”队伍；有省级领军人才梯队，师资力量雄厚。

2019年，学院深入贯彻落实《教育部等六部门关于印发〈高职扩招专项工作实施方案〉的通知》、教育部办公厅《关于做好扩招后高职教育教学管理工作的指导意见》和国务院关于印发《国家职业教育改革实施方案》等文件精神，创新性地完成高职扩招任务，招生人数位居全省首位。学院针对扩招学生的实际情况和特点，实施弹性学制，采用灵活多样的教学模式，积极推进“三教”改革。依靠农学分院和动物科技分院的专业优势，根据区域经济发展的特点，针对高职扩招生源的特点，出版了种植类和畜牧类高职扩招系列特色教材。

种植类专业核心课程系列教材包括《植物生长与环境》《配方施肥技术》《作物生产与管理》《经济作物生产与管理》《作物病虫草害防治》《作物病害防治》《农业害虫防治》《农田杂草及防除》共计8种，教材在内容方面，本着深浅适宜、实用够用的原则，突出科学性、实践性和针对性；在内容组织形式方面，以图文并茂为基础，附加实物照片等相应的信息化教学资源，突出教材的直观性、真实性、多样性和时代性，以激发学生的学习兴趣。

畜牧类专业教材包括《动物病理》《动物药理》《动物微生物与免疫》《畜禽环境控制技术》《畜牧场经营与管理》《动物营养与饲料》《动物繁育技术》《动物临床诊疗技术》《畜禽疾病防治技术》《养禽与禽病防治》《养猪与猪病防治》《牛羊生产与疾病防治》《中兽医》《宠物内科》《宠物传染病与公共卫生》《宠物外科与产科》共计16种。教材注重还原畜禽生产实际，坚持以够用、实用及适用为原则，着力反映现代畜禽生产及疾病防控前沿的新技术和新技能，突出解决寒地畜禽生产中的关键问题。

本系列教材内容紧贴企业生产实际，紧跟行业变化，理论联系实际，突出实用性、前沿性。教材语言阐述通俗易懂，理论适度由浅入深，技能训练注重实用，教材均由具有丰富实践经验的教师和企业一线工作人员编写。

本系列教材将素质教育、技能培养和创新实践有机地融为一体。希望通过它的出版不仅能很好地满足我院及兄弟院校相关专业的高职扩招教学需要，而且能对北方种植业和畜牧业生产，以及专业建设、课程建设与改革，提高教学质量等起到积极推动作用。

院长：

前　言

宠物内科病是宠物医学、宠物养护与疫病防治等专业的临床主干课程。国家正大力发展职业教育，实施“百万扩招”工程，旨在培养一大批既不离本乡本土，又具备良好的专业技术的农村实用技术人才。编者本着“以技术岗位为目标，以就业为导向，以实用为基础”的原则，重在突出应用性和适用性，特编撰了本教材，作为适应百万扩招学生特点的教材。

本教材具有以下特点。

1. 先进性强。本教材在内容取舍上，注重吸纳宠物内科病的临床诊断与防治措施的新知识，注重治疗药物的更新与使用安全。

2. 实用性强。本教材收集了宠物(犬、猫为主)的常见病、多发病的诊疗，疾病的防治部分采用了处方形式，贴近临床应用，利于学习者掌握，体现了教材的实用性。

3. 适应性强。病例中的诊断有利于学生对知识的理解与掌握，病因分析便于提高学生分析问题、解决问题的能力，对今后从业具有很强的适应性。

4. 直观性强。教材图文并茂，病例中插入了一些相关实例图片，以使学生更加直观地了解疾病。

教材的编写遵循了学生对知识的认知规律，符合教学的一般规律，是各位编写教师丰富的教学经验和实践经验的总结。

参加编写人员的分工：刘洪杰，第一章；车有权，第二章；王浩，第三章；高月林，第四章的第一节；刘云，第四章的第二节；陆江宁，第四章的第三节；葛婧昕，第五章第一节和第四节；张佳韧，第五章的第二节；王瑛琦，第五章的第三节；孙凡花，第六章的第一节；李凤刚，第六章的第二节；陈腾山，第六章的第三节；解志峰，第六章的第四节；倪士明，第六章的第五节；杨名赫，第七章；鲁兆宁，第八章；刘红，第九章；岳增华，第十章；最后由主编刘洪杰统稿、定稿，由于波主审。

本教材在编写过程中受到业内和各位同仁的鼎力协助，在此表示感谢。由于时间紧迫，在编写过程中我们虽竭尽所能收集相关资料，但仍然不可避免地有疏漏及不妥之处，恳请读者批评指正。

编　者

2020 年 8 月

目　　录

第一章

消化系统疾病

【学习目标】

知识目标

①掌握宠物消化系统疾病的概念；

②了解宠物消化系统疾病发生的过程；

③明确宠物消化系统疾病时的临床症状；

④了解宠物消化系统疾病的诊断与治疗的原则和方法。

能力目标

①根据宠物的临床症状表现，诊断出疾病；

②实施各种技能治疗疾病。

素质目标

①培养学生分析思考、自主学习能力；

②培养学生遵守职业操守、精益求精的工匠精神。

第一节　概　述

消化系统的功能包括摄取、容纳、消化食物，吸收营养物质和水，排出食物残渣，分泌胰高血糖素、胰岛素、生长抑素、促胃泌素等作用。消化系统产生疾病，不仅直接导致消化、吸收、分泌与排泄功能障碍，而且影响机体对全身营养物质的供应及全身状态。例如胃肠壁受损或发炎时，胃肠黏膜通透性升高，或胃肠消化吸收机能与消化液分泌机能障碍，营养物质消化、吸收不全，胃肠道内渗透压升高，致使大量体液向胃肠道内转移，从而引起不同程度的脱水、失盐、丢碱，进而引起水、盐代谢紊乱和酸碱平衡失调。此外，由于胃肠道的内环境和屏障功能改变，菌群失调，消化不全产物和有毒物质，尤其是肠毒素被大量吸收，常引起剧烈的中毒反应乃至中毒性休克，使疾病愈加复杂恶化。因此，应根据消化系统疾病各自的病理变化特点，掌握病理演变过程，充分认识疾病的发生发展规律。

1.消化系统疾病的原因

引起消化系统疾病的原因是多方面的，既有原发性因素，也有继发性因素。

原发性因素：包括管理不当，气候影响，饲养失宜，日粮品质不良，配合日粮调治或搭配不当，饮水不足或水质不良，饥饱不定，突然更换日粮等。其中，管理不当包括劳役、休闲不均，受寒，圈舍阴暗潮湿；气候影响如气候骤变，风雨侵袭。

继发性因素：包括某些肠道细菌、病毒感染，寄生虫侵袭，中毒病，营养物质缺乏与代谢紊乱等。此类因素也见于循环系统、神经系统、内分泌系统和免疫系统疾病过程中。

2. 消化系统疾病的分类

消化系统疾病包括口腔及相关系统疾病、食道疾病、肝脏疾病、胃肠疾病及胰、脾、腹膜疾病。犬、猫胃肠病是宠物疾病防治的重点之一。

3. 消化系统疾病的诊断

消化系统疾病的诊断主要依据病史及视诊、触诊、叩诊、听诊等常规检查，必要时可采取一些特殊检查方法，如穿刺术、X 射线检查、超声波检查及临床检验等辅助手段作出诊断。消化系统疾病的临床症状主要表现为消化障碍，一般可见食欲减退或废绝，采食或咀嚼异常，吞咽困难，流涎、呕吐、腹泻或便秘，胃肠道出血、腹痛、腹胀，严重的出现脱水、休克等全身反应。因消化道病理损害的部位与性质不同，以及患病动物的个体差异，消化道同类疾病的临床表现并不完全一致。有时，许多不同的疾病可以表现出相同的症状，即异病同症；同一症状又可以由不同的原因引起，即同症异病。因此，在临床实践中，首先要从疾病的症状和发生原因入手，掌握发生同一症状的各种原因，提出可能发生的疾病，再经过进一步检查、分析、论证、鉴别，最后建立诊断。如流涎综合征的症状鉴别诊断，首先要观察并区分流涎的部位和类别，是口流涎，还是口、鼻流涎，口腔流涎又见于各种口腔疾病、唾液腺疾病以及促进唾液腺分泌的一些疾病（如有机农药中毒、汞中毒、砷中毒）；然后再根据每种相关疾病的发生特点及临床特征作出诊断。

4. 消化系统疾病的防治原则

由于消化系统疾病的发生往往与饲养管理不当有关，因此消化系统疾病的防治应贯彻“预防为主”的方针，加强饲养管理，尽量减少应激因素对动物的影响。消化系统疾病的治疗根本在于去除原发性病因，但治疗的主要措施是支持疗法和对症疗法，其目的是纠正异常或修复损害，恢复胃肠的运动机能和消化吸收机能，提高机体的抵抗力，因此治疗时应兼顾局部和整体，标本同治。

第二节 口腔、咽、食管疾病

一、口炎

口炎即口腔黏膜炎症的总称，其临床特征是：流涎，采食障碍，口腔黏膜红肿、疼痛。

【病因】

1. 按照炎症的发生分类

(1)原发性病因。

①机械性因素。粗硬骨头、钉子、铁丝、鱼刺等。

②化学性因素。强酸、强碱、霉败食物、辛辣食物、浓度过大的刺激性药物。

③物理性因素。过冷食物冻伤、过热食物烫伤。

(2)继发性病因。

①邻近器官炎症蔓延。舌伤、咽炎、鼻炎等。

②营养缺乏。微量元素缺乏、维生素缺乏。

③中毒。汞、铜、铅中毒。

④传染性疾病。犬瘟热、钩端螺旋体感染等。

2. 按照炎症的性质分类

(1)卡他性炎症。渗出物增加。

(2)水疱性炎症。有水疱出现。

(3)溃疡性炎症。有溃疡病灶。

(4)霉菌性炎症。有霉菌斑块。

【症状】

(1)采食动作。采食障碍,咀嚼缓慢,拒食粗硬食物,喜食流质食物或较软的肉类;咬硬的食物时,突然吐出食物并发出惊叫声;甚至完全不敢咀嚼。

(2)外观表现。流涎,口角附着白色泡沫,或呈牵丝状流出,严重者大量流涎,常混有血液或脓汁,如图 1-1 所示。

图 1-1 犬流涎

(3)口腔变化。口腔黏膜潮红、肿胀(图 1-2),口温增高,感觉过敏;呼出气有腥臭或恶臭味。舌、唇、齿龈、上腭及颊见有大小不等的水疱(水疱性口炎);黏膜有糜烂、坏死或溃疡(溃疡性口炎,如图 1-3 所示);有白色或灰白色稍高于口腔黏膜的菌斑(霉菌性口炎)。

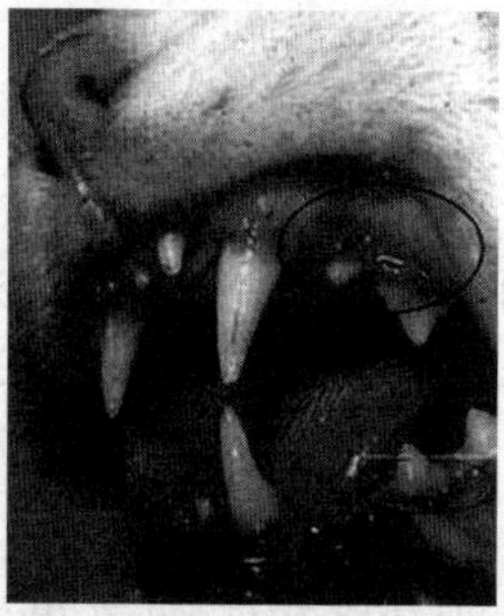

图 1-2 猫口腔黏膜出现潮红、肿胀

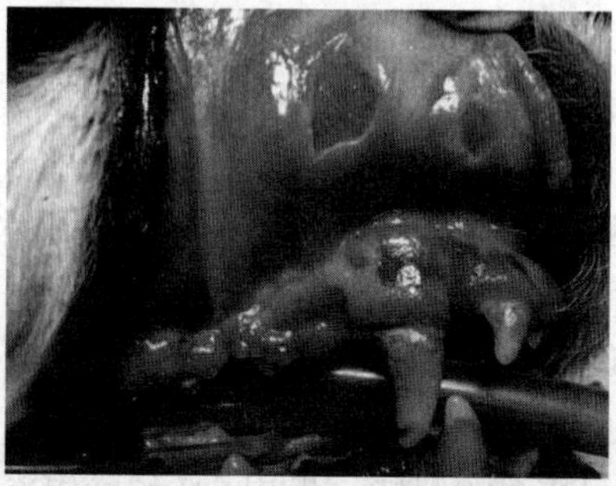

图 1-3 犬溃疡性口炎

(4)结果表现。消化不良,逐渐消瘦。

【诊断】

根据病史调查和临床表现即可做出初诊。

鉴别诊断如下。

(1)咽炎。吞咽困难,咽部及咽部淋巴结肿胀、敏感;咳嗽、呼吸困难;体温升高;大量流涎。

(2)唾液腺炎。唾液腺局部肿胀,敏感;体温升高;采食、咀嚼、吞咽均困难。

(3)食道阻塞。突然发生,惊恐,大量流涎,连续吞咽,饮水和食物从口、鼻流出;咳嗽;探诊有阻塞物。

(4)中毒。有中毒史;全身症状明显。

【防治】

1. 防治原则

口炎的防治原则为:加强护理,除去病因,口腔处理,抗菌消炎,补充营养。具体措施如下。

(1)饲喂柔软、易消化的食物甚至流食。

(2)食后清洗口腔,排除异物,修整病齿。

(3)冲洗口腔,用2%～3%硼酸溶液或0.1%高锰酸钾溶液冲洗口腔。

(4)停止口服刺激性大的药物。

(5)抗菌治疗。口服或肌肉注射抗菌药物或抗生素。

2. 处方

(1)1%食盐水。

(2)2%～3%硼酸溶液。

(3)2%～3%碳酸氢钠溶液。

(4)0.1%雷夫奴尔溶液。

(5)2%明矾溶液。

用法:以上溶液冲洗口腔,每天2～3次。

(6)青黛散。

配方一:青黛15 g,黄连10 g,黄檗10 g,桔梗10 g,薄荷5 g,儿茶10 g。

配方二:青黛、儿茶、黄檗各50 g,磨碎过筛,冰片5 g,明矾25 g。

用法:研磨成末,装入细长布袋中,用水浸湿后衔于口中,两端用带子固定于头颈之上。给食时取下,每天一次,连用2～3天。也可用细管将细末直接吹入口腔,每天数次,连用3天。

(7)冰硼散。

配方:冰片、朱砂、炉甘石(为天然产的菱锌矿,一种含碳酸锌的矿石)、硼砂,分量相等,研细即成。

用法:研磨成末,装入细长布袋中,用水浸湿后衔于口中,两端用带子固定于头颈之上。给食时取下,每天一次,连用2～3天。也可用细管将细末直接吹入口腔,每天数次,连用3天。

3. 说明

(1)流涎较多。2%明矾溶液清洗。

(2)口腔黏膜溃疡。先用5%硝酸银溶液腐蚀后再用生理盐水冲洗,并在患处涂布碘甘油或抗生素软膏,每天1～2次。

(3)西瓜霜喷涂口腔,每天2～3次。

(4)冰硼散喷涂溃疡处，每日数次。

(5)食物中适当添加B族维生素、维生素A和微量元素。

二、齿龈炎

齿龈炎即齿龈发生的急性、慢性炎症，临床特征是：流涎，齿龈肿胀疼痛。

【病因】

1. 原发性病因

(1)不良刺激，包括齿斑、齿石、齿裂、尖锐物刺伤。

(2)强刺激性、腐蚀性化学物质灼伤。

(3)牙齿松动、龋齿。

2. 继发性病因

(1)其他口腔部位炎症。

(2)维生素C或B族维生素缺乏。

(3)犬瘟热、钩端螺旋体病。

(4)重金属中毒、尿毒症。

【症状】

(1)外观表现。流涎，咀嚼、饮水时疼痛，有食欲但不敢吃，或突然吐出食物或饮水。

(2)口腔变化。齿龈边缘潮红、肿胀，或见有水疱、溃疡灶，出血、化脓。慢性者齿龈肥大(图1-4)，牙齿松动。

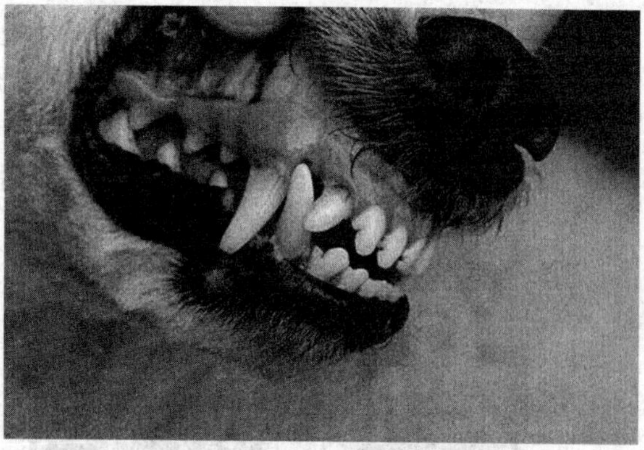

图1-4　齿龈肥大

【诊断】

齿龈及口腔黏膜、舌、上腭有不同程度的红肿(图1-5)、溃疡、肉芽组织增生等表现即可判断。

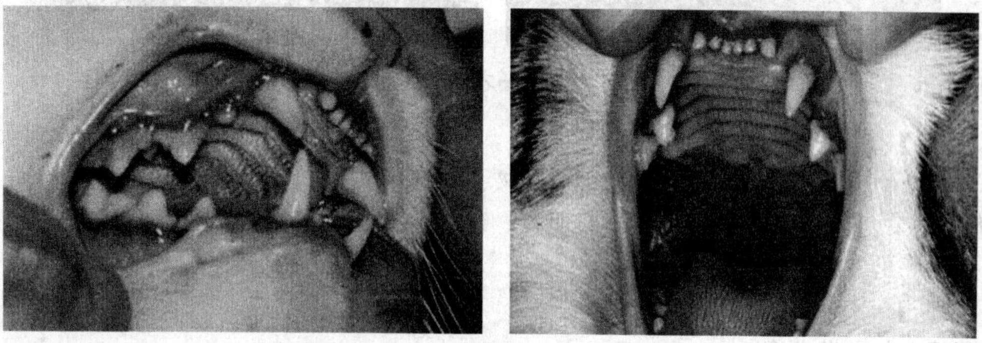

图1-5　齿龈及口腔黏膜有不同程度的红肿

【防治】

1. 防治原则

齿龈炎的防治原则为：加强护理，除去病因，抗菌消炎，防寒保暖，加强营养，治疗原发病。注意应禁喂粗硬食物。

2. 创面处理

(1)冲洗口腔。

(2)抗菌消炎。

3. 处方

(1)0.2%氯己定溶液。用法:冲洗口腔。说明:冲洗口腔后,患处涂布碘甘油。

(2)青霉素或红霉素软膏或头孢拉定药粉。用法:涂布患处,每日 2～3 次。说明:每天用清水或盐水冲洗牙齿后再涂布。

(3)甲硝唑片。用法:口服,每千克体重 50 mg,每日 3 次。

(4)同口炎治疗处方。

三、牙周炎

牙周炎是指牙齿周围组织发生的急、慢性炎症,有时称牙周病或牙槽溢脓。牙周炎的临床特征是:口臭,流涎,牙齿松动,齿龈萎缩。牙周炎多发于老龄犬、猫。

【病因】

(1)齿形、齿位不正,食物残留于齿间隙后腐败分解产生毒素。

(2)机体抵抗力下降,口腔内细菌增殖感染。

(3)牙结石(图 1-6)、慢性肾炎、糖尿病、甲状腺功能亢进的疾病过程中。

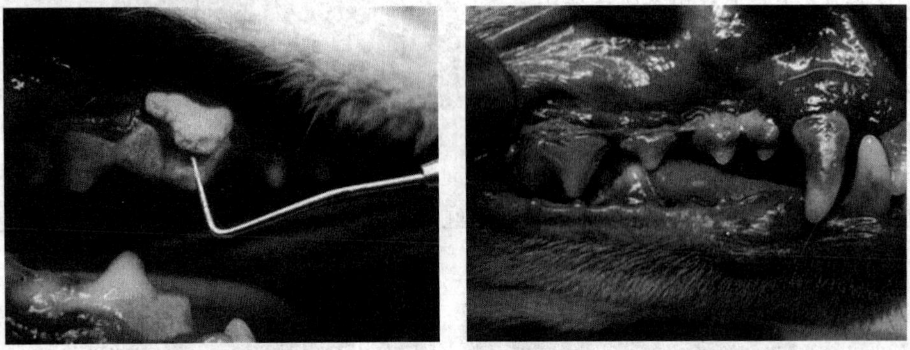

图 1-6 犬牙结石

【症状】

患病动物大量流涎,唾液腐臭,常混有血液。口腔敏感,采食小心,咀嚼缓慢,突然吐出食物,尤其是采食骨头、鱼刺等硬质食物时明显。牙齿松动,牙周有脓汁,挤压牙龈流出脓汁或血液。口腔呼出气有腐臭味。

【诊断】

根据症状易做出诊断。

【防治】

1. 常规处理

冲洗口腔及患齿。或用 5%硝酸银腐蚀溃疡面,再涂布抗生素软膏或碘酊。增生肥大的齿龈可局部麻醉后切除或电烙除去多余组织。全麻后,清除病牙周围齿垢,或拔除已松动牙齿。加强护理,使用抗生素,预防感染。定期清洗口腔。给予柔软易消化食物。使用咬胶等玩具让其啃咬,提高牙齿的抗病力。

2. 处方

(1) 0.2%氯己定溶液。用法:冲洗口腔。说明:冲洗后涂布碘甘油。

(2)复方新诺明,规格 0.5 g/片。用法:内服,一次量,每千克体重 20～50 mg,2 次/日,连用 3 天。

(3)甲硝唑片,规格 0.2 g/片。用法:内服,一次量,犬每千克体重 25 mg。说明:抗原虫药,用于厌氧菌感染的治疗。遮光,密闭保存。

(4)中药治疗同口炎。

四、舌炎

舌炎指舌的急、慢性炎症,其临床特征是:采食、饮水及咀嚼困难,舌体运动障碍。

【病因】

同口炎。

【症状】

舌体肿胀,局部潮红,有溃疡灶。流涎黏稠,有腐臭味或混有血液。蔓延引起淋巴结肿胀、疼痛。

【诊断】

临床检查容易诊断。

【防治】

1. 防治原则

舌炎的防治原则为:消除病因,对症疗法。具体措施同口炎、齿龈炎、牙周炎治疗。损伤较大的可手术修补。

2. 处方

(1)2%～3%硼酸溶液。用法:冲洗口腔舌体,每日 3～4 次。

(2)碘甘油或红霉素软膏。用法:清洗口腔后,消毒液消毒口腔,涂布患处,每日 2～3 次。

五、咽炎

咽炎指咽部黏膜及深层组织的炎症,其临床特征是:流涎,吞咽困难,咽部肿胀及敏感。

【病因】

1. 原发性病因

(1)机械性因素。骨头渣、鱼刺、尖锐异物及投放胃管时动作粗暴等造成损伤。

(2)化学性因素。强酸、强碱的灼伤;毒素刺激。

(3)物理性因素。过热食物和饮水的烫伤。

2. 继发性病因

(1)邻近器官的炎症蔓延。继发于口炎、喉炎、感冒等疾病过程中。

(2)传染性疾病的过程中。全身性烈性传染病,如狂犬病、犬瘟热等。

(3)其他导致口炎的所有因素。

【症状】

(1)原发性咽炎。精神沉郁,头颈伸直、不敢转头。常见食物和饮水从口腔或鼻腔喷出。大量流涎,并易积聚于口腔内,开口时大量流出。触诊咽部发热、疼痛、躲闪,下颌淋巴结肿胀、敏感，伴有咳嗽、呼吸困难，体温升高，吞咽困难，采食减少，逐渐消瘦。

(2)继发性咽炎。全身症状明显。

【诊断】

根据病史和临床症状即可判断。

【防治】

1. 防治原则

咽炎的防治原则为：消除病因，减少咽部不良刺激；去除异物；给予流食或输液补充营养；加强护理，提高机体抵抗力。

2. 处方

(1)青霉素，每千克体重2万～4万IU；地塞米松，每千克体重0.1～0.5 mg。用法：肌内注射，2次/日，连用3～5日。

(2)氨苄西林，每千克体重0.2～0.4 mg；地塞米松，每千克体重0.1～0.5 mg；2%普鲁卡因，每千克体重0.5 mL。用法：咽部封闭，每日2次。

(3)青霉素，每千克体重20万～40万IU；0.25%普鲁卡因，每千克体重3～5 mL。用法：混合后于两侧喉俞穴注射，2次/日，连用3～4日。说明：有窒息要切开气管。

3. 中药疗法

青黛、硼砂各1.5 g，雄黄0.2 g，冰片0.5 g，甘草3 g，共研为末，加入白糖15 g，鸡蛋清10 mL，凉开水150 mL。

用法：调匀一次灌服，每天一剂，连用3～5剂。幼犬减半。

六、咽麻痹

咽麻痹是咽丧失吞咽功能的一种疾病，其临床特征是：不能吞咽。

【病因】

(1)脑病。脑炎、脑脊髓炎、脑挫伤。

(2)传染病。狂犬病。

(3)中毒。肉毒毒素中毒。

(4)损伤与压迫。颅底骨折、肿瘤、脓肿。

【症状】

突然失去吞咽功能，食物和唾液从口鼻流出，咽部有水泡音。触诊咽部肌肉无收缩反应。中枢性麻痹：舌常脱出口外。患病犬、猫由于吞咽障碍，易患异物性肺炎，或长期不能饮食而衰竭死亡。

【诊断】

根据临床表现即可做出诊断。

【防治】

治疗原发病。局部涂擦刺激性药物（松节油）。咽部按摩、热敷、针灸。持续不食者可经胃管饲喂，并定时补液。

七、唾液腺炎

唾液腺炎是唾液腺及其导管发生的炎症。

【病因】

(1)原发性病因。机械性损伤,包括鱼刺、骨渣、铁丝等尖锐物;打斗、玩耍时咬伤;感染炎症。

(2)继发性病因。继发于其他疾病,如口炎、舌炎、咽喉炎症、犬瘟热等。

【症状】

精神不振,流涎。唾液腺局部肿胀,触诊敏感。体温升高,食欲不振,采食、咀嚼困难,甚至吞咽困难。

【诊断】

根据病史调查、临床症状及触诊检查即可做出诊断。

(1)腮腺炎。肿胀在耳下区域。

(2)颌下腺炎。肿胀在下颌角。

(3)颧腺炎。肿胀部位在眼角。病犬流泪、斜视。

(4)颧腺、腮腺脓肿。头颈伸直,不愿转头。

【防治】

1. 处方

(1)青霉素,每千克体重2万～4万IU。用法:肌内注射,2次/日,连用3～5天。说明:抗菌消炎。

(2)头孢菌素Ⅳ,每千克体重35 mg。用法:肌内注射,2次/日,连用3～5天。说明:若化脓,先手术处理。

2. 中药疗法

(1)白及3 g,白矾2 g,大黄3 g,雄黄2 g,黄檗2 g,木鳖子1 g。

用法:共研为末,用鸡蛋清调成糊状,涂抹患部皮肤。

说明:消肿。

(2)黄芩、知母各3 g,栀子、大黄、连翘各4 g,黄药子、贝母、白药子、郁金、白芷、甘草、升麻各2 g,朴硝、生石膏各10 g。

用法:水煎去渣,加蜂蜜20 g,蛋清1个,同调,一次内服。

(3)黄连1 g,栀子、连翘、板蓝根各3 g,知母、黄芩、甘草各2 g,大黄4 g。

用法:水煎去渣,一次内服。

八、食管炎

食管炎是食管黏膜表层及深层的炎症,其临床特征是:吞咽困难,流涎,呕吐。

【病因】

(1)原发性病因。机械性、化学性、物理性损伤引起。

(2)继发性病因。咽炎、胃炎、食管阻塞、食管痉挛、食管狭窄等疾病。

【症状】

先食欲不振,随后吞咽困难,大量流涎和呕吐。损伤发生广泛性坏死时,出现呕吐或干呕。拒食或食后不久即发生食物反流。胃液逆流发出异常呼噜声,口角有黏液。

【诊断】

(1)轻度。采食变化不大。

(2)重度。吞咽时伸颈抬头。

【防治】

1. 防治原则

食管炎的防治原则为:防止误食腐蚀性物质,防止胃酸逆流;缓解疼痛,局部抗菌治疗和全身抗感染。

2. 处方

(1)硫酸阿托品,每千克体重 0.05 mg。用法:皮下注射。说明:抑制唾液分泌。少食多餐。

(2)头孢菌素Ⅲ,每千克体重 20～30 mg。用法:肌内注射,每日 1～2 次。说明:抗菌消炎。

九、食道梗塞

食道梗塞指食团或异物停留在食管内不能后移的疾病,其临床特征为:突发吞咽困难,流涎。食道梗塞可分为完全阻塞、不全阻塞、咽后阻塞、食管中部阻塞、胸腔入口处阻塞。

【病因】

(1)原发性病因。食物团过大,吞咽过急,误食异物。

(2)继发性原因。食道狭窄、食管痉挛、食管麻痹、食管扩张等。

【症状】

(1)采食或玩耍过程中突然中断采食或突发惊恐不安。大量流涎,连续吞咽,张口伸舌,食物和饮水从口中、鼻流出。反射性咳嗽,不断用前肢搔抓颈部。

(2)不完全阻塞。尚可饮水或吞咽稀食,但拒食肉类、肝脏等块状食物。

(3)完全阻塞。饮食完全停止。胃管探查不能通过。

(4)阻塞部位。颈部阻塞,呕吐严重,并可触摸到硬的阻塞物。胸段以下阻塞,左颈静脉沟处隆起,用手触压有波动感,并有食物和饮水从口、鼻流出。

(5)阻塞物形状。尖锐异物阻塞,可造成食管的创伤、坏死甚至穿孔;并可继发胸膜炎、脓胸、气胸,乃至死亡。

【诊断】

根据病史、突然发生、临床症状、探诊检查等即可确诊。X 射线检查可确定阻塞物的部位、形状、性状(图 1-7)。

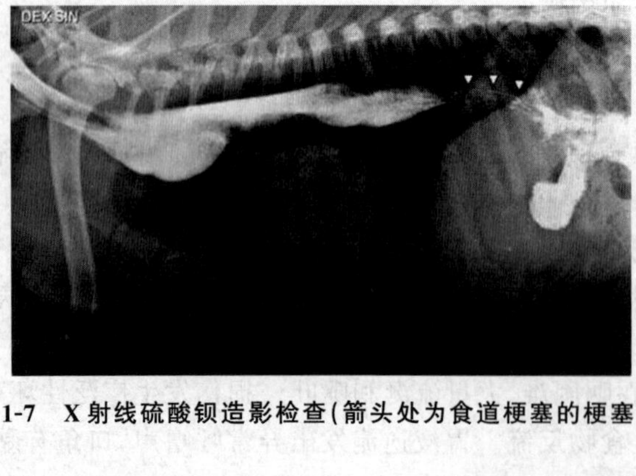

图 1-7 X 射线硫酸钡造影检查(箭头处为食道梗塞的梗塞物)

【防治】

1. 防治原则

食道梗塞的防治原则为：取出异物、疏通食管。

(1)轻度阻塞。自行吐出或吞咽进入胃内。或者灌服液状石蜡、植物油后，用胃管轻轻推送到胃内。或者在胃管上连接打气筒，有节奏地打气，同时推动胃管缓缓将异物推送进入胃内。

(2)严重阻塞。手术切开疗法取出异物。如果梗塞时间较长，出现食管炎症，同时治疗食管炎。

2. 日常预防

喂食定时定量，不让宠物过度饥饿。吃完其他食物后再喂骨头，训练时防止误食。

3. 处方

(1)液状石蜡或植物油，10～15 mL。用法：灌服。说明：润滑食道。

(2)硝酸毛果芸香碱，每次 3～20 mg。用法：皮下注射。说明：加强食管运动。

(3)青霉素 G 钠，每千克体重 4 万～8 万 IU。用法：肌内注射，每日 1～2 次。说明：抗全身感染。

(4)威灵仙 100 g，水煎成 100 mL，另加 100 mL 食醋。用法：灌服，使用 2～4 天。

十、食管狭窄

食管狭窄是由各种因素引起的食管通道变窄，以致阻止食物通过的一种疾病。

【病因】

(1)压迫。甲状腺肿、淋巴瘤、脓肿、放线菌肿及骨瘤等压迫食管。

(2)食管不完全阻塞。食管异物、食道黏膜肿瘤、寄生虫结节等。

(3)其他。食管瘢痕，腐蚀性化学药品，创伤，手术。

【症状】

动物贪食，咀嚼正常。咽下障碍。吞咽时痛苦不安，头颈伸直，摇头，食物反流。机体消瘦。

【诊断】

根据临床症状即可诊断。配合食管探诊、X 射线检查确定狭窄的部位、性质、程度。

【防治】

食管狭窄的防治原则为：去除病因，消除脓肿，切除肿瘤，取出食道内异物。

注意，瘢痕引起的食管狭窄较难治愈。

十一、食道扩张

食道扩张指某一段食管沿横轴和纵轴向周围扩大的一种疾病。

食管憩室：食管壁仅向一个方向扩大，并形成囊袋而突出于食管表面。

【病因】

(1)神经性。神经中枢或外周神经受损，导致食管麻痹，食管肌肉纤维弹性降低，最终导致食管扩张。

(2)遗传性。幼犬有先天性食管扩张。

(3)继发性。见于食管狭窄。

【症状】

吞咽障碍、饮食反流、进行性消瘦。食管有时充满食物，在颈部可见食管扩张成纺锤状、梨状，按摩时向前、向后移动。先天性扩张在食入固体食物时才发生咽下障碍和食物反流。临床检查时，食管探子有时能顺利通过到达胃部，有时管端只能插到膨大的盲囊或憩室内，不能继续通过。

【诊断】

实验室检查时，X 射线或胃镜检查可以确诊。

【防治】

(1)后天性食道扩张。给予流食，少喂多餐。饮食器具放在比头高的地方，站立吃食。

(2)先天性食道扩张。喂食前将其提起减少食管压力，直至恢复正常。

(3)手术疗法。切除多余的食管壁，或行幽门括约肌切开术或贲门成形术。

第三节 肝脏疾病

一、肝炎

急性肝炎：肝脏实质细胞的急性炎症，其临床特征为：黄疸、急性消化不良、神经症状。

慢性肝炎：各种致病因素引起的肝脏慢性炎症性疾病。

【病因】

1. 急性肝炎

(1)传染性因素。病毒、细菌、寄生虫感染；腺病毒、疱疹病毒、细小病毒、结核杆菌、化脓性细菌、真菌、钩端螺旋体、巴贝斯虫等侵入肝脏或毒素作用于细胞。

(2)中毒性因素。化学性毒物、重金属、鞣酸、黄曲霉毒素、氯丙嗪、睾酮、氯噻嗪等。

(3)其他因素。蛋氨酸、胆碱缺乏、充血性心力衰竭、门静脉和肝脏淤血。

2. 慢性肝炎

慢性肝炎由急性肝炎转化而来。代谢疾病、营养不良及内分泌障碍也可继发本病。

【症状】

1. 急性肝炎

精神沉郁，全身无力。初期食欲不振，后期废绝，急剧消瘦，体温正常或略高。可视黏膜黄染(图 1-8)，粪便呈灰白绿色、恶臭、不成形。肝区触诊有疼痛反应，腹壁紧张，肋骨后缘可感知肝肿大，叩诊浊音区扩大。病情严重时，肌肉震颤、痉挛，肌肉无力，感觉迟钝，昏睡或昏迷。肝细胞弥漫性损害时，有出血倾向，血液凝固时间明显延长。

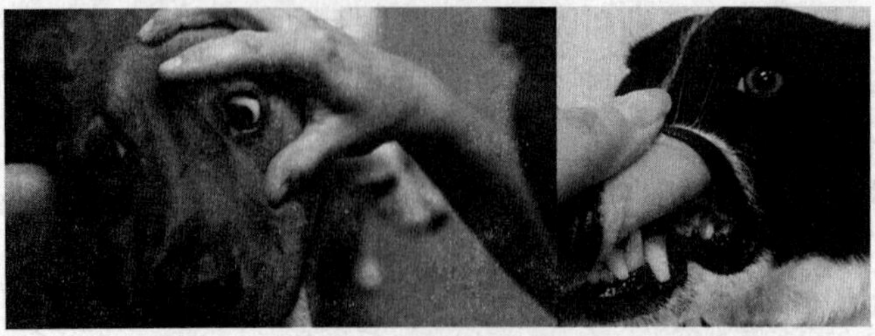

图 1-8 犬可视黏膜(眼结膜、口唇黏膜)黄染

2. 慢性肝炎

精神萎靡不振，食欲减退，倦怠，呆滞，行走无力，被毛焦枯，逐渐消瘦。腹泻，便秘，或腹泻与便秘交替发生，粪便色淡，偶有呕吐。体温正常或稍高。先兴奋后抑制，以后转为沉郁，甚至昏迷（肝昏迷）。可视黏膜有不同程度的黄染，触诊肝脏和脾脏中度肿大，触诊肋骨后缘有疼痛感，叩诊时浊音区扩大。消化不良，粪便先干燥、后腹泻，稀软，臭味大，颜色淡。

【诊断】

1. 初步诊断

一般可根据黄疸，消化紊乱，粪便干稀不定，有恶臭、粪色淡以及肝区触诊、叩诊变化进行初步诊断。确诊结合肝功化验，采血检查肝功指标呈阳性反应。

生化检查：血清中丙氨酸氨基转移酶（ALT）增加，血清碱性磷酸酶（ALP）正常或早期稍升高。严重时，血清天冬氨酸氨基转移酶（AST）含量增加。

2. 鉴别诊断

(1)传染性肝炎：有传染性，具有群发的特点，并有其特定的传染病症状。

(2)中毒性肝炎：粪便恶臭，出血性腹泻，嗜中性粒细胞增加，核左移。胆汁严重淤滞，血清乳酸脱氢酶明显升高，谷丙转氨酶稍升高，酸性粒细胞和嗜中性粒细胞增加。血清胆固醇及游离脂肪酸升高，血清中磷脂、总蛋白及白蛋白降低。

(3)慢性肝炎：血清胶质反应阳性，碱性磷酸酶、谷丙转氨酶的活性均明显升高。溴酚酞磺酸钠试验滞留率阳性，凝血酶原时间延长。

【防治】

1. 防治原则

肝炎的防治原则为：除去病因，护肝解毒，治疗原发病，加强护理。

2. 处方

(1)苦黄注射液，30～40 mL；10％葡萄糖溶液，250 mL。用法：静脉滴注，每日1次，连用1周以上。说明：对症治疗，清热利湿，疏肝退黄。

(2)茵陈30 g，柴胡30 g，青皮15 g，枳实15 g，龙胆草20 g，白芍15 g，甘草10 g，水煎2次，合并药液。用法：口服，每日一剂，连用3～5剂。说明：退黄。

(3) 20％谷氨酰胺溶液，5～20 mL；鸟氨酸制剂，0.5～2 mL。用法：皮下注射。说明：氨中毒解毒。

(4)亚硫酸氢钠甲萘醌（维生素K_3），10～30 mg/次。用法：肌内注射，每天1～2次，连用数天。

(5)葡萄糖注射液，200～500 mL；氨基酸，100～250 mL。用法：静脉注射，连用数天。说明：护肝解毒。有神经症状的不能用氨基酸制剂，每天投以B族维生素0.1～1 g，维生素C 100～500 mg。连用数天。

二、脂肪肝

脂肪肝指糖和脂肪代谢紊乱引起的大量脂肪沉积在肝细胞内的一种疾病，其临床特征为：皮下脂肪过度沉积，消化不良，易疲劳。

【病因】

动物摄入大量脂肪，引起脂肪组织过度蓄积。长期摄入高脂肪以及高能量、低蛋白食物。食物中胆碱缺乏，不能分解脂肪。突然减食或过度饥饿，机体的内分泌失调（垂体、肾上腺皮质激素、胰岛素分泌不足），引起机体的糖代谢、脂肪代谢紊乱，外周脂肪分解，肝脏脂肪沉积。此外，四环素、糖皮质激素的药物用量过大、用药时间过长，也是引起脂肪在肝内沉积的重要因素。

【症状】

动物表现肥胖，皮下脂肪增厚。体质虚弱，易疲劳，稍运动即可引起气喘、心跳加快。长期消化不良，食欲减退，呕吐，腹胀。肝区触诊时肝脏明显扩大，且无压痛。患犬、猫的抵抗力下降，极易发生各种感染。血液检查，多见血糖含量升高。如继发糖尿病时，尿糖浓度升高。

【诊断】

(1)临床检查。临床诊断不典型。动物体型肥胖，腹围较大。早期精神沉郁，嗜睡，全身无力，行动迟缓。食欲下降或突然废绝，体重减轻，机体脱水。体温略高，尿色变暗、变黄，间歇性呕吐。后期可见黏膜、皮肤、内耳和齿龈出现黄染。

(2)实验室检查。X射线检查见肝脏形态正常或增大，如图1-9所示。超声检查肝脏普遍增大，回声显著增强，弥漫性点状，肝脏内回声强度随深度递减，肝内血管壁回声减弱或显示不清。血糖检查可见升高。

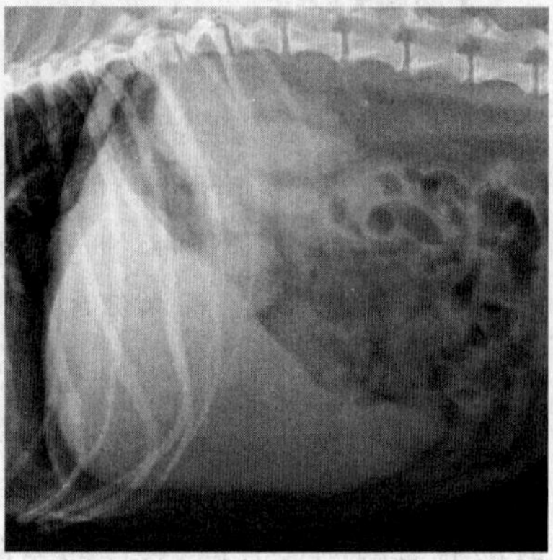

图1-9 犬脂肪肝X射线检查，肝脏增大（肝脏超过肋骨后缘，箭头所示为增大的肝脏）

【防治】

1. 防治原则

注意饮食搭配，防止过度肥胖。减少高脂肪、高糖食物的供给。提供高蛋白质食物，限制食量，防止过胖，给予促进肝细胞内脂质分解或排泄的药物。

2. 处方

(1)巯丙酰甘氨酸，50 mg/天。用法：内服，每天3次。说明：蓄积脂肪的消除和肝的修复。

(2)氨基酸制剂，50～100 mL。用法：静脉注射，每天1～3次。说明：在血清谷-丙转氨酶活性增高时使用。

(3)维生素 B_1 100 mg。用法：肌内注射。说明：血清乳酸酶活性升高和肝胆排泄障碍时，可使用利胆剂。

猫肝脏脂质沉积综合征(脂肪肝)

猫肝脏脂质沉积综合征是猫常见的肝脏疾病，是指肝细胞内沉积大量的脂质，影响了肝脏的正常功能。

【病因】

猫肝脏脂质沉积综合征分原发性肝脏脂质沉积综合征和继发性肝脏脂质沉积综合征。

原发性肝脏脂质沉积综合征的病因尚不十分清楚。目前认为与肥胖、应激和厌食等因素有关。

继发性肝脏脂质沉积综合征与Ⅱ型糖尿病、肝病、肾病、心脏病、胰岛素、胰腺炎、肿瘤、甲状腺机能亢进、肾上腺机能亢进、猫的下泌尿道疾病和肠道疾病有关。

由于患猫持续性食欲减退或废绝，血糖下降，机体动员大量外周脂肪、蛋白质以提供能量，导致大量脂肪进入肝脏。脂代谢需要脂蛋白，由于摄入合成脂蛋白大量沉积，形成脂肪肝。肝细胞功能下降导致肝功能的下降和紊乱。

【症状】

患猫精神沉郁，厌食，体重下降，呕吐，可视黏膜黄染等。血常规检查见红细胞变形，后期红细胞溶解，贫血严重。丙氨酸氨基转移酶(ALT)、碱性磷酸酶(ALP)、天冬氨酸氨基转移酶(AST)、谷氨酰转移酶(GGT)、总胆红素、直接胆红素升高，血钾、血磷降低。

【诊断】

通过病史调查、临床症状和实验室检查、影像学检查可以做出诊断。

X线片显示猫肝肿大。B超图显示肝脏普遍增大，包膜光滑。肝实质回声显著增强，呈弥漫性细点状，肝内回声强度随浓度递减，深部肝组织和横膈膜回声减弱或显示不清。肝内血管壁回声减弱或显示不清。

活组织检查。穿刺肝细胞，应先检查宠物的血液凝固情况。如凝血不良应先使用维生素 K_1 治疗。

【防治】

防治原则：减少应激，营养支持，治疗并发症，恢复蛋白质和脂肪的代谢。

处方：

(1)巯基丙酰甘氨酸，50 mg/天。用法：内服，每天3次。说明：消除蓄积的脂肪和肝的修复。

(2)氨基酸制剂，50～100 mL。用法：静脉注射，每天1～3次。说明：血清谷丙转氨酶活性升高时使用。

(3)维生素 B_1，100 mg。用法：肌内注射，每天3次。说明：血清乳酸酶活性升高和肝胆排泄障碍时，可使用利胆剂。

【预防】

患猫不耐应激，因此应避免对猫的刺激，食物应通过鼻饲管投服，避免强行口服。喂给的食物应是高蛋白、高能量的全价日粮，应额外补充牛磺酸、精氨酸、维生素 B_1 和维生素 B_{12}，血钾低的病例应补钾。

出现肝脑病的患猫，开始应饲喂低蛋白食物，蛋白质的含量可随神经症状的缓解而增加。

有些猫血液中乳酸含量升高，故静脉输液时应避免使用乳酸钠林格液。

因右旋糖酐可增加肝脏甘油三酯的聚集和具有利尿作用，故也应避免使用。

健康体重、良好的饮食习惯和好的性格可以减少本病的发生。

肥胖是本病常见的原因，但减肥时过度限制饮食会诱发本病发生。胆小、过分依赖某个主人及挑食、偏食的猫在出现各种应激情况时更容易影响食欲，发生本病。

三、肝硬化

肝硬化是一种常见的慢性肝脏疾病，是由一种或多种致病因素长期或反复损害肝脏所致。因肝细胞呈现弥漫性变性、坏死，结缔组织弥漫性增生，使得肝小叶的结构被破坏而发生重新构建，导致肝脏的质地变硬。

【病因】

肝脏的炎性增生见于中毒性疾病(砷中毒、铜中毒以及长期采食霉变的食物)、传染病(犬传染性肝炎、钩端螺旋体病等)、寄生虫病(肝片吸虫病、血吸虫病等)、其他脏器的炎症蔓延(各种类型的肺炎、胸膜炎等)等。结节性肝脏肿瘤也引起肝脏硬化。

【症状】

初期,食欲不振,消化不良,长期便秘或腹泻,时有呕吐现象。逐渐消瘦,体质虚弱,倦怠、易疲劳,不喜运动。

后期,可视黏膜发绀,腹腔积液,腹围明显增大,冲击触诊有拍水音。

严重病例出现肝功能衰竭而昏迷。腹腔叩诊,早期肝脏浊音区扩大,后期浊音区则缩小。腹部触诊在两侧肋下,可触及坚实的肝脏,并且可感知脾也有肿大。

【诊断】

(1)症状诊断。食欲不振,易疲乏。恶心、呕吐、消化不良或腹泻。有腹水,出血性素质,肝脾肿大,低蛋白血症,门脉高压等。

(2)实验室诊断。白蛋白减少,谷丙转氨酶、谷草转氨酶活性增高,凝血酶原活性降低,尿胆红素和尿蛋白阳性。超声波检查进出波间有多少不等的分隔波,有腹水生成。

长期消化不良、消瘦、腹水,腹部触诊及血尿检查可确诊。

【防治】

1. 防治原则

肝硬化的防治原则是:去除病因,治疗原发病,加强护理,饲喂低蛋白、低脂肪、易消化的食物。

因是慢性病,故早期治疗有望恢复。病程较长时,多预后不良。高糖有利于肝细胞的修复,不喂刺激性、高脂肪的食物,有腹水和水肿的,限制盐的摄入。

2. 处方

(1)5%葡萄糖注射液,500 mL;胰岛素,1 mg;ATP,40 mg;10%氯化钾,10 mL;CoA,100 IU。用法:静脉滴注。

(2)复合氨基酸,250～500 mL。用法:静脉滴注,每天1次。

(3)肌苷,100～150 mg;维生素C,500～1 000 mg。用法:肌内注射,每天1～2次。

说明:以上三个处方都是促进肝细胞再生,提高血清蛋白水平。

(4)泛酸,10～50 mg/次;巯丙酰甘氨酸,50～100 mg/次。用法:肌内注射,每天1～2次。

说明:去除肝内脂肪。

(5)磺胺脒。用法:每天1～3 g,口服,分3～4次。说明:抑菌制酵。

四、肝脓肿

肝脓肿又称化脓性肝炎,是由于化脓性细菌侵入肝脏,在局部形成的脓性浸润或脓疱。

【病因】

主要是其他脏器的化脓性炎症(化脓性子宫炎、乳腺炎、肾盂肾炎等)蔓延到肝脏所致。此外,肝部寄生虫感染(血吸虫、囊虫及肝片吸虫)也可引起肝脓肿。

【症状】

患病动物精神沉郁,呼吸困难。食欲不振,消化不良。体温升高,畏寒,肝区触压疼痛、肿大。后期可视黏膜黄染。较大脓肿则易破裂,脓汁进入腹腔,引起腹膜炎。表现腹围增大,腹壁紧张。腹腔穿刺液浑浊、黏稠，易凝固，有时带血。呼吸促迫，明显的胸式呼吸。最后以脓毒血症和败血症死亡。

【诊断】

（1）临床诊断。由于单一性脓肿在生前无明显症状，所以很难发现，只有在剖检时才能检查到。而转移性化脓性肝炎可依据临床症状和肝部触诊、血液学检查做出诊断。

（2）实验室检查。血液学检查可见嗜中性粒细胞增加，其中分叶核增加。血沉加快，结合B超（图1-10）或X射线检查可确诊。

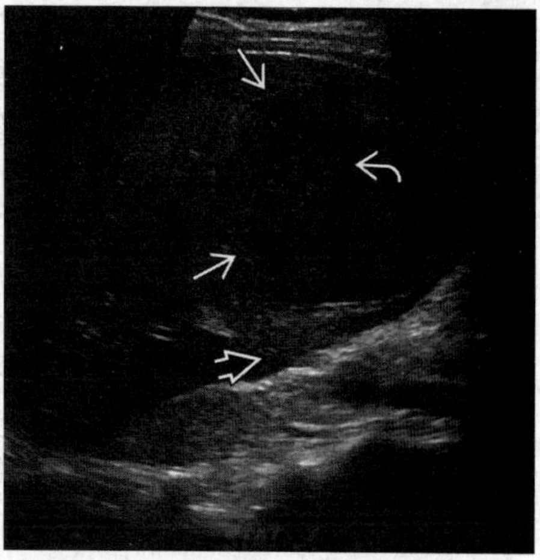

图 1-10　犬肝脓肿超声扫查，出现局限性液性暗区，其中有散在的光点或小光团

【防治】

1. 防治原则

肝脓肿的防治原则是：加强护理，喂给低脂肪、低蛋白、易消化的食物；抗菌消炎、保肝解毒，消除水肿及对症治疗。

2. 处方

（1）青霉素，每千克体重2万IU。用法：肌内注射，每日2次，连用3～5日。

（2）盐酸土霉素，每千克体重15～50 mg。用法：内服，每日2次，连用3～5日。

五、肝破裂

肝破裂是指各种原因作用于肝脏引起破裂的一种疾病。

【病因】

直接或间接暴力是引起肝破裂的主要原因，如车祸、击打、撕咬等。另外某些疾病也会引起肝破裂。

【症状】

动物出现腹痛、呕吐，呼吸困难时为胸式呼吸表现。可视黏膜、皮肤迅速苍白，心跳加快，脉搏弱。肝区触诊敏感，腹围增大，叩诊浊音区扩大。最后出现休克死亡。

【诊断】

根据病史及临床表现、外伤情况可做出诊断。

当肝实质和肝被膜同时破裂时，腹腔内大出血。如若仅肝实质破裂，在肝被膜下形成血肿，致肝区扩大。

【治疗】

及时补液，输血，制止出血。尽快手术治疗，进行肝脏修补术。应用抗生素，防止继发感染。

六、胆囊炎

胆囊炎主要是由多数寄生虫或传染病、结石阻塞的过程中，寄生虫（蛔虫的幼虫、华支睾吸虫）和传染病（犬传染性肝炎）、胆结石等造成的。各种犬、猫均有发生，尤其是大于4岁的猫多见，且波斯猫有明显的患病倾向。根据胆囊内有无结石，胆囊炎可分为结石性胆囊炎和非结石性胆囊炎。

【病因】

细菌、寄生虫、其他部位炎症蔓延、食物中毒等均可引发胆囊的炎症。

(1)细菌感染。是本病的主要诱发因素。大肠杆菌、沙门氏菌、葡萄球菌、链球菌等可以通过十二指肠侵入肝脏,引发胆管和胆囊炎性变化。

(2)胆管阻塞。是胆囊炎的主要致病因素。胆结石、胆汁瘀滞、寄生虫的直接刺激和阻塞等可引发胆囊炎。犬、猫易发生胆结石,进而导致胆囊炎。

(3)其他因素。十二指肠黏膜炎症的蔓延,钩端螺旋体病、犬传染性肝炎,饲料中毒等疾病过程中伴发胆囊炎。

【症状】

患病犬、猫除了表现出原发病的一切症状之外,还表现出食欲不振,消化不良,腹泻,黄疸,腹痛,消瘦,贫血,浮肿及腹水。肝部触诊敏感,有疼痛表现。猫出现长期厌食、嗜睡和黄疸。犬肝脏部位触诊疼痛敏感,心律不齐,神情不安。化脓性病例还可出现发热、恶寒战栗以及白细胞增多、核左移等现象。胆囊穿孔可致腹膜炎。

【诊断】

根据病史调查,患病犬、猫的临床表现,粪便虫卵检查以及借助腹部超声检查即可确诊。

超声检查可见胆囊肿大,胆囊壁增厚,胆囊内壁有低回声带,胆囊内可见浮游物。慢性胆囊炎的后期胆囊壁全部石灰化,可见到陶器化胆囊。

ALT、ALP、血清胆红素值上升,CRP 上升,白蛋白数值增加等。

【防治】

胆囊炎的防治原则是:镇静、解痉止痛,抗菌消炎,防止继发感染。

应保持动物安静,饲喂有营养的、易消化的食物。

阻塞性胆囊炎最好手术治疗。

第四节 胃肠疾病

一、胃内异物

胃内异物是指误食难以消化的食物,不能被胃液消化,不能呕吐或经肠道排出体外,长期停留在胃内,造成胃黏膜损伤,引起胃功能紊乱的一种疾病。

【病因】

误食异物,如石块、金属、塑料、线团、布料、被毛、玩具等。异嗜性疾病。营养不良,缺乏维生素、矿物质,寄生虫病,胰腺疾病。

【症状】

食欲减退、呕吐,尤其是采食固体食物时明显。营养不良,逐渐消瘦,精神不振。损伤刺激胃黏膜,造成出血、炎症、穿孔。表现呻吟、起卧弓腰,肌肉震颤,有时呕吐物中见有血液,触诊胃部敏感。

【诊断】

长期消化不良,有胃炎症状。幽门阻塞时,顽固性呕吐,完全拒食,高度口渴,经常变换躺卧地点、位置,表现极度不安,呻吟,甚至嚎叫。精神高度沉郁,触诊胃部敏感疼痛。

见有呕血甚至胃穿孔。实验室检查使用X射线易确诊，如图1-11、图1-12所示。

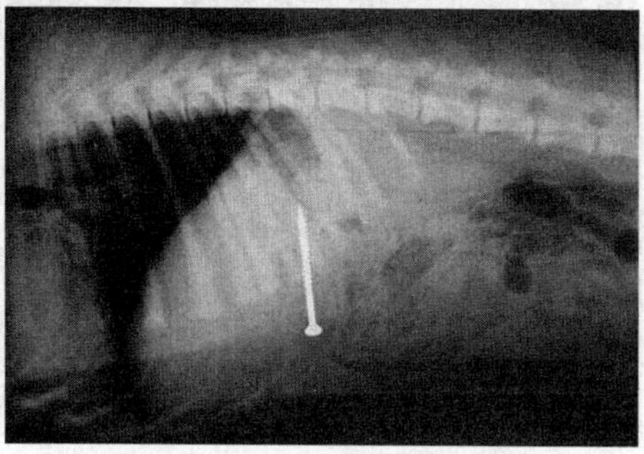

图1-11 犬胃内尖锐的铁钉

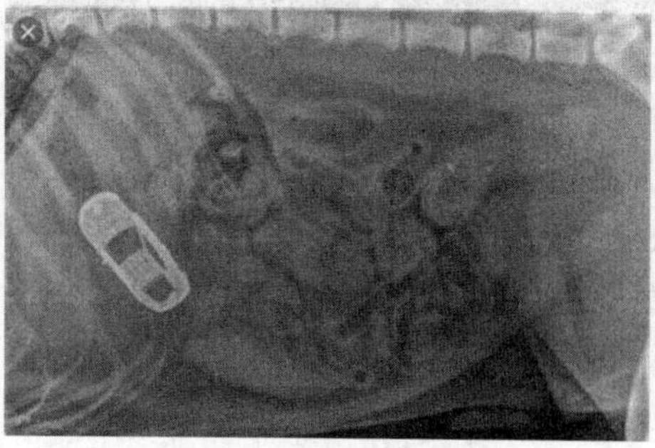

图1-12 犬胃内玩具汽车

【防治】

1. 常规处理

少量且小的异物，可以通过催吐促进其排出，或用胃镜取出。大而多的异物，应切开胃取出。有异嗜的犬、猫，应补充相应的维生素、微量元素。训练时，防止吞食异物。

2. 处方

(1) 0.5%硫酸铜溶液，20～50 mL。用法：灌服催吐。

(2)液状石蜡或植物油，20～50 mL。用法：灌服泻下。

(3) 5%葡萄糖注射液，100～500 mL。用法：静脉注射，1～2次/日。说明：支持疗法。

(4)庆大霉素注射液，每千克体重1 000～1 500 IU。用法：肌内注射，1～2次/天，连用3～5天。说明：抗菌消炎。

(5)头孢拉定胶囊，250 mg/粒。用法：内服，每次0.5～1粒，2～3次/日，连用3～5日。说明：抗菌消炎。

二、胃扩张

胃扩张是指采食过量或胃内容物排空障碍，导致胃体积突然扩大、胃壁过度扩张的一种腹痛性疾病。

【病因】

(1)原发性病因。一次性食入干燥、易发酵、易膨胀及难消化的食物，继而剧烈运动，饮入大量的冷水，使食物和气体积聚胃内。养护不当，胃消化功能紊乱。饮水不足，机体脱水，胃分泌功能不足，导致胃壁干涩，内容物后排障碍。

(2)继发性病因。继发于幽门痉挛、小肠阻塞、胃扭转、胰腺炎、蛔虫阻塞等。

【症状】

突发腹痛，茫然呆立或躺卧，行动拘谨，常变换躺卧地点，继而腹部膨胀并增剧，叩诊呈鼓音、金属音。急剧震荡胃下部，可听到拍水音。食欲降低，哽噎，但无呕吐。食管探诊，若仅急性胃扩张可放出大量气体和液体，病情好转。严重者，呼吸高度困难，脉搏增数，最后脉搏虚弱，多数于24～48 h以内死亡；轻者可延至5天及以上，如图1-13所示。

【诊断】

据病史和突然发病腹痛、前腹部膨大等临床症状可初步诊断。结合胃管探诊时有大量气体和液体排出可确诊。

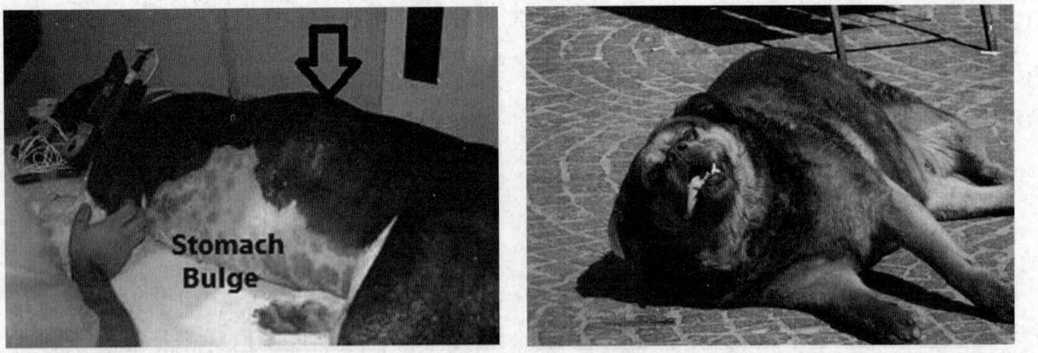

图 1-13 犬胃扩张的临床表现

鉴别诊断：

(1)胃扭转。胃管难以插入胃内。

(2)食道异物。无腹痛和腹胀。

(3)肠扭转。有呕吐和轻度腹胀。

(4)腹膜炎。有呕吐，腹胀和体温升高。

【防治】

1. 急症处理

急性胃扩张，首先设法排除胃内气体。用胃管插入放气或用粗针头刺入胃内进行放气。严重的可以胃切开取出内容物。

2. 预防

剧烈运动后，不应喂给食物或饮水。严禁饮食后剧烈运动。定期驱虫，饲喂营养丰富的食物。

3. 处方

(1)盐酸吗啡注射液。用法：一次量，每千克体重 0.5～1 mg，皮下、肌内注射。说明：注意控制用量。

(2)盐酸哌替啶注射液。用法：一次量，每千克体重 5～10 mg，皮下、肌内注射。说明：腹痛时止痛。

(3) 5％葡萄糖注射液，100～500 mL；氢化可的松每千克体重 5～10 mg。用法：静脉滴注。说明：脱水时补液。

三、胃扭转

胃扭转指已发生胃扩张的胃沿着它的系膜轴发生旋转，伴有食管、十二指肠部分或完全阻塞的一种疾病。

胃扩张—扭转综合征：发生急性胃扩张，胃韧带松弛或断裂导致胃扭转，其特征是发病急，病情恶化快，死亡率高。胃扭转模式如图 1-14 所示。

【病因】

犬幽门移动性大，胃内容物过多使胃韧带松弛或断裂，即可发生本病。胸深而窄的犬多发。成熟的、中老年犬多发。

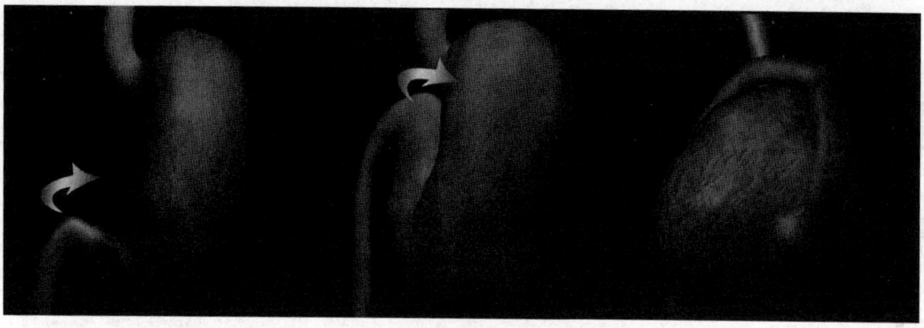

图 1-14　胃扭转模式图

【症状】

腹痛。神情淡漠、呆立或躺卧于地，行动谨慎。迅速发生腹部膨胀，叩诊金属音或鼓音。触诊可触及球状囊袋。冲击触诊胃下部有拍水音。犬食欲废绝，烦渴，贪饮，作呕。呼吸困难，脉搏增数，200 次以上。探诊插到贲门附近停留或用力可推送到胃内，而且有酸臭的气体和血样的液体逸出。一般于 24 h 左右死亡。

【诊断】

根据突然腹痛、行动拘谨、腹部胀满等临床症状，叩诊鼓音或金属音以及插入胃管困难可确诊。

【防治】

应尽快进行剖腹手术。先穿刺胃，缓慢放出气体后整复到原来位置。

四、幽门狭窄

幽门狭窄是由各种原因引起的幽门孔径减小甚至完全闭塞的一种疾病，其临床特征为：呕吐，顽固性腹胀及消化不良。

【病因】

幽门狭窄的病因有先天性的狭窄和后天性的狭窄两种。

(1)先天性狭窄。幽门括约肌先天性肥厚，胃、十二指肠韧带异常。

(2)后天性狭窄。各种原因造成的幽门痉挛、胃炎、胃溃疡、食物过碱或霉变、胃泌素分泌过多及局部肿瘤的压迫。

【症状】

(1)先天性幽门狭窄。腹部膨大，断乳后饲喂固性食物可引起强烈喷射状的呕吐，呕吐物不含有胆汁。饲喂流食和饮水时呕吐不明显。呕吐失水造成脱水、电解质失衡，衰竭，继发异物性肺炎而死亡。

(2)后天性幽门狭窄。由定期呕吐逐渐转为食后喷射状呕吐，呕吐时间不定。精神沉郁，消化不良，胃排空缓慢，时有腹胀，打嗝，口气多酸臭。

【防治】

1. 防治原则

幽门狭窄的防治原则为：排除胃内容物，缓解腹痛；对症治疗；主要通过抗菌消炎和手术治疗。

2. 处方

(1)硫酸阿托品片剂。用法:内服,0.02～0.04 mg/次。说明:解痉,适用于痉挛。食前30 min使用。

(2)盐酸氯丙嗪注射液。用法:肌内注射,1～3 mg/次。说明:镇静,缓解症状。

五、胃炎

胃炎是胃黏膜的一种急性或慢性炎症。胃炎波及肠黏膜而发生胃肠炎。

【病因】

采食腐败变质食物或不易消化食物和异物。投服刺激性药物。并发于犬瘟热、犬病毒性肝炎、钩端螺旋体病、急性肾炎、肝病、脓毒症、肠道寄生虫、应激反应等。

【症状】

精神沉郁,呕吐,腹痛。初期呕吐物主要是食糜,之后则为泡沫样黏液和胃液。由于致病原因不同,呕吐物可能混有血液、胆汁、黏膜碎片。病犬渴欲增加,但饮水后会呕吐,食欲明显下降或拒食,因腹痛而不安。呕吐严重可引起脱水和电解质紊乱。口腔有黄白色舌苔,有臭味。拒食,偶有异嗜。腹痛,抗拒检查。喜卧凉地。严重者常伴有肠炎。急性胃炎出现持续性呕吐。呈痛苦状。

【诊断】

根据病史和临床症状可初步诊断。对于单纯性胃炎,对症治疗即可奏效。

鉴别诊断:

(1)胃炎。多有呕吐现象,但呕吐不一定都是胃炎。

(2)食道炎。呕吐现象不明显。

要注意区别病理性呕吐与生理性呕吐:胃炎、胃溃疡为病理性呕吐;间断性吐毛球则为生理性呕吐。

【防治】

1. 防治原则

胃炎的防治原则是:去除刺激性因素,保护胃黏膜,抑制呕吐和防止机体脱水。

2. 急症处理

急性胃炎:首先绝食 24 h,给予少量饮水或舔舐冰块,缓解口腔干燥。病情好转后,少量多次给予流质食物。持续性顽固呕吐则给予对症镇静、止吐类药物。给予等渗盐水,防止脱水和碱中毒。

3. 处方

(1)硫酸阿托品。用法:一次量,每千克体重 0.02～0.05 mg。肌内、皮下注射。说明:松弛平滑肌。

(2)盐酸氯丙嗪。用法:一次量,每千克体重 1～3 mg。肌内注射。说明:镇静止吐。

(3)硫酸卡那霉素。用法:一次量,每千克体重 2～10 mg,肌内注射。说明:消炎。

(4)碱式硝酸铋。用法:犬 0.3～2 g/次,内服。说明:保护剂,减轻对胃黏膜刺激。

(5)酚磺乙胺。用法:犬 2～4 mL/次,猫 1～2 mL/次。肌内注射。说明:全身止血。

六、肠绞窄

肠绞窄是指因外力压迫,肠蠕动功能紊乱,或被腹腔某些条索或韧带绞结等,导致肠管不通，局部血液循环障碍的重剧腹痛性疾病。肠管之间发生缠绕引起的肠管闭塞则称为肠缠结。

【病因】

动物体位突然改变是本病的主要原因。尤其是饱食后不久极易发生。过度的奔跑、跳跃、翻滚以及玩耍时摔跌都会诱发本病。由于惯性作用，游离性较大的肠段（空肠）极易与腹腔内索状组织（韧带、系膜、甚至肿瘤的蒂部、炎性渗出物的凝固物）发生缠绕引起肠绞窄。有时肠管可与自身发生缠结。

【症状】

突然发生，剧烈腹痛，起卧不安，频频顾腹，有时打滚，痛苦嚎叫、呻吟。多伴发有顽固性呕吐，排粪很快停止，口腔、眼结膜及皮肤干燥，可视黏膜发绀，肌肉震颤。腹部触诊，病患处疼痛敏感，可摸到局部鼓气的肠管。末期病犬躺卧不起，脉搏虚弱无力，全身机能极度衰竭。多发生肠坏死、肠破裂、腹膜炎而死亡。病程3～5天。

【诊断】

根据突发剧烈的腹痛，结合腹部触诊或腹腔探查，结合X射线检查确诊。

【治疗】

确诊后立即剖腹进行整复。如肠管局部坏死，则应及时切除，再做肠吻合术。术后用抗生素全身消炎，保持安静，避免运动。

七、便秘

因肠管的蠕动、分泌机能减退，多量的内容物停滞于肠道的某部，逐渐地变干变硬，致肠道不通者，称为便秘。便秘多发生于老年犬、猫，特征是腹痛、排粪迟滞。

【病因】

排便动力缺乏，肠道所受刺激不足，肠内容物运行受阻，肠内结石、粪石，肠道变位，肠内积聚异物、寄生虫，骨盆腔内肿物压迫。直肠及肛门疾病，肠道周围疾病，内分泌异常。饲料和环境因素，饲料单一，饮水不足。管理不良医源性便秘，药物使用不当、手术致肠管损伤。腰荐部受损、腰椎增生致腰荐神经受压，运动量小。

【症状】

食欲减退或废绝，呕吐。尾巴伸直，步态紧张。脉搏加快，可视黏膜发绀。轻者反复努责，重者屡呈排粪姿势，排出少量混有血液或黏液的液体。犬便秘的排粪姿势，如图1-15所示。

图1-15　犬便秘的排粪姿势

肛门红肿。口腔干燥，结膜无光泽，皮肤干燥等脱水表现。触诊后腹上部有压痛，在腹中、后部可摸到串珠状硬粪块。肠音减弱或消失。直肠触诊能触及硬粪块。血液学检查，严重的便秘并脱水时，红细胞数和血细胞比容轻度升高，间或有低血钾症。

【诊断】

根据排粪困难的病史和触诊摸到大肠内干硬的粪便块，按压时往往有疼痛的表现，一般不难确诊。但欲推究便秘的原因，则应详细分析病史和进行全面检查。

X 射线检查，可根据钡餐在肠道内运动的情况，来了解其运动功能状态(如图 1-16 所示)，这对肠道器质性病变的诊断尤其重要。

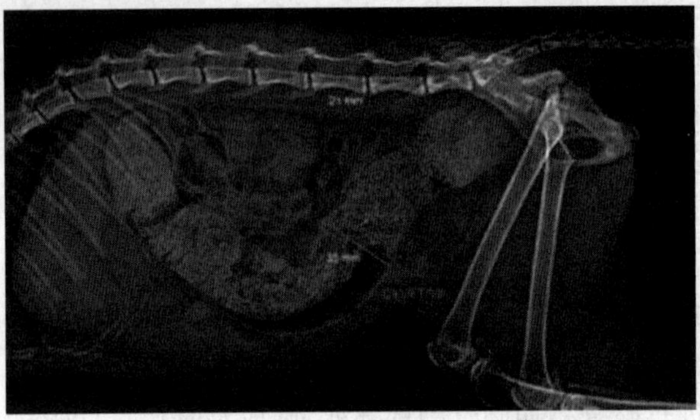

图 1-16 犬便秘 X 射线检查大量宿便积聚于肠道中

【防治】

1. 常规处理

便秘的治疗原则是：润肠通便。

(1)单纯便秘。可采用灌肠、轻泻以及手术的方式。

①灌肠：可采用温水、甘油、2%苏打水或液体石蜡灌肠。用胶管往直肠内注入水灌肠时，需要特别注意(尤其是对于猫)压力不可过高，否则极易造成直肠壁穿透。

②轻泻：润滑性泻剂，如甘油或液体石蜡 5～30 mL，口服；硫酸钠或硫酸镁，剂量 5～30 g，常水 200 mL，灌服。刺激性泻剂，可选用双蜡酚酊 10～20 mL，酚酞 100～200 mL 或中药番泻叶 50～100 g，内服。也可选用中药芒硝、大黄各 5～15 g，烘为末，用蜂蜜调和内服。

③手术：重症病例需行全身麻醉，用镊子破碎粪块或腹壁按压粪块使其破碎。当药物无效并不能破碎时，可进行剖腹手术。

(2)继发性病例。对继发性病例主要治疗原发病。

2. 预防

粪便排出后的恢复期，宜适当运动，合理调配饲料，饮水要充分。

引起便秘的原因很多，大多数病例为一过性的。但是少数动物患有长期便秘，其中多数原因不明，治疗效果不理想。

(1)针灸治疗。白针疗法以关元穴、大肠俞、脾俞为主穴，配合外关、后三里、百会、后海穴。

(2)血针疗法。以三江穴为主穴，耳尖、尾尖为配穴。

(3)电针疗法。两侧关元俞穴。

3. 处方

(1)液状石蜡或豆油。用法：20～30 mL/次，内服。说明：润下缓泻。

(2)10%硫酸镁溶液。用法:20～50 mL/次,内服。说明:缓泻。

(3)温肥皂水或液体石蜡。用法:50～100 mL/次,灌肠。说明:软化粪便,润滑肠腔。

(4)大黄 15 g,厚朴 3 g,枳实 3 g,芒硝 40 g,青木香 5 g。用法:水煎取汁灌服。此为大承气汤加减方剂。

八、肠梗阻

肠梗阻是犬、猫的一种急腹症,发生部位主要是小肠,其临床特征是:剧烈腹痛,呕吐,脱水,甚至休克,死亡。

【病因】

(1)原发性病因。食入不易消化的食物或异物,如骨头块、毛团、果核、玩具等;寄生虫大量寄生在肠管内,形成团块,堵塞肠管。

(2)继发性病因。肠粘连、肠变位、肠痉挛的过程中;肠扭转较为少见;肠套叠多发;肠内增生物、肿瘤、肉芽肿致使肠腔狭窄;急性肠炎或寄生虫病;肠蠕动机能失调所致。

【症状】

腹痛,呕吐,腹胀,排粪停止。

初期,不食,嚎叫或呻吟,呕吐及卧地翻滚。有时有少量粪便。

中期,持续性呕吐,严重脱水,眼球下陷,皮肤弹性降低,腹围增大及呼吸困难。

后期,肠管局部血液循环障碍,病变部肠管出现麻痹、坏死,疼痛消失。

梗阻发生在前部肠管时,呕吐是一种早期症状。呕吐物初期含有未被消化的食物和黏液,随后出现胆汁和肠内容物。梗阻后期病畜精神高度沉郁,自体中毒(碱中毒),出现尿毒症,虚脱、休克,死亡。

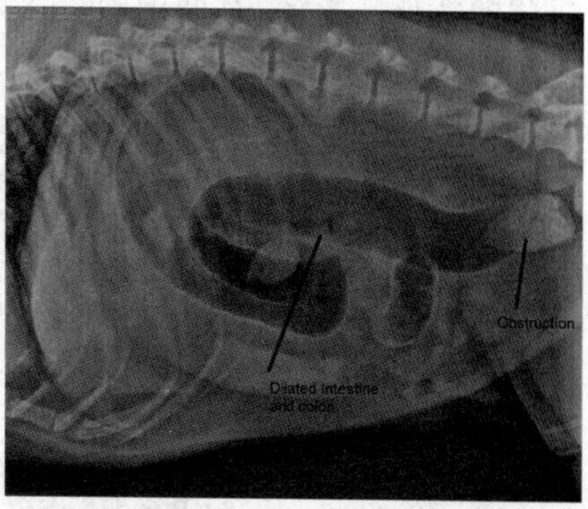

图 1-17　犬梗阻的 X 射线检查显示(箭头所示腹腔内部分肠管积气积液,肠腔直径扩大)

【诊断】

(1)临床诊断。根据腹痛、排粪减少及脱水表现,结合触诊、听诊即可做出诊断。

(2)实验室诊断。X 射线检查,见肠管阻塞部位前部肠管扩张有特殊的气体像。如图 1-17 所示造影可见造影剂完全停留在梗阻的前方。

【治疗】

肠梗阻的治疗原则是:治疗原发病,促进阻塞物排出,防止脱水和自体中毒。

(1)保守疗法。先灌服硫酸镁(或硫酸钠)10～25 g,加水适量,一次内服;植物油 10～30 mL,一次灌服,配合腹部按摩;大量液体石蜡深部灌肠;后部肠管梗阻,输液,补充维生素,纠正酸碱平衡。

(2)手术疗法。切开腹腔,除去阻塞物。局部坏死时则应尽快切除,再进行肠管断端吻合术。术后禁食 4 天,静脉输液,补充水分和营养。5%葡萄糖溶液 200～500 mL,每天 1～2 次。同时输给维生素 C 和复合维生素 B,第五天可以喂流食,以后逐渐恢复正常饲喂。

九、肠套叠

肠套叠指一段肠管伴同肠系膜套入邻接的肠管内，导致肠腔闭塞，消化机能障碍，局部肠管血液循环障碍，发生淤血、水肿甚至坏死的一种疾病。肠套叠多发生于回肠、盲肠段，幼龄犬、猫多发。

【病因】

(1)相邻肠管蠕动性和充盈度不一致。

(2)饱食后运动，因惯性充盈段肠管突入邻近空虚肠管。

【症状】

突然剧烈腹痛，高度不安，甚至卧地打滚，使用镇静剂也不能缓解。病初排稀粪，粪便中混有多量的黏液、血丝，严重时可能排出黑红色稀便，后期排粪停止。发生肠管坏死时，病犬转为安静，腹痛似消失，但精神仍然委顿，出现虚脱症状。小肠套叠时，常发生呕吐。触诊腹部有时可摸到套叠的肠管如香肠样，压迫该段时，疼痛明显。无并发症时，体温一般正常。继发肠炎、肠坏死或腹膜炎时，体温升高。

【诊断】

根据呕吐、腹痛、血便及触诊感觉可初步诊断。

X 射线检查，犬发生肠套叠，钡剂灌肠显示肠腔内套叠形成的肿块密影，套入部侧面呈杯口状的特征性影像，有助于确诊。如图 1-18 所示腹腔探诊检查。

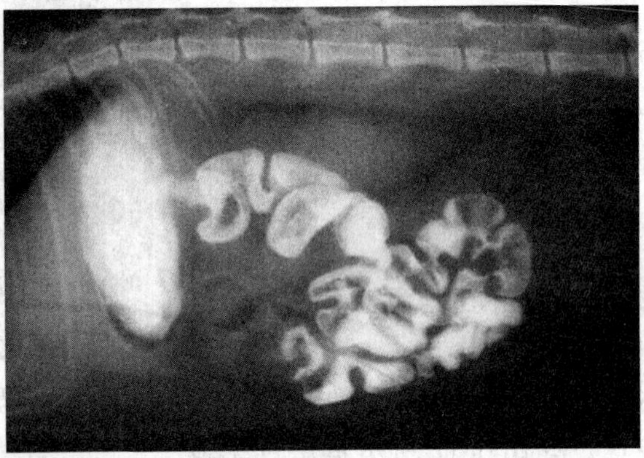

图 1-18　犬发生肠套叠套入部侧面呈杯口状的特征性影像

【防治】

肠套叠的防治原则是：早发现，早诊断，早治疗；科学饲养管理；及时治疗原发病；对症疗法。

(1)保守治疗。初期是用温水或温肥皂水深部灌肠，然后抬高后躯，同时按摩腹部，促进肠管复位。使用镇痛剂和麻醉药也可使其肠管自然复位。脱水的动物要补液，休克的动物要注射地塞米松。加强护理，注意看护，不要喂饲骨头、肉及油水较大的食物。

(2)手术治疗。开腹整复肠管。如有坏死则切除坏死肠段，然后做肠段断端吻合术。注意抗菌消炎，减少肠痉挛，防止复发。

十、胃肠炎

胃肠炎指胃肠黏膜表层和深层组织发生的炎症，其临床特征是：消化紊乱，腹痛，腹泻，发热及迅速脱水。

【病因】

(1)原发性病因。饲养管理不当；采食腐败食物，辛辣食物，强烈刺激药物，灭鼠药等；过度疲劳及感冒，降低胃肠的屏障机能；滥用抗生素或抗菌药，扰乱肠道内的正常菌群；消化道内腐败发酵产生的有害物质的刺激。

(2)继发性病因。继发于某些传染病及寄生虫病，如犬细小病毒病、犬瘟热、犬勾端螺旋体病、钩虫病、蛔虫病、球虫病、鞭虫病、弓形体病等。

【症状】

精神沉郁、呕吐、腹泻及腹痛是胃肠炎的主要症状。

急性病例：体温升高，食欲不振或废绝，有饮欲，但饮水后即发生呕吐，呕吐物为白色或棕黄色黏液；粪便水样，有难闻的恶臭味，如图 1-19 所示。如果小肠有出血，则粪便呈黑绿色或黑色；如果后段肠管出血，则粪便表面有血丝，如图 1-20 所示。肠蠕动增强，腹部听诊有肠鸣音。腹壁紧张，触之敏感，时而听到呻吟。重症者，出现脱水、电解质失调和酸碱平衡紊乱，甚至昏迷、休克。

图 1-19 犬胃肠炎粪便呈现水样

图 1-20 犬小肠出血血便

慢性病例：表现轻微；反复腹泻，偶尔呕吐，消化不良，粪便中常含有消化不全的食物，逐渐消瘦。

【诊断】

根据病史和临床表现即可做出初诊。确诊需进行血常规检查，白细胞增多，嗜中性粒细胞比例增加，血细胞比容升高。严重寄生虫感染时，可见嗜酸性粒细胞增多。粪便检查可见大量脓球(坏死崩解的白细胞)。

【防治】

1. 防治原则

胃肠炎的防治原则是：加强饲养管理，清理胃肠，制止发酵，收敛消炎，支持疗法，对症疗法。

2. 处方

(1)活性炭 0.5～2 g。用法：加水适量，灌服。说明：吸附止泻。

(2)5%葡萄糖注射液 250～500 mL，乳酸钠林格尔氏液 125～250 mL，三磷酸腺苷(ATP)

20 mg,辅酶 A(CoA)50 IU。用法:混合,一次静脉注射。说明:补液提供能量。

(3)哌替啶。用法:一次量,每千克体重 10 mg,肌内注射,隔 8～12 h 重复一次。说明:镇痛,配合治疗原发病。

(4)甲氧氯普胺片。用法:一次量,每千克体重 0.5 mg,内服,2～3 次/日。说明:消炎。

(5)链霉素。用法:一次量,每千克体重 10 mg,肌内注射,2 次/日,连用 3～5 日。说明:消炎。

十一、结肠炎

结肠炎指结肠发生的一种慢性炎症性疾病,其临床特征为:顽固性便秘,腹泻,营养不良及体质低下。本病老龄犬、猫多发。

【病因】

(1)免疫能力低下,与自身免疫反应有关。

(2)细菌性感染,化学刺激。

(3)全身性疾病及精神紧张等。

(4)结肠黏膜损伤。

【症状】

初期,出现不定时无规律的便秘,粪便干燥,量少,颜色较深;重者排出颗粒样粪便,可持续几个月;有时腹泻,多数病例很快自然康复。后期,腹泻逐渐加重、频繁,粪便稀薄,或呈水样,有时带有血液、脓汁以及组织碎片,气味恶臭。食欲、体温一般无明显变化,但很快消瘦、脱水、贫血,甚至衰竭、死亡。

解剖学变化:结肠黏膜充血、出血,外观呈暗红色,表面覆盖有黏稠的液体或脓汁,重者有较大的溃疡灶,甚至大片的黏膜脱落。

【诊断】

临床表现及肠镜检查即可诊断。

【防治】

1. 防治原则

结肠炎的防治原则为:抗菌消炎,制止发酵,止泻,补充体液。具体措施为:加强护理,喂以高蛋白、高营养、低纤维食物,如动物肝脏,鸡蛋及稀米饭,不要喂刺激性大的食物。

2. 处方

(1)阿托品,每千克体重 0.015 mg;药用炭,每千克体重 10 mg/(鞣酸蛋白,100 mg/kg 体重)。用法:分 3 次口服。说明:腹泻严重时,促使肠道平滑肌松弛,延长内容物在肠道内的通过时间,增加水分吸收。

(2)庆大-小诺霉素。用法:一次量,每千克体重 1～2 mg,肌内注射,1～2 次/日。说明:抗菌消炎。

(3)卡巴克洛注射液。用法:2～4 mL/次。说明:便血严重者,止血。

(4) 5%葡萄糖注射液,250～500 mL;地塞米松,每千克体重 10～20 mg。用法:混合后一次静脉注射。

十二、肛门腺囊炎

肛门腺囊炎指肛门腺囊内的分泌物积聚于囊内,刺激黏膜而发生的炎症。小型犬、猫多发本病。

【病因】

直肠积粪，特别是长期排软便，致肛门腺管阻塞，分泌物排除障碍。肛周围组织炎症蔓延所致。

【症状】

(1)肛周瘙痒。擦肛动作，咬肛，拒绝抚摸臀部。

(2)放出难闻的腥臭味。排粪痛苦。粪便中常带有脓汁、黏液。肛门腺分泌物稀薄，或带有脓血。

(3)长期阻塞肛门腺突出于皮肤周围。反复破溃、自愈、再破溃，最终形成瘘管。

(4)指检肛门，肛门腺充盈肿胀，触压疼痛，分泌物不能排出。

【诊断】

临床症状、肛门指检即可确诊。

【治疗】

(1)未化脓病例。可用一手指插入肛门，大拇指在外侧压迫，排除内容物即可。

(2)已化脓病例。排除脓汁及内容物，再用0.1％高锰酸钾溶液或生理盐水冲洗，最后向囊内注入青霉素40万～80万IU，并在肛门周围涂抹红霉素软膏。如复发，可向囊内注入碘甘油，3次/日，连用4～5天；碘酒也可，每周一次，直到痊愈。

(3)形成瘘管、蜂窝织炎、肿瘤等。应手术摘除。

第五节　胰、脾及腹膜疾病

一、胰腺炎

胰腺炎是由胰腺外分泌管所分泌的消化酶对自身及周围组织进行消化进而引发的胰腺的化学性炎症，以胰腺水肿、出血、坏死、广泛性纤维化、局灶性坏死与钙化为其病理特征。胰腺炎按病程分为急性型和慢性型两种。急性型胰腺炎主要发生于犬，尤其是中年雌犬，临床上以突发性腹部剧痛、呕吐、发热、休克和腹膜炎、血、尿的淀粉酶增高为特征；慢性型胰腺炎主要发生于猫，指胰腺炎症的反复发作或持续性的炎症变化，临床上以呕吐、腹痛、黄疸、脂肪痢及糖尿病为特征。

【病因】

1. 急性胰腺炎

(1)胆道疾病。胆总管梗阻，如胆道蛔虫、胆结石、肿瘤压迫、局部水肿、局部纤维化及黏液淤积，致使胆汁反流入胰管，激活胰蛋白酶原为胰蛋白酶，导致胰腺自身消化。

(2)胰管阻塞或损伤。胰管结石、肿瘤、十二指肠炎、胰管狭窄及胰管开口处括约肌痉挛；迷走神经兴奋性增强导致胰外分泌腺机能亢进；胰管内压力增高，使胰泡及胰管破裂，胰液流向间质引起胰腺急性炎症；胰腺因手术、钝性外力挤压胰腺实质，致使胰酶的酶原粒被激活，胰液流向胰腺间质，引起自身消化而致胰腺炎。

(3)营养性因素。暴饮暴食或长期进食大量脂肪性食物，或刺激胰腺分泌增加、十二指肠乳头水肿，使胰液排出受阻，引起十二指肠内压增高，胰液、十二指肠液逆流入胰管。另外，引起犬、猫的脂血症改变胰腺细胞内酶的含量，诱发胰腺炎。

(4)传染性疾病。猫弓形虫病和传染性腹膜炎,犬传染性肝炎,钩端螺旋体病等损伤肝脏及胰腺组织,诱发胰腺炎。

(5)药物作用。噻嗪类、门冬氨酸酶、四环素、胆碱酯酶抑制剂、胆碱能拮抗剂等,长期使用此类药物诱发胰腺炎。

(6)其他因素。创伤、车祸、摔伤、手术导致胰腺损伤。

2. 慢性胰腺炎

慢性胰腺炎多数由急性胰腺炎转化而来。此外,胆囊、胆管、十二指肠等胰腺周围器官炎症蔓延,胰动脉硬化、血栓形成、胰石等也可引起慢性胰腺炎。

【症状】

1. 急性胰腺炎

突发性腹部剧痛,触诊前腹部右侧疼痛,多呈持续性,进食或饮水时腹痛加重,呈祈祷式姿势。病初,厌食、消瘦、无精神,间有腹泻,粪中带血;随后持续性顽固性的呕吐,剧烈呕吐,呕吐物中有食物、胃液、胆汁、血液,呕吐后症状不减轻。饮水或吃食后更加明显。排粪量增加,粪便中含有大量脂肪和蛋白,生长停滞,急剧消瘦。严重时波及周围器官,形成腹水。血清淀粉酶、脂肪酶活性增高。体温升高,烦渴,呼吸急促,心跳加速,多尿,腹泻,脱水,肝脏肿大,腹部膨胀,黏膜充血,黄疸。昏迷、休克或恶病质。

2. 慢性胰腺炎

腹痛反复发作,腹上(前)部触诊疼痛。剧烈疼痛时伴有呕吐。消化不良,不断排出大量橙黄色或黏土色、酸臭味粪便。脂肪便,粪中含有不消化食物,发油光。患畜贪食、多尿多饮,消瘦,生长停滞。波及胃、十二指肠及胆总管时,导致消化道梗阻,阻塞性黄疸、高血糖及糖尿病。胰腺组织萎缩,分泌功能减弱。

【诊断】

1. 初步诊断

急性胰腺炎:根据临床症状表现、影像学检查和实验室血液检查结果作出假定性判断。

慢性胰腺炎:对犬来说血清中 TLI 水平升高一般即可确定为胰腺炎。猫尚未有明确标准。

2. 仪器检查

实验室检验:白细胞总数增多,嗜中性粒细胞比例增大,核左移。血清淀粉酶活性增高,发病后 8～12 h 开始增高,24～48 h 达高峰,维持 3～4 天。血清尿素氮增多,血糖升高,血钙降低。

B 超检查:胰腺肿大、增厚或假性囊肿。

X 射线检查:上(前)腹密度增加,见有胆结石和胰腺部分的钙化点。

对于慢性胰腺炎,粪便呈酸性反应,显微镜下可见到脂肪球和肌纤维。胰蛋白酶试验阴性。

3. 特殊试验

(1) X 射线软片试验。取 5%碳酸氢钠溶液 9 mL,加入粪便 1 g,搅拌均匀。取一滴该混合液滴于 X 射线软胶片(未曝光或曝光后的黑色部分)上,经 37.5℃1 h,或室温 2.5 h,用水冲洗。若胶片的液滴下面出现清亮区,则表示存在胰蛋白酶;如果只有水印,则表明胰蛋白酶阴性。

(2)明胶管试验。在 9 mL 水中加入粪便 1 g,混匀,取一试管盛 7.5%的明胶 2 mL,加热使明胶液化。然后加入粪便稀释液和5%碳酸氢钠溶液各1 mL，混匀，经37.5℃ 1 h或室温下2.5 h，再置于冰箱中20 min，若混合物不成胶冻状，则表明胰蛋白酶为阳性。

【防治】

出现症状的2～4天内应禁食禁水，同时注射葡萄糖、复合氨基酸，维持营养和调节酸碱平衡等对症治疗。

脂肪泻时补充胰酶及维生素K、维生素A、维生素D、维生素B、叶酸和钙剂减轻症状。病情好转时，喂少量肉汤或易消化食物。因胰腺病变难以恢复，主要靠药物维持机能。

胰腺坏死部位应通过手术进行切除。

处方：

(1)头孢氨苄西林片剂。用法：口服，0.5～1片/次，每日2次。规格250 mg/片。说明：控制感染。

(2)维生素B_1，每千克体重50～100 mg；甲氧氯普胺，每千克体重1 mg。用法：肌内注射，每日2次。说明：严重的呕吐治疗。妊娠期犬、猫禁用。

(3) 5%葡萄糖注射液，250～500 mL。用法：静脉注射，每天上午、下午各一次。说明：防止脱水。防止休克时加入地塞米松0.1～1 mg/次。

(4)硫酸阿托品。用法：0.03 mg，肌内注射，每日3次。说明：抑制胰腺分泌。

(5)氢化可的松。用法：5～20 mg/次，猫1～5 mg/次，溶于葡萄糖或生理盐水中，静脉注射。

(6)杜冷丁。用法：每千克体重5～20 mg，肌内注射。

二、脾破裂

脾破裂是指脾在直接或间接外力作用下引起脾的破裂的一种疾病。

【病因】

间接或直接外力作用是主要原因。如车祸、击打或某些疾病等。造成的损伤有实质破裂、实质和被膜同时破裂。

【症状】

病犬精神沉郁，食欲不振，拒食，腹痛，呕吐。呼吸困难，胸式呼吸。大量出血者，可视黏膜苍白，心跳加快，脉搏弱而快。腹部触诊敏感，腹围增大，叩诊浊音区扩大。

【诊断】

根据病史、外伤和临床表现可确诊。另腹腔穿刺和超声波检查可辅助诊断。

【防治】

防治原则：止血、补液，抗菌消炎防治继发感染；及时手术治疗。

脾破裂治疗时注意及时补液，输血，应用卡巴克洛、维生素K止血；同时应尽早手术，修补或切除脾脏；并使用抗生素防止感染。

三、腹膜炎

腹膜炎是腹膜壁层和脏层因细菌感染或化学性因素、物理性因素刺激而引起的一种炎症性疾病的总称。腹膜炎按照疾病经过分为急性腹膜炎和慢性腹膜炎，按照炎症的范围分为弥慢性腹膜炎和局限性腹膜炎；按照病因分为原发性腹膜炎和继发性腹膜炎；按照渗出物的性质分为浆液性腹膜炎、浆液-纤维蛋白性腹膜炎、出血性腹膜炎、化脓性腹膜炎和腐败性腹膜炎。

【病因】

原发性因素主要是由于机体受寒、过劳、感冒或某些理化因素的影响，机体抵抗力下降，受到条件性致病菌的侵害而导致腹膜炎的发生。

创伤性因素是由于腹部较大的创伤或外科手术创伤等，使病原菌通过手术创伤或损伤部位侵入腹腔，引起创伤性腹膜炎的发生和发展。局限性腹膜炎见于腹部的创伤及腹部手术所致的创伤。

继发性腹膜炎由腹腔、盆腔脏器的炎症的蔓延而引起。细菌感染也可以继发引起腹膜炎。肝、脾、肠淋巴结脓肿的破溃，胃肠、子宫的穿孔，肠变位的后期及各种病菌引起的败血症等也可继发本病。

【症状】

(1)急性广泛性腹膜炎。体温突然升高，精神沉郁，食欲废绝，有时呕吐。腹痛，吊腹，不敢走动，走路时弓腰，迈步拘泥。触诊腹部，腹壁紧张且敏感。呼吸浅而快，呈胸式呼吸。后期腹围增大，轻轻冲击触诊，有波动感，或有拍水音；腹腔穿刺液多浑浊、黏稠，恶臭，有时带有血液、脓汁。严重者虚脱、休克。整个病程为 2 周左右，少数 1 天就死亡。

(2)局限性腹膜炎。不同程度的腹痛，继发肠管功能紊乱，便秘、消化不良、肠臌气。

(3)慢性腹膜炎。一般由急性腹膜炎转化而来，无明显腹痛，消化不良，拉稀或便秘等慢性胃肠功能紊乱。病程长，消瘦、发育不良。腹腔脏器可能粘连和腹水。

(4)犬结核性腹膜炎。患犬呼吸困难，呕吐、便秘或腹泻，腹壁紧张。触诊时，有疼痛感，于腹膜上可触摸到小丘状肿瘤物。经数周或数月，转归死亡。

【诊断】

根据病史和临床症状，结合腹腔穿刺，穿刺液为渗出液即可确诊。犬、猫等小动物出现呼吸困难、呕吐、腹泻等症状。触诊腹部疼痛，并摸到小丘状肿瘤样物。可用 X 射线检查，可见腹腔器官的结构模糊，呈毛玻璃图像。

【防治】

1. 防治原则及措施

腹膜炎的防治原则是：加强护理，抗菌消炎，治疗原发病，制止渗出，促进渗出物吸收，对症治疗。

(1)使动物保持安静，禁食 2～3 天，经静脉给予营养药物。若由创伤或手术引起的腹膜炎，应及时进行外科处理。

(2)抗菌消炎。应用抗生素或抗菌药物，通过肌肉注射、静脉注射、腹腔注射等，控制细菌等病原体。

(3)制止渗出，促进渗出物吸收或排出渗出物(或积液)。

(4)配合强心、补液、补碱、缓泻等综合措施，改善心、肺机能，防止脱水，矫正水盐代谢和酸碱平衡的失调。

犬结核性腹膜炎一般对症治疗，预后较差。

猫传染性腹膜炎没有有效治疗方法，一般对症治疗，缓解症状。

2. 处方

(1)青霉素。用法：每千克体重 2 万 IU，肌内注射，每天 2 次，连用 3～5 天。说明：消炎。

(2)硫酸庆大霉素。用法：每千克体重 0.1 万～0.15 万 IU，肌内注射，每天 3～4 次，连用 3～5 天。说明：消炎。

(3) 20%葡萄糖注射液，维生素 C 注射液，40%乌洛托品注射液。用法：按说明剂量，每天 1～2 次，静脉注射。说明：对症治疗

(4)槟榔皮 25 g，桑白皮 20 g，陈皮 10 g，茯苓 20 g，白术 20 g，葶苈子 25 g。用法：加水 1 000 mL，煎至 50 mL，灌入直肠深部每千克体重 2 mL，每天 1 次。

四、腹水

腹水又称腹腔积液，指因腹腔脏器长期淤血或全身循环障碍引起的大量水分渗漏到腹腔的一种疾病，其临床特征是：腹围增大，冲击有波动感和拍水音，穿刺液为漏出液。

【病因】

腹水按病因分为 3 种类型：心源性腹水，血源性腹水，肝源性腹水。

(1)心源性腹水。心肌机能不全，慢性心力衰竭，间质性肺炎，慢性肺泡气肿，心脏薄膜病，心包炎、心力衰竭、心脏丝虫病等，引起毛细血管内压增高，血管壁渗透性增加，血液中液体成分漏出，形成腹水或积液。

(2)血源性腹水。营养不良性衰竭病，慢性贫血，慢性肾病，慢性间质性肺炎，充血性心力衰竭等，引起低蛋白血症，使血浆胶体渗透压降低或静脉回流受阻，毛细血管内液体成分从毛细血管壁漏出，呈现腹水或全身水肿。

(3)肝源性腹水。肝机能不全使水盐和蛋白质代谢障碍，以及腹腔静脉或全身静脉长期淤血以致淋巴循环障碍，浆液渗漏与腹腔发生腹水。本病多见于肝硬化、慢性肝炎等，因无全身水肿和其他体腔积液，又称单纯性腹水。

【症状】

病程较长。精神沉郁，体温正常，食欲减退，消瘦及贫血，可视黏膜苍白。虚弱无力，不喜运动。四肢末梢厥冷，水肿，指压留痕。后期下腹部逐渐膨大，伴有不同程度的呼吸困难，呈胸式呼吸。触诊腹部，有波动感。叩诊腹部，出现水平浊音。腹腔穿刺，流出大量透明、淡黄色或淡红色的稀薄液体。犬多的可达 20 L。穿刺液的蛋白浓度低于 1.0%，相对密度小于 1.016，李氏稀盐酸试验呈阴性反应。

【诊断】

根据临床症状，结合穿刺液可确诊。

鉴别诊断如下：

(1)全身水肿并其他体腔积液时，一般考虑心源性腹水和血源性腹水。

(2)严重的贫血和血液稀薄的，一般考虑血源性腹水。

(3)全身无浮肿和其他体腔无积液的，要考虑肝源性腹水(单纯性腹水)。

【防治】

1. 防治原则及措施

腹水的防治原则是：对因治疗；制止渗出和促进渗出物的排出；抗菌消炎防止感染；对症治疗。

针对产生腹水的各种因素，找出原发病，进行原发病的治疗。

腹水严重，可穿刺放液。放液后注入抗生素。

2. 处方

(1)青霉素G钾,160万～320万IU;链霉素,100万IU;生理盐水4 mL。用法:混合后注入腹腔。

(2)呋塞米。用法:每千克体重5 mg,口服,每天1～2次,维持剂量每千克体重1～2 mg。说明:促进腹水排出。

(3)氢氯噻嗪。用法:每日:每千克体重1～2 mg,内服;或12.5～25 mg,肌内注射。

(4) 50%葡萄糖溶液。用法:每千克体重1～4 mL,静脉注射。

(5) 20%甘露醇。用法:每千克体重1～2 g,静脉注射。

(6)白术、茯苓、泽泻、陈皮各12 g,槟榔皮、生姜各9 g,肉桂、苍术、猪苓、厚朴、甘草各6 g。用法:煎汤灌服,每天1剂,连用3～5天。

复习思考题

1. 鉴别诊断

(1)因口腔异常引起流涎症状的疾病有哪些?怎样鉴别?

(2)采食、咀嚼困难见于哪些疾病?怎样鉴别?

(3)吞咽困难见于哪些疾病?怎样鉴别?

(4)呕吐常见于哪些疾病?怎样鉴别?

2. 病例分析

对以下病例依据所给临床症状提出初步诊断,制订治疗措施,开出处方。

(1)李某有一犬,近日表现为流涎,咀嚼、饮水表现为疼痛,想吃又不敢吃,或突然吐出食物和饮水。局部检查,可见齿龈边缘潮红、肿胀,时有出血,牙齿松动。

(2)农户家的一只宠物犬,近期出现饥饿,贪食,咀嚼能力正常,咽下动作困难,吞咽时有痛苦状,头颈伸直,摇头,食物返流,机体消瘦。

(3)患病动物临床上以精神沉郁,呕吐和腹痛为主要症状。有渴感,在饮水后易呕吐。呕吐物中可含有血液和黏膜碎片,拒食,偶有异嗜现象(如舔舐石块或咀嚼污物等),腹痛,抗拒触诊前腹部,喜欢蹲坐或趴卧于凉地上。

(4)10岁公犬,明显消瘦,精神沉郁,全身无力。初期食欲不振,而后废绝。体温正常或略升高,眼结膜黄染,粪便呈灰白绿色,恶臭不成形。肝区触诊有疼痛反应。腹壁紧张,于肋骨后缘可感知肝肿大。叩诊肝脏浊音区扩大,病情严重时表现为肌肉震颤、痉挛、肌肉无力,感觉迟钝,昏睡或昏迷。腹泻与便秘交替发生,粪便色淡、呕吐。

第二章

呼吸系统疾病

【学习目标】

知识目标

①掌握宠物呼吸系统疾病的概念;

②了解宠物呼吸系统疾病发生的过程;

③明确宠物呼吸系统疾病时的临床症状;

④了解宠物呼吸系统疾病的诊断与治疗的原则和方法。

能力目标

①根据宠物的临床症状表现,诊断出疾病;

②实施各种技能治疗疾病。

素质目标

①培养学生分析思考、自主学习能力;

②培养学生遵守职业操守、精益求精的工匠精神。

第一节　概　述

一、呼吸器官

1. 呼吸器官的结构

呼吸器官包括鼻腔、鼻旁窦、喉、气管等上呼吸道和支气管、肺等下呼吸道。呼吸道这条较长的管道,其黏膜内壁具有丰富的毛细血管网,并由黏液腺分泌黏液。这些结构特征,使吸入的气体在达到肺泡之前加温和湿润,并对吸入气体中的尘埃,通过鼻毛阻挡、黏膜上皮的纤毛运动及喷嚏和咳嗽,将其排出,以维持肺泡的正常结构和生理功能。

2. 呼吸器官的气体交换功能

动物机体在新陈代谢的过程中,对营养物质进行生物氧化,以提供生命活动所需的能量,并需不断地消耗氧,同时不断产生二氧化碳和水以及其他物质。因此,机体必须不断从外界摄取氧,并将二氧化碳排出体外,以确保机体新陈代谢的进行和内环境的相对稳定。机体与外环境之间进行的这种气体交换过程总称为呼吸。机体的呼吸过程由3个环节来完成：

(1)外界空气与肺泡之间以及肺泡与毛细血管血液之间的气体交换，称为外呼吸。

(2)组织细胞与组织毛细血管血液之间的气体交换，称为内呼吸。

(3)血液的气体运输，即通过血液的运行，使肺部摄取的氧及时运送到组织细胞，同时将组织细胞产生的二氧化碳运输到肺排出体外。

3. 呼吸器官的防御机能

在正常情况下，呼吸器官各级支气管上皮细胞、杯状细胞和腺体构成黏液排送系统，保持着呼吸道的自净作用，而且黏液和成分中含有溶菌酶、补体、干扰素等免疫活性物质，与支气管黏膜和肺巨噬细胞一起抵抗或清除病原的入侵，构成呼吸器官重要的防御机制。由此可见，呼吸道的主要防御机能包括：鼻腔空气动力学的过滤作用、打喷嚏、鼻局部的抗体、喉反射、咳嗽反射、黏膜纤毛的运送机能、肺泡的巨噬细胞以及全身和局部的抗体(免疫)系统。

经呼吸道吸入的较大颗粒被鼻腔排出，只有小的颗粒才能进入肺脏。沉着于鼻腔后端和鼻咽之间以及喉至细支气管末端的颗粒，均可通过黏膜纤毛运输机理排出体外。直径小于0.27 PM的颗粒，通过空气扩散可沉降于肺泡腔中，而肺泡巨噬细胞在清除吸入肺中的颗粒方面起着重要的作用。正常情况下，肺泡巨噬细胞能在数小时内迅速清除进入肺泡里的细菌。此外，呼吸器官内有丰富的淋巴组织，对吸入的尘粒和通过淋巴液进入淋巴组织的抗原物质(如微生物及其毒素、大分子抗原等)起过滤作用。

二、呼吸系统疾病的常见病因

呼吸系统与外界相通，环境中的病原体(包括细菌、病毒、衣原体、支原体、真菌、蠕虫等)、粉尘、烟雾、化学刺激剂、致敏性物质和有害气体均易随空气进入呼吸道和肺，从而直接引起呼吸器官发病。临床上，呼吸系统疾病发病率仅次于消化系统疾病，占第二位。尤其是北方冬季寒冷，气候干燥，呼吸系统发病率相当高。

三、呼吸系统疾病的主要症状

呼吸系统疾病的主要症状有流鼻液、咳嗽、呼吸困难和肺部听诊有啰音，并且在不同的疾病过程中有不同的特点。严重的呼吸系统疾病可以引起肺通气和肺换气(即外呼吸)功能障碍，出现呼吸功能不全，又称呼吸衰竭。呼吸衰竭时发生的低氧血症和高碳酸血症，影响全身各系统的代谢和功能，最终导致机体酸碱平衡失调及电解质紊乱，同时影响循环系统、中枢神经系统和消化系统的功能。

四、呼吸系统疾病的诊断

详细地询问病史和临床检查是诊断呼吸系统疾病的基础，X射线和超声波检查对肺部疾病具有重要价值，必要时进行实验室诊断，包括血液常规检查，鼻液和痰液的显微镜检查，胸腔穿刺液的理化及细胞检查等。有些呼吸道疾病还可以进行纤维支气管镜和胸腔镜检查。随着检测技术的发展，对呼吸系统疾病的诊断和鉴别诊断将更加灵敏和准确，如可采用聚合酶链反应技术，诊断结核病、支原体病、肺孢子虫病、病毒感染等。

五、呼吸系统疾病的治疗原则

呼吸系统疾病的治疗原则主要包括：抗菌消炎、祛痰镇咳及对症疗法。

1. 抗菌消炎

细菌感染引起的呼吸道疾病均可用抗菌药物进行治疗。使用抗菌药物的原则是：选择对某些特异病原体最有效的药物或选择毒性最低的药物。对呼吸道分泌物培养，然后进行药敏试验，可为合理选择抗菌药物提供指导。同时，了解抗菌药物的组织穿透力和药物动力学特点，也非常重要。

2. 祛痰镇咳

咳嗽是呼吸道受刺激而引起的防御性反应，可将异物与痰液咳出。一般咳嗽，不应轻率地使用镇咳剂。轻度咳嗽有助于祛痰，痰排出后，咳嗽自然缓解。但剧烈、频繁的干咳，会对病畜的呼吸系统或循环系统产生不良影响。有些呼吸气道炎症，可以引起气管分泌器官分泌增多，因水分的重吸收或气流蒸发而使痰液变稠，同时黏液上皮变性，使纤毛活动减弱，痰液不易排出。祛痰药通过迷走神经反射兴奋呼吸道腺体，促使分泌增加，从而稀释黏稠液痰，使之易于咳出。临床上常用的祛痰药有氯化铵、碘化钾、碘化钠。镇咳药主要用于缓解或抑制咳嗽，目的在于减轻剧烈咳嗽的程度和频率，而不影响支气管和肺分泌物的排出。临床上常用的镇咳药有咳必清、复方樟脑酊、复方甘草合剂等。另外，在痉挛性咳嗽、肺气肿或动物气喘严重时，可用平喘药，如麻黄碱、异丙肾上腺素、氨茶碱等。

3. 对症治疗

呼吸系统疾病的对症治疗主要包括氧气疗法和兴奋呼吸中枢。当呼吸系统疾病由于呼吸困难引起机体缺氧时，应及时使用氧气疗法。氧气疗法特别是对于通气不足所致的血液血氧分压降低和二氧化碳蓄积有显著效果。临床上吸入氧气主要用于犬、猫等宠物。当呼吸中枢抑制时，应及时选用呼吸兴奋剂。临床上最有效的方法是将二氧化碳和氧气混合使用，其中CO_2占5%～10%，可使呼吸加深，增加氧的摄入，同时还可以改善肺循环，减少躺卧动物发生肺充血的机会。另外，兴奋呼吸中枢的药物有尼可刹米（可拉明）、多沙普仑等，其对延脑生命中枢有较高的选择性，常作为呼吸及循环衰竭的急救药，能兴奋呼吸中枢和血管运动中枢，但临床上要特别注意用药剂量，剂量过大则引起痉挛性或强制性惊厥。对于因过敏因素引起的呼吸道疾病，应尽早选用抗过敏药物。

第二节 上呼吸道疾病

一、感冒

感冒是指由于受风寒侵袭而引起的、以上呼吸道黏膜炎症为主的急性全身性疾病，其临床特征是：打喷嚏，流清鼻涕，羞明流泪，体温不同程度升高，伴发结膜炎和鼻炎。感冒多发于早春晚秋气候多变的季节，尤以幼龄犬、猫多发，可引起严重的并发症。

【病因】

管理不当，突然遭受寒冷刺激、长途运输、过度疲劳、营养不良等是感冒的常见病因。健康的犬、猫上呼吸道常寄生着各种病毒和细菌，由于上述原因可造成抵抗力下降，呼吸道的防御机能降低而发病。

【症状】

受寒后突然发病。精神沉郁，鼻塞，食欲减退或废绝。眼半闭，结膜潮红肿胀，羞明流泪多眼眵。一般无发热及全身症状，或低热、不适、轻度畏寒。脉搏增数，呼吸加快，伴有咳嗽。初期鼻流清亮的水样鼻液，后变为黏稠。鼻黏膜充血、肿胀、发痒，常以前肢抓挠鼻端。严重时，畏寒怕冷，弓腰战栗。胸部听诊，肺泡呼吸音增强，心音增强，心跳加快。

【诊断】

突然发病，呈现体温升高、咳嗽、流鼻液等上呼吸道轻度炎症症状。治疗性诊断，应用解热镇痛药物迅速缓解症状，即可诊断。

【防治】

1. 防治原则

感冒的防治原则是：解热镇痛，祛风散寒，防止继发感染。

2. 处方

(1)安乃近，每千克体重 5 mg，肌内注射。氨苄西林，每千克体重 20 mg，肌内注射。每天 1 次。

(2)麻黄 10 g，生姜 10 g，杏仁 12 g，甘草 8 g。用法：煎汤灌服，每天 1 剂。连用 3～5 天。说明：麻黄加减汤。

二、鼻炎

鼻炎指鼻黏膜的炎症，其临床特征是：鼻黏膜充血、肿胀，流鼻液，打喷嚏，呼吸困难。鼻炎春秋季多发。

【病因】

见于鼻黏膜受损或各种病原微生物感染。原发感染后，常继发或二次感染细菌。

1. 原发性因素

(1)寒冷刺激。鼻黏膜受寒是主要的因素。气温突降，耐寒力下降，抵抗力不强的动物，鼻黏膜在寒冷的刺激下，发生充血、渗出，鼻腔内条件性致病菌繁殖引起黏膜炎症。

(2)化学因素。挥发性化工原料、饲养场产生的有害气体以及某些环境污染物直接刺激鼻黏膜引起炎症。

(3)机械因素。粗暴的鼻腔检查，吸入粉尘、植物芒刺、昆虫、花粉、霉菌孢子，鼻外伤等直接刺激鼻黏膜引起炎症。

2. 继发性因素

(1)传染病。继发于某种传染病，如犬瘟热、副流感、犬腺病毒Ⅱ型感染、猫疱疹病毒Ⅰ型感染、猫杯状病毒感染、波氏杆菌感染、多杀性巴氏杆菌病感染等。

(2)寄生虫。如犬鼻螨、肺棘螨等

(3)过敏反应。

(4)临近器官炎症蔓延。如喉炎、副鼻窦炎及齿槽骨膜炎、呕吐所致鼻腔污染等可波及鼻黏膜而发生炎症。

【症状】

1. 急性鼻炎

初症状期鼻黏膜充血、潮红、肿胀，发痒打喷嚏。摇头后退，蹭鼻，流泪。流鼻液，浆液性-黏液性-血性或脓性。出现呼吸促迫、张口呼吸及吸气性呼吸困难。伴有结膜炎时，出现大量的脓性分泌物。下颌淋巴结明显肿胀时引起吞咽困难。常伴发扁桃体炎和咽喉炎。

2. 慢性鼻炎

发展缓慢，临床症状时轻时重，主要症状是流鼻液。鼻液性状是黏液性、脓性、血性或混合性。鼻液量不多，但会沾附在鼻孔周围形成脓性痂皮，污秽不洁，可发生腐臭味。频频打喷嚏，或张口呼吸，或发出鼻塞声。常可继发鼻窦炎、上颌窦蓄脓。

【诊断】

临床症状很容易诊断。继发性鼻炎时除了有上述症状外，还会有体温升高、食欲减退、精神沉郁等全身症状。当鼻腔黏膜的慢性炎症持续到发生黏膜溃疡与鼻甲骨髓炎时，病因很难确定，需进行实验室检查。

实验室检查包括：分离细菌或组织学检查，检耳镜检查，X 射线检查。

【防治】

1. 防治原则及措施

鼻炎的防治原则是：去除病因，加强饲养管理，改善生活环境；局部治疗配合治疗原发病。

鼻炎通常伴有程度不同的病原感染，需选用适当的抗生素治疗，并配合抗组胺类药物。过敏性的慢性鼻炎应间断性地局部给予糖皮质激素。

(1)清洗鼻腔。鼻液黏稠时，选用温的生理盐水或 1%碳酸氢钠溶液冲洗鼻腔；鼻液为大量稀薄性状时，选用 1%明矾溶液、2%～3%硼酸溶液、0.1%高锰酸钾溶液、0.1%鞣酸溶液冲洗鼻腔。

(2)局部给药。涂擦抗生素软膏或注入庆大霉素溶液。严重充血时可用 2%利多卡因 1 mL，0.1%肾上腺素溶液 1 mL，蒸馏水 20 mL，混合滴鼻。鼻塞严重时，用去甲肾上腺素滴鼻液滴鼻，每日数次。滴鼻液配制(0.2%去甲肾上腺素，3%林可霉素，0.05%地塞米松，溶剂 96.75%)。

(3)治疗原发病。包括以下几种。

①继发细菌感染。抗生素或抗菌药。氨苄西林每千克体重 20 mg，口服或肌内注射，每天 2 次。

②真菌感染时。清洗鼻腔后，用 1%复方碘甘油喷鼻，连用 10 天。

③过敏性鼻炎。口服或肌注地塞米松或口服氯苯那敏 4～8 mg；或皮下注射去甲肾上腺素，每千克体重 0.15 mg，每天 2 次。

2. 处方

(1)氨苄西林，每千克体重 20 mg。用法：口服或肌内注射，每天 2 次，连用 3～5 天。

(2)配制滴鼻液。2%利多卡因 1 mL，0.1%肾上腺素溶液 1 mL，庆大霉素 8 万 IU，蒸馏水 20 mL。用法：滴鼻，1 次/2 h。

三、喉炎

喉炎指喉黏膜及黏膜下层组织的炎症，其临床特征为：剧烈咳嗽，喉部敏感、肿胀、疼痛。喉炎依炎症性质可分为卡他性喉炎和纤维蛋白性喉炎。

【病因】

(1)原发性病因。受寒感冒，化学性、物理性、机械性刺激所致。

(2)继发性病因。由某些传染性疾病(犬瘟热、腺病毒、猫传染性鼻气管炎病毒及猫杯状病毒等)的感染及邻近器官炎症(鼻炎、咽炎、气管炎、脑炎)的蔓延所致。

【症状】

(1)急性喉炎。响亮而刺耳的咳嗽,吠叫声嘶哑。病初,咳嗽粗粝、短而有力的痛性咳嗽,为干咳。后期,咳嗽转为湿咳,咳后发生呕吐,喉部触诊敏感。轻症时,无明显全身症状;重症时,全身症状明显,体温升高,精神沉郁,可视黏膜发绀。咽喉部淋巴结肿胀,出现喉水肿时,患犬、猫吸气性呼吸困难。

(2)慢性喉炎。一般无明显的临床症状,激动、运动时易于咳嗽。触诊时喉部敏感。

【诊断】

根据临床症状,结合喉头检查可做出诊断。同时应注意与鼻炎、咽炎和支气管炎的鉴别诊断。

【防治】

1. 防治原则

喉炎的防治原则是:去除病因,积极治疗原发病;加强管理,改善环境;抗菌消炎,对症疗法。

2. 处方

(1)氨苄西林。用法:每千克体重 20 mg,口服或肌内注射,2 次/日,连用 5~7 天。

(2)超声波雾化治疗,加入庆大霉素 8 万 IU,鱼腥草 2 mL。每日 2 次,连用 5~10 天。

四、鼻出血

鼻出血又称为鼻衄,指鼻腔或副鼻窦黏膜出血并从鼻中流出的症状。

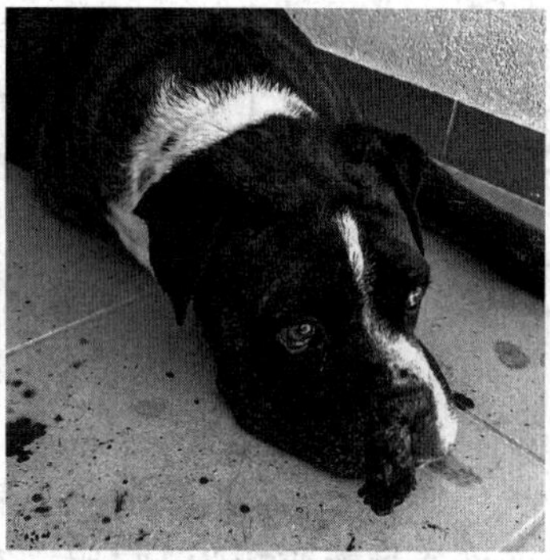
图 2-1 犬鼻出血

【病因】

原发性鼻出血多见于机械性损伤,胃管、鼻镜的使用不当,寄生虫或异物等都可以损伤鼻黏膜引起局部出血。鼻黏膜溃疡、鼻道肿瘤、慢性鼻炎等也常并发鼻出血(图 2-1)。另外,犬艾利希体病的后期,部分病例出现鼻出血。

【症状】

单侧或双侧鼻孔内流血,一般为鲜血,滴状或线状流出,不含有气泡或仅有几个大气泡。

短时间流血,无全身症状。当出现大出血并持续流血可出现严重的贫血症状,可视黏膜苍白,脉搏弱而快。治疗不及时,因大出血可致死亡。

【诊断】

一般性出血容易诊断,但需注意鉴别。

(1)鼻腔以下呼吸器官出血。血液鲜红色,从两侧鼻孔流出并带有泡沫,常伴有咳嗽和呼吸困难症状。肺部听诊有啰音。

(2)胃出血时。血液呈褐色,多随呕吐物吐出,偶尔从鼻孔呛出。

【防治】

1. 防治原则及措施

鼻出血的防治原则为:止血,对症疗法,治疗原发病。

止血:少量出血,可压迫、冰敷;将 0.01%肾上腺素滴入鼻孔。出血量较大时,需麻醉后止血处理。治疗原发病。

2. 处方

(1) 0.01%肾上腺素，适量。治疗毛细血管性出血。

(2)麻醉后找出出血部位，压迫止血。用于出血量较大的病例。

五、副鼻窦炎

副鼻窦炎是额窦、上颌窦的炎症，临床上表现为副鼻窦黏膜发生浆液性、黏液性、化脓性或坏死性炎症。

【病因】

(1)原发性病因。少见。

(2)继发性病因。继发于鼻腔疾病及上臼齿齿髓、牙周、齿龈的化脓性炎症。

【症状】

鼻腔中流出大量的浆液性、黏液性鼻液，呼吸困难，流泪，可能出现颜面瘘管。严重感染有全身症状，精神沉郁，食欲减退或废绝。慢性病例见于老龄的小动物，持续性流出黏液性或脓性鼻液。

【诊断】

根据临床症状即可诊断，X 射线检查可确诊。

【防治】

1. 防治原则

副鼻窦炎的防治原则为：清除致病因子(损伤牙齿)，清洗瘘管，鼻窦冲洗等。

2. 处方

(1)氨苄西林。用法：每千克体重 20 mg，口服或肌内注射，连用 5～7 天。

(2)生理盐水加入抗菌药物冲洗瘘管。

六、软腭异常

软腭异常包括软腭过长、软腭肥厚增生症，多见于短头犬种(斗牛、北京犬、八哥犬、西施犬)，其临床特征为：鼻腔狭窄等上呼吸道阻塞，呼气性呼吸困难，咽或喉内负压增高，运动不耐受，呼吸音过强(鼾式呼吸、后部咕噜声)及咳嗽。

【病因】

不清，一般与品种有关。

【症状】

休息时见吸气会牵动鼻翼扇动。呼吸音粗粝，伴有咳嗽和鼾声。采食时食物可从鼻腔喷出。运动后、高温时、麻醉后最易出现呼吸困难。

【诊断】

根据临床症状，结合麻醉状态下喉镜检查的结果可确诊。发育异常时，可配合 X 射线检查诊断。

鉴别诊断：注意与腭裂、喉炎、喉软骨萎陷、喉囊侧水肿或外翻相区别。

(1)软腭裂。麻醉后打开口腔检查即可确诊。

(2)喉炎。咳嗽。

(3)喉软骨萎陷。吸气性呼吸困难，并发出特殊音。

(4)喉囊侧水肿或外翻。在腹面可看到声门内腔。用力呼吸下外翻并迅速恢复到正常位置。

【防治】

1. 防治原则

软腭异常防治原则为。加强管理，减少运动，定期检查心肺功能。软腭过长，应早期进行手术，切除过长的部分。皮质类固醇治疗可以减轻黏膜水肿和肿胀。呼吸困难时应输氧。建议有此疾患的犬不宜育种。

2. 处方

(1)醋酸泼尼松。用法：每千克体重 0.5 mg，口服，每天 2 次，连续使用 7～15 天。

(2)手术切除过长的部分。

七、鼻咽狭窄

鼻咽狭窄指由于各种原因(先天性和后天性)使软腭及咽腭弓与咽后壁粘连、闭锁、堵塞呼吸通道而引起的鼻咽腔狭窄。

【病因】

咽部损伤，形成溃疡。炎症造成上呼吸道形成瘢痕。先天异常。

【症状】

呼吸不畅，张口呼吸，不耐运动，鼻腔分泌物较多，吞咽困难。

【诊断】

麻醉后检查。内窥镜检查、弯探针检查等。

【防治】

手术治疗。配合抗生素治疗。

八、扁桃体炎

扁桃体炎指扁桃体的急性或慢性炎症。

【病因】

(1)原发性扁桃体炎。由物理性、生物性因素刺激(如异物、过热食物、某些细菌感染等)而引发。

(2)继发性扁桃体炎。由某些病毒的感染(如犬瘟热)及邻近器官炎症(如口炎、咽炎、鼻炎等)的蔓延而引起。

【症状】

(1)急性扁桃体炎。体温升高，精神不振，食欲减退，吞咽障碍。常有短、弱的咳嗽，继而呕出少量黏液。打开口腔，可见扁桃体由隐窝向外突出，表面潮红肿胀，局部有黏液性渗出物，严重时扁桃体可发生水肿，呈鲜红色并有小的坏死灶或化脓灶。

(2)慢性扁桃体炎。炎症病情发展缓慢，临床症状时轻时重。扁桃体表面无光泽，呈泥样，隐窝上皮组织增生，轻度肿胀。

【诊断】

临床症状和口腔检查即可做出诊断。

【治疗】

原发性扁桃体炎：应给予广谱抗生素 1～2 周。

继发性扁桃体炎：及时治疗原发病。

扁桃体炎反复发作时，可在炎症缓解期摘除扁桃体。

处方：氨苄西林，每千克体重 20 mg。用法：口服或肌内注射，每天 2 次；连用 7～15 天。反复发作时，考虑摘除扁桃体。

第三节　支气管及肺脏疾病

一、支气管炎

支气管炎是由于感染或物理、化学因素刺激引起的支气管炎症，若其蔓延到肺实质就成为支气管肺炎。支气管炎的临床特征是：咳嗽、气喘、胸部听诊有啰音。

【病因】

(1)理化因素。寒冷空气的刺激，此多为诱因，如早、晚遛狗，洗浴后易发本病；机械因素，如异物吸入气管（如灌药误咽，吸入烟尘、尘埃、药液，呕吐物反流误咽，吸入真菌孢子等），过度勒紧的项圈等；化学因素，如化学药品的刺激剂也可导致原发性支气管炎。

(2)生物性因素。某些病毒性传染病（如犬瘟热、犬副流感病毒、猫鼻气管炎病毒感染等）、细菌感染（如肺炎双球菌、嗜血杆菌、链球菌、葡萄球菌等）、寄生虫感染（如肺丝虫、蛔虫等）或由上呼吸道或肺部炎症蔓延所致。

(3)其他因素。如上呼吸道及肺部炎症的蔓延、心脏异常扩张、过敏性疾病（花粉、有机粉尘等变应原所致的过敏）等。

【症状】

(1)急性支气管炎。剧烈咳嗽。初期，剧烈短而带痛的干咳（无痰），后转为湿咳（有痰）。严重时为痉挛性咳嗽。尤以早上严重。体温轻度上升。随病程发展，鼻孔流出浆液性、黏液性乃至脓性鼻液。肺部听诊支气管呼吸音粗粝，可听到干、湿啰音。人工诱咳阳性。叩诊无明显变化。炎症蔓延到细支气管时，则出现体温持续升高、脉搏增数、呼吸困难、食欲减退、精神委顿等全身症状。X 射线检查无病灶性阴影，但有较粗纹理的支气管阴影。

(2)慢性支气管炎。无并发症时无全身症状。以顽固性咳嗽、阵发性粗粝的痉挛性咳嗽最为明显。尤其是清晨、夜晚以及采食或运动后。支气管扩张时，咳嗽后有大量腐败鼻液外流，呈现严重的吸气性呼吸困难。X 射线检查肺纹理增粗。支气管内有线状或充满管腔的黏液，黏膜增厚。

【诊断】

依据咳嗽的变化、肺部听诊有干、湿啰音，胸部叩诊无明显变化，X 射线检查肺部有较粗的纹理阴影而无灶性阴影等临床症状即可确诊。

鉴别诊断：注意与鼻炎、喉炎、肺炎相区别。

(1)鼻炎。有鼻塞及鼻分泌物明显增多。

(2)喉炎。有喉头狭窄音及明显的频咳。

(3)肺炎。除肺部听诊有各种啰音外，肺区叩诊有局灶性浊音，X 射线检查可见局灶性阴影以及明显的全身症状。

【防治】

1. 防治原则及措施

支气管炎的防治原则为:去除病因,加强管理;消除炎症;镇咳、祛痰、解痉;抗过敏;强心、补液,对症治疗。具体措施如下。

(1)去除病因,加强管理。保持环境干燥,保温,通风良好,清洁;提高空气湿度以利于减少黏液分泌。

(2)消除炎症。应用氨苄西林、丁胺卡那、头孢类药物或其他适当的抗生素,口服或肌注或气管内注射。使用普鲁卡因封闭注射。急性病例可以使用地塞米松。配合使用庆大霉素等药物的超声雾化吸入治疗。

(3)镇咳、祛痰、解痉。可应用磷酸可待因、急支糖浆、复方甘草片、氯化铵氨茶碱等。

(4)抗过敏。对于过敏性反应性支气管炎,可肌肉注射地塞米松,每千克体重 0.5~1 mg,每日 1 次,连用 3 日。其他如氯苯那敏、苯海拉明等亦可用于治疗变态反应。

(5)强心、补液。5%葡萄糖注射液或 5%右旋糖酐生理盐水、10%安纳咖,静脉注射。

(6)对症治疗。如对于慢性支气管炎,可内服碘化钾或碘化钠,每千克体重 20 mg/,每日 1~2 次。

2. 处方

(1)干咳。使用止咳剂。

①磷酸可待因。用法:每千克体重 1~2 mg,皮下注射,2 次/日。

②急支糖浆。用法:5~20 mL,口服,2 次/日。

③复方甘草片。用法:1~2 片/次,

④复方甘草合剂。用法:2~10 mL/次,口服,2 次/日。

(2)湿咳。不能用止咳剂,应该使用化痰剂。

①氯化铵。用法:每千克体重 100 mg,口服。

②蛇胆川贝液。用法:5~20 mL/次,口服。

③化痰片(羧甲基半胱氨酸)。用法:0.1~0.2 g/次,每天 3 次。

④氨茶碱。用法:0.05~0.1 g/次,每天 2 次;肌内注射。说明:喘气严重的选用。

(3)氨苄西林。用法:每千克体重 20 mg,口服或肌肉注射,每天 2 次,连用 7 天。

(4)超声波雾化。用法:加入庆大霉素 8 万 IU,鱼腥草注射液 2 mL,糜蛋白酶 2 mL。用法:每天 2 次,连续使用 5~7 天。

二、小叶性肺炎

小叶性肺炎是细支气管及局部肺小叶、肺泡的炎症,又称支气管肺炎,也称卡他性肺炎(细支气管、肺泡出现渗出液),其临床特征是:弛张热型、呼吸频率增加,叩诊有散在的局灶性浊音区,听诊有捻发音。支气管肺炎的病理学特征为肺泡内充满了由上皮细胞、血浆和白细胞组成的卡他性炎性渗出物。

【病因】

原发性小叶性肺炎多因饲养管理不当、受寒等许多物理性、化学性刺激,损伤了呼吸器官黏膜,以致抵抗力降低,使外源性和内源性病原菌大量繁殖,损伤黏膜,发生炎症。本病主要的病原是大肠杆菌、葡萄球菌、链球菌、真菌等。

继发性小叶性肺炎常见于传染病、寄生虫病的过程中，如犬瘟热、犬传染性支气管炎（窝咳）、猫传染性鼻气管炎等。

【症状】

精神沉郁、呼吸促迫，弛张热型，眼分泌物增多。食欲不振或废绝，脉搏加快，鼻镜干燥，有浆液性、黏液性或脓性的鼻液。咳嗽。听诊局部肺泡音增强，若渗出物堵塞细支气管和肺泡时，则肺泡音消失，有支气管湿性啰音及捻发音。叩诊出现浊音区（岛屿状或局灶性浊音区，散在）。重症犬、猫呼吸困难，有明显的腹式呼吸，可视黏膜发绀。如继发于犬瘟热，则既具有原发病的特征表现，还有结膜炎、鼻窦炎等。

【诊断】

根据临床症状、血液学检查及 X 射线摄影检查即可诊断。小叶性肺炎的 X 射线摄影检查显示，在透亮的肺野中可见多发的密度不均匀、边缘模糊不清、大小不一的点状、片状或云絮状渗出性阴影（图 2-2）；多发于肺心叶和膈叶，呈弥散性分布，或沿肺纹理的走向散在于肺野，肺纹理增多、增粗和模糊。

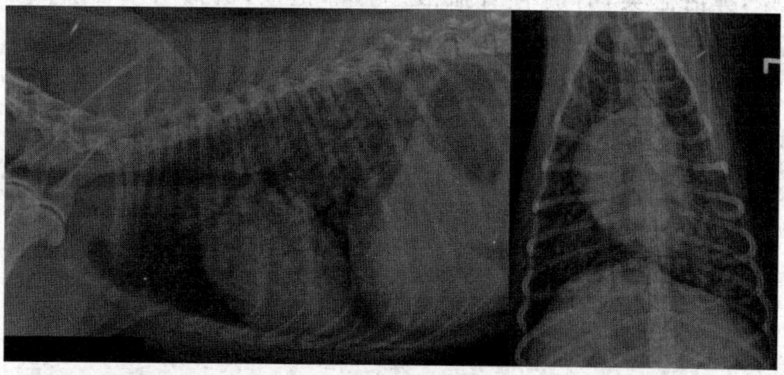

图 2-2　犬支气管肺炎 X 线片显示肺纹理明显增粗及密度不均匀、边缘模糊不清、大小不一的点状、片状或云絮状渗出性阴影

鉴别诊断：注意与支气管炎、大叶性肺炎相区别。

（1）支气管炎。全身症状较轻，热型不定，胸部叩诊呈过清音或鼓音；无局灶性浊音区。

（2）大叶性肺炎。多呈稽留热，病程急，全身症状明显，呼吸困难，胸部叩诊呈现大面积浊音区；血液检查，白细胞数量大量增加，嗜中性粒细胞增加，核左移，单核细胞多，嗜酸性细胞少；X 射线检查肺纹理明显增粗。

【防治】

1. 防治原则

小叶性肺炎的防治原则是：抗菌消炎，对症治疗，治疗原发病，加强护理。

2. 处方

（1）头孢唑林钠，每千克体重 15～30 mg。用法：肌内注射，2 次/日，连用 7 天。

（2）磷酸可待因，每千克体重 1～2 mg。用法：皮下注射，2 次/日。说明：干咳时。

（3）清开灵，每千克体重 0.05～1.0 mL。用法：皮下注射。说明：体温高时。

（4）10％葡萄糖酸钙溶液。用法：10～20 mL/次，每日 1 次。说明：制止渗出。

（5）超声雾化，加入庆大霉素 8 万 IU，鱼腥草 2 mL，糜蛋白酶 2 mL。用法：每日 2 次，连用 5～7 天。

三、异物性肺炎

异物性肺炎又称吸入性肺炎，是由于异物（食物、胃内容物、刺激性气体或液体）进入肺内而引起的肺部化学损伤，可致呼吸衰竭或急性呼吸窘迫综合征。

【病因】

(1)经口投药。经口投喂的液体药剂进入肺内。

(2)麻醉。意识不清时呕吐物进入呼吸道。

(3)吸入有毒、有害刺激性气体。

【症状】

异物或刺激性气体等进入肺内，损害肺黏膜，引起细菌等微生物感染，造成支气管肺炎。炎症轻重程度不一，轻者仅出现轻微的临床症状，严重者可造成死亡。较严重者可表现为混合性呼吸困难，腹式呼吸；体温升高，精神沉郁；湿咳，食欲减退或废绝。严重者心跳加快，随着肺坏疽的形成、心脏机能的衰弱，脉搏由实脉逐渐变为细数；同时体温升高，弛张热型，痛性湿咳，呼出气带有腐臭味，鼻液恶臭，有时含有血液。肺部拒按，听诊有啰音，叩诊区呈浊音或半浊音，后期因形成空洞而呈鼓音。

【诊断】

根据病史、临床症状、实验室检查结合 X 射线检查可以确诊。

实验室检查：白细胞增多，嗜中性粒细胞比例增加，核左移。鼻液中有弹力纤维。X 射线检查可见透明的肺空洞及坏死灶的阴影。

鉴别诊断：注意与腐败性支气管炎相区别。

腐败性支气管炎：无高热，无肺部病理变化，在鼻液中无弹力纤维。

【防治】

1. 防治原则及措施

异物性肺炎的防治原则为：缓解呼吸困难，排除异物，制止肺组织的腐败分解，对症治疗，加强护理。具体措施如下。

(1)吸氧。

(2)大量使用抗生素，制止腐败分解。

(3)排除异物。犬、猫横卧抬高后腿，利于咳出异物。皮下注射 2% 盐酸毛果芸香碱 0.2～1 mL，增加气管的分泌，促进异物排出。

(4)预防。在给宠物灌药时，避免将药物灌入气管和肺内；做全身麻醉时，要提前将胃内容物排空；麻醉后禁食禁水 24 h。

2. 处方

(1)吸氧。

(2)吸除气管、支气管里面的异物。

(3)头孢唑啉钠，每千克体重 15～30 mg。用法：肌内注射，每日 2 次，连续使用。

(4)清开灵。用法：每千克体重 0.05～0.1 mL，皮下注射。说明：体温升高时使用。

(5)10% 葡萄糖酸钙溶液。用法：10～20 mL/次，每日 1 次。说明：制止渗出。

四、肺出血

肺出血是由各种原因造成肺脏出血的症状，其临床特征为：咯血，呼吸困难。

【病因】

胸壁创伤，肋骨骨折，肺脏肿瘤，胸腔手术，膈疝及犬心丝虫病。

【症状】

从口鼻中咯出鲜红色的血液，并混有泡沫。出血量的多少因出血部位和损伤程度不同而有差异。

严重者：精神沉郁，脉搏加快，呼吸困难，腹式呼吸，咳嗽；黏膜苍白，体温下降，心率加快，血压降低；听诊有湿啰音。

【诊断】

根据临床症状、X射线检查、胸腔穿刺和穿刺液检查可以确诊。

鉴别诊断：注意与鼻出血、胃出血相区别。

(1)鼻出血。流出血液中不含有气泡或只含有几个大气泡。

(2)胃出血。呈暗红色或棕红色，呈酸性反应。

(3)肺出血。呈鲜红色，并含有大量的气泡，血液不凝固。

【防治】

1. 防治原则及措施

肺出血的防治原则是：使动物保持安静，避免过度使用镇静剂，以免抑制咳嗽反射；针对发病原因进行外科处理，这是一个有效的治疗，但要严格选择适应症；给予止血剂，如卡巴克洛、酚磺乙胺等，并配合向出血的支气管内滴入1∶20 000的肾上腺素液；给予广谱抗生素以防止感染。

2. 处方

(1)吸氧。

(2)外科处理。

(3)穿刺胸腔，吸出血液。

(4)头孢唑啉钠，每千克体重15～30 mg。用法：肌内注射，每日2次，连续使用。

五、肺水肿

肺水肿是肺毛细血管内血液异常增加，血液中的液体成分渗漏到肺泡、支气管及肺间质内的一种并发症，其临床特征是：突发高度呼吸困难。

【病因】

(1)心源性肺水肿。左心房和肺静脉压升高。小动物大多数为心源性肺水肿。

(2)非心源性肺水肿。肺静脉压正常。常见的有以下几种。

①肺毛细血管的静水压升高：各种原因引起的左心机能不全、肺静脉栓塞性疾病、输血及输液过快。

②血浆胶体渗透压降低或间质胶体渗透压升高：见于发生肝病时蛋白质合成能力降低，肾小球炎及消化不良时。

③肺泡毛细血管通透性改变：见于中毒、弥漫性血管内凝血、免疫反应、过敏性休克，此外还见于淋巴系统障碍(肿瘤浸润)。

④运动强度过大：毛细血管的血液灌注量增加，引起毛细血管表面积及毛细血管外体液量增加，导致肺水肿。

【症状】

肺间质水肿：呼吸困难，呼吸浅而快；初期只在运动或兴奋时发生，后期也发生在安静状态。

急性肺泡水肿：呼吸更加窘迫，呼吸浅而快，黏膜发绀或苍白，头颈伸展，张口呼吸，发出水泡音（有时不用听诊器都可以听到）。可从口鼻中流出浅粉红色泡沫状液体，前肢外展呈犬坐姿势。脉搏细数。肺部听诊为湿性捻发性啰音，无法听清心音。胸部叩诊，病变部是浊音。胸部X射线检查，肺视野呈模糊的云雾状阴影，呈散在性增强。支气管轮廓清晰。

大量补液造成的肺水肿：肺泡阴影呈弥漫性增强；大部分血管难以发现。

肺泡气肿所致的肺水肿：X射线检查可见斑点状阴影。

左心机能不全并发的肺水肿：肺静脉较正常清晰，肺门呈放射状。

【诊断】

根据病史、突发高度呼吸困难，配合X射线检查即可确诊。

【防治】

防治原则：镇静，改善通气和换气功能，强心，利尿。

遇到急性、突发性、渗透性肺水肿时，应立即输氧，并给予皮质类固醇、利尿剂、支气管扩张剂及镇静剂。有感染时应使用抗生素。

（1）输氧。严重的肺水肿必须立即输氧，以改善血氧过低的状况。多以5～10 L/min速度输氧。

（2）强心。因心力衰竭引发的肺水肿。静脉注射地高辛每千克体重0.044 mg。注意，因充血性心力衰竭发生肺水肿时，应慎用洋地黄针剂。

（3）扩张支气管。氨茶碱，缓慢静脉注射或深层肌肉注射，间隔8 h给药一次，剂量为每千克体重10 mg。

（4）镇静。肌内注射戊巴比妥，每千克体重5～15 mg。

（5）利尿。呋塞米，每千克体重1～4 mg，严重者加倍。

六、肺气肿

肺气肿是指由于空气含量过多而使肺泡体积过度扩张，肺泡壁弹力减退，肺泡内充满大量气体的疾病。肺泡内空气过多称为肺泡性气肿。肺泡破裂，气体进入叶间组织，使间质膨胀，称为间质性肺气肿。肺气肿的临床特征：胸廓增大，肺叩诊界后移和呼吸困难。

【病因】

（1）原发性病因。剧烈运动、极速奔跑、长期挣扎时，强烈的呼吸使肺泡过分充满空气，肺泡扩张所致。尤其是老龄犬、猫，因肺泡壁弹性降低，更易发生本病。

（2）继发性病因。慢性支气管炎、支气管狭窄、气胸时的持续咳嗽等，因气体通过障碍而发生。由于肺泡内气体排出困难而使肺泡扩张，压迫血管使血液循环障碍，造成肺泡壁损伤甚至破裂，肺泡呼吸面积减少，使呼吸更加困难。由于肺循环血压增高，增加右心室负荷，初期引起右心室肥大，发展到后期造成右心衰竭。

间质性肺气肿是由于剧烈的咳嗽而剧烈吸气，肺泡内气压急剧增加，致使肺泡破裂，空气进入肺间质，并可沿着纵隔窜入胸壁甚至全身皮下，引起相应部位气肿。

【症状】

患病犬、猫突然发生呼吸困难，气喘，张口呼吸，可视黏膜发绀，精神沉郁，脉搏细数，体温一般正常。听诊肺部肺泡音初期增强，后期减弱，可听到破裂性啰音和捻发音。叩诊呈过清音或鼓音，叩诊界后移。X射线检查肺区透明、膈肌后移、支气管影像模糊。

【诊断】

根据病史、临床症状及X射线检查结果可确诊。

【防治】

防治原则：治疗原发病，去除病因，改善肺的通气量和换气功能，控制心力衰竭。

(1)加强护理：保持安静。

(2)输氧：每日多次低浓度供给氧气，以改善血氧过低的状况。

(3)扩张支气管：氨茶碱缓慢静脉注射或超声雾化吸入。

(4)镇静：戊巴比妥，每千克体重5～15 mg。肌内注射。使动物安静下来，对治疗肺气肿很有帮助。

(5)利尿：呋塞米，每千克体重2～4 mg。出现水肿时，选用利尿剂。

第四节　胸腔及胸膜疾病

一、胸膜炎

胸膜炎是胸膜发生炎性渗出和纤维蛋白沉积的炎性过程，其临床特征是：腹式呼吸，听诊有胸膜摩擦音，胸部叩诊出现水平浊音。犬多为双侧性胸膜炎。

【病因】

(1)原发性病因。因胸壁创伤、胸膜腔肿瘤、受寒等应激因素造成。犬、猫少见。

(2)继发性病因。较为常见，常继发于某些传染病，如猫传染性鼻气管炎、猫传染性胸膜炎、犬传染性肝炎、支气管肺炎、大叶性肺炎、胸部食管穿孔、胸腔手术、肋骨骨折等，都可以波及胸膜引起炎症。

【症状】

病初动物精神沉郁，食欲减退或废绝，体温升高达40℃以上，弛张热型。呼吸浅表、频数，呈腹式呼吸，咳嗽，常取站立姿势或犬坐姿势。初期听诊胸膜摩擦音，随渗出液增多，摩擦音消失，胸部叩诊音呈水平浊音并有疼痛。浊音区内肺泡呼吸音减弱或消失，浊音区以上肺泡呼吸音增强。

渗出期：胸腔积聚大量渗出液，心音减弱，表现呼吸困难；胸腹下部、阴囊发生水肿；胸腔穿刺液呈黄色且易凝固。

恢复期：渗出液被吸收，又重新出现摩擦音。

血液检查，白细胞总数增多，嗜中性粒细胞比例增高，核左移，淋巴细胞相对减少。超声探查渗出性胸膜炎出现液平段。液平面的长短与积液量成正比。X射线检查可发现积液阴影。

慢性胸膜炎：持续低热，呼吸促迫。若发生广泛性粘连，则胸部叩诊出现半浊音。听诊肺泡呼吸音减弱，全身症状不明显。

【诊断】

腹式呼吸为主的呼吸困难。听诊有胸膜摩擦音，胸壁触诊疼痛，叩诊呈水平浊音，超声探诊有液体平段。胸腔穿刺为渗出液。

鉴别诊断：注意与胸腔积液鉴别。

胸腔积液：多因慢性心脏病等循环障碍性疾病所致，病情发展缓慢，体温不高，胸膜无炎症变化，胸腔穿刺排出多量淡黄色澄清液体。

【防治】

1. 防治原则

胸膜炎的防治原则是：消除炎症，制止渗出，促进渗出液吸收，防治自体中毒。

2. 处方

(1)链霉素。用法：肌内注射 100 万 IU/次，每天 2 次。说明：按照肺炎治疗方法。

(2)痛立定。说明：必要时 8～12 小时重复一次。

(3)强心剂、利尿剂。50％葡萄糖溶液，20～60 mL；10％葡萄糖酸钙溶液，犬 5～20 mL，猫 2～5 mL；20％甘露醇，每千克体重 1～2 g。用法：静脉注射。每日 1 次。

(4)地塞米松。用法：每千克体重 2～10 mg，每日 1 次。

(5)穿刺排液放液，清洗，注入抗菌消炎药物。

二、气胸

气胸是指气体在胸膜腔蓄积，往往是胸部创伤造成的。气体可能来自胸壁的穿孔伤口，破裂的细支气管、肺泡或肺脓肿。

【病因】

(1)创伤性病因。通常是车撞伤、咬伤、刺伤、枪伤等。

(2)自发性病因。多为肺、支气管、细支气管、肺泡的自发性肺泡破裂，常见于肺脓肿、肺气肿、肺肿瘤。

【症状】

胸膜腔内少量积气时，无明显临床症状，只表现为呼吸促迫，不耐运动。严重时，表现明显的呼吸困难；呈现腹式呼吸，犬坐姿势，可视黏膜发绀，胸廓增大；听诊呼吸音减弱，叩诊呈鼓音；X 射线检查气胸处透光度好，肺纹理消失，心脏向背侧移位。

【诊断】

根据病史、临床症状、X 射线检查结果(图 2-3)可确诊。

【防治】

气胸治疗的主要目的是使塌陷的肺能再膨胀起来。多数为保守治疗。

轻度气胸，可采取笼内休息直至胸膜腔内气体被吸收。

外伤性气胸，需及时进行外科处理，胸腔穿刺，抽气减压，对症治疗。

注意给予抗生素，抗感染。

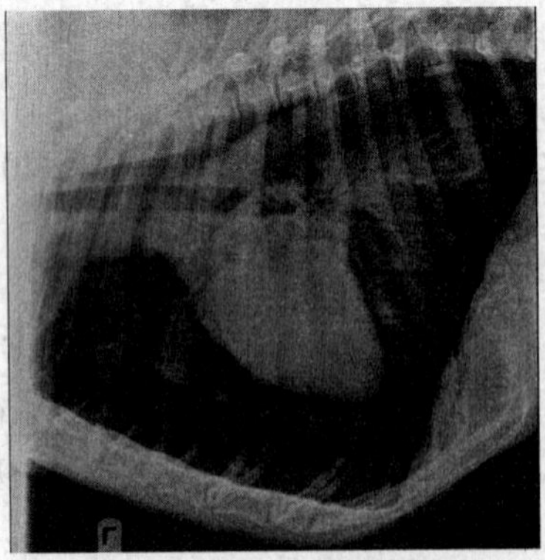

图 2-3　犬气胸 X 射线检查显示胸腔内充满黑色的气体影像

三、胸腔积液

胸腔积液是指胸腔内积聚过量的漏出液，简称胸水，其临床特征是：呼吸困难为主。

【病因】

胸腔积液的发生有炎症性和非炎症性。

(1)炎性病因。胸膜炎为炎症性胸腔积液的主要病因。胸膜炎多继发于肺炎、纵膈炎、食道穿孔。

(2)非炎性病因。血浆渗透压减低(低蛋白血症),钠潴留,右心或全心衰竭,液体以渗漏方式生成。肺脏肿瘤有可能阻碍淋巴液排泄,从而促使胸腔液体增多。

【症状】

胸水少时,无明显的症状。

胸水多时,呼吸困难,浅表且快,疼痛时多为腹式呼吸,呈犬坐姿势,两肘外翻,触诊胸部无痛感。

感染严重时,体温可能升高。

呼吸严重困难时,可视黏膜发绀,咳嗽。

胸部听诊通常可听到胸膜摩擦音。胸部叩诊,两侧水平浊音,随体位改变而改变。X 射线检查见胸腔内有积液阴影。穿刺液为漏出液。

【诊断】

根据呼吸困难等临床症状,结合叩诊、听诊及 X 射线检查可确诊。

鉴别诊断:注意与胸膜炎、大叶性肺炎及肺气肿的区别。

(1)胸膜炎。胸部疼痛,咳嗽,体温升高,稽留热或弛张热;听诊摩擦音,穿刺液为渗出液。

(2)大叶性肺炎。有高热稽留;黏液-脓性鼻液,充血期肺泡音粗粝,有啰音;肝变期肺泡音消失,出现支气管呼吸音;溶解期可听到湿啰音;胸部叩诊是过清音,肝变期是浊音。

(3)肺气肿。呼吸明显困难,一般无鼻液;气肿区肺泡音弱。

【防治】

1. 防治原则

胸腔积液的防治原则是:积极治疗原发病,对症治疗,制止渗出,强心利尿,促进渗出(漏出)液排出。

2. 处方

(1)呼吸困难。吸氧。

(2)积液较多。穿刺排液或利尿剂。呋塞米,每千克体重 2～4 mg,肌内注射;或呋塞米,每千克体重 2～4 mg,肌内注射,每日 4～6 次。头孢唑啉钠,每千克体重 15～30 mg,肌内注射,每日 2 次,连续使用。20%甘露醇,每千克体重 1～2 g,静脉注射,每日 1 次。地塞米松,每千克体重 0.07～0.15 mg,肌内注射。

(3)心衰。强心剂。普萘洛尔,每千克体重 5～40 mg,1 次/8 h。

四、胸腔脓肿

胸腔脓肿是指胸膜腔内蓄积有脓性液体的炎症过程,又称脓胸、化脓性胸膜炎。

【病因】

并发于渗出性胸膜炎、肺炎、支气管肺炎、肺脓肿、胸腔内肿瘤、食道穿孔等疾病过程中;继发于常见病原菌感染,如链球菌、葡萄球菌、多杀性巴氏杆菌、大肠杆菌、绿脓杆菌、奴卡菌等。

【症状】

患病动物表现为精神沉郁,食欲下降或废绝,体温升高,呼吸困难,腹式呼吸,咳嗽。触诊胸部有痛感,淋巴结肿大。血液学检查,白细胞总数增多,嗜中性粒细胞比例增高。X射线检查可见胸腔里有积液阴影。超声波检查可见有回声涡动液体位于心脏周围。胸腔穿刺有脓性液体。

【诊断】

根据症状,结合实验室检查、胸腔穿刺、X射线检查以及超声波检查可以确诊。

【防治】

胸腔脓肿的防治原则是:积极治疗原发病,抗菌消炎,对症治疗。

治疗原发病的同时,还应穿刺排脓,胸腔冲洗,使用适宜的抗生素。

(1)穿刺排脓。

(2)头孢唑啉钠,每千克体重15～30 mg,肌内注射,每日2次,连续使用。

复习思考题

1. 鉴别诊断

(1)呼吸困难见于哪些支气管及肺脏疾病中?怎样鉴别?

(2)胸腔积液(脓)见于哪些支气管及肺脏疾病中?怎样鉴别?

(3)肺水肿见于哪些支气管及肺脏疾病中?怎样鉴别?

(4)咳嗽常见于哪些疾病?怎样鉴别?

(5)体温升高见于哪些呼吸道疾病?怎样鉴别?

(6)引起上呼吸道感染的常见病原有哪些?怎样鉴别?

2. 病例分析

对以下病例,依据所给出的临床症状做出初步诊断,并制订治疗措施,开出处方。

(1)五岁雄性北京犬,张口呼吸,肺部听诊为湿性捻发性啰音,胸部叩诊为浊音,胸部X射线检查可见云雾状阴影。

(2)五岁雄性北京犬,咳嗽,流浆液性鼻液,肺部听诊支气管呼吸音粗粝;体温为39.2℃,食欲减退,精神正常,X射线照片可见肺纹理增粗。

(3)三月龄雄性博美犬,咳嗽、打喷嚏、流鼻涕、流眼泪,食欲减退,精神倦怠,体温、呼吸数、心率正常。

(4)三月龄雄性博美犬,咳嗽,食欲、精神、体温、呼吸数、心率正常。

第三章

心血管系统疾病

【学习目标】

知识目标

①掌握宠物心血管系统疾病的概念；

②了解宠物心血管系统疾病发生的过程；

③明确宠物心血管系统疾病时的临床症状；

④了解宠物心血管系统疾病的诊断与治疗的原则和方法。

能力目标

①根据宠物的临床症状表现，诊断出疾病；

②实施各种技能治疗疾病。

素质目标

①培养学生分析思考、自主学习能力。

②培养学生遵守职业操守、精益求精的工匠精神。

第一节 概 述

心血管系统（血液循环系统）是由两个主要部分，即心脏和血管，所共同组成的密闭的管道系统。心脏是推动血液循环的动力器官，血管是血液运动的管道。

一、心脏的构造

心脏被纵膈分为左、右两半部，即左心和右心，每一半部又被房室瓣（左边房室瓣为二尖瓣，右边房室瓣为三尖瓣）分为上、下两部，成为心房和心室。血液循环以心脏为中心，按照血液所走的路径不同可分为体循环（大循环）和肺循环（小循环）两部分。

血液由右心室出发，经肺动脉、肺毛细血管网、肺静脉到达左心房，称肺循环。左心室将血液输送到主动脉，经全身的毛细血管网、静脉流入前、后腔静脉，最后达到右心房，称为体循环。血管是指动脉管、静脉管和毛细血管网，属于循环系统基本职能最基层结构，它们连通成血液运行的管道网络。

二、心血管系统的主要机能

心血管系统的主要机能是保持外界环境与机体之间，以及各器官与组织之间的密切联系。通过心脏的节律性运动，血液不断地在循环系统内流动，将氧气、水、氨基酸、脂肪、糖类等营养物质和活性物质运送到机体各组织细胞，又将组织细胞的新陈代谢产物、分解产物和其他废物运送到排泄器官排出体外。因此，血液循环是维持机体新陈代谢正常进行，以及维持生命活动必不可少的重要条件。

三、心血管系统疾病的影响

循环系统的机能状态与全身各组织器官的生命活动有着极其密切的关系。循环系统的疾病影响着机体各系统的机能，各系统的疾病也一定影响着循环系统尤其是心脏的机能。

临床上，心脏的机能状况通常作为机体健康状况、生产性能的标志，也是判断疾病病程和预后的主要依据。

心脏有强大的储备能力和代偿能力。心脏不仅受运动影响，神经系统和内分泌系统调节障碍和其他器官的机能紊乱或器质改变也可引起其适应能力的改变。心血管系统疾病临床上呈现血液循环障碍；同时，循环障碍也影响其他系统的机能，以致整个机体生命活动。

四、心血管系统疾病的发生

心血管系统疾病（特别是心脏疾病）大多继发于传染病、肺炎、肾炎、代谢紊乱等内科病、创伤、感染、中毒、营养缺乏症等疾病过程中。饲养管理不当或使役不合理，也可以发生心力衰竭和循环虚脱等疾病。

遗传病因素对心血管系统疾病具有重要意义。近年来，宠物心脏疾病病例的发生有所增加。

第二节　心脏功能障碍性疾病

一、心力衰竭

心力衰竭又称心脏衰弱、心功能不全、心衰，是由于心脏收缩和舒张功能障碍，引起外周静脉过度充盈，使心脏排血量减少，动脉压降低，静脉回流受阻等，从而引起的不能满足机体代谢需要的一种全身血液循环障碍综合征。心力衰竭根据不同方式可分为不同类别，如急性心力衰竭和慢性心力衰竭；原发性心力衰竭和继发性心力衰竭；左心衰竭、右心衰竭和全心衰竭。心力衰竭的临床特征为：呼吸困难，皮下水肿、发绀，甚至心脏骤停和突然死亡。

【病因】

（1）心脏负荷过重。压力负荷过重（肺动脉瓣狭窄或体、肺循环动脉高压）；容量负荷过重（心脏瓣膜闭锁不全、先天性心脏畸形）。

（2）心肌病变。心肌炎、心肌变性、心肌栓塞、严重贫血、甲状腺功能亢进及维生素 B_1 缺乏。

（3）心包疾病。急、慢性心包炎，心包积液。

（4）继发性因素。犬瘟热、犬细小病毒病、犬弓形虫病、恶性口蹄疫、中毒、慢性肾病、慢性肺水肿。

(5)医源性因素。输液速度过快、剂量过大,注射钙制剂、砷制剂、浓氯化钾,麻醉意外等。

(6)遗传性因素。如瑞士红色荷斯坦和西门塔尔及其杂种牛。

(7)其他。如外源性因素触发的慢性心力衰竭。

【症状】

(1)急性心力衰竭。突然发生,精神沉郁,食欲不振或废绝,易疲劳、出汗,呼吸加快,肺泡呼吸音增强,体表静脉怒张。心搏动亢进,第一心音增强,脉搏细数,有时出现心内杂音和节律不齐。继续发展,各部症状严重,肺水肿,胸部听诊广泛性湿啰音;两侧鼻孔流出多量的无色细小泡沫样鼻液。有的步态不稳,易摔倒,出现症状后数秒或数分钟内倒地死亡。

(2)慢性心力衰竭。又称充血性心力衰竭,发展缓慢,病程长。精神沉郁、食欲减退,易疲劳、出汗。黏膜发绀,体表静脉怒张。垂皮、腹下、四肢下端水肿,触诊捏粉样。呼吸比正常深,次数略多。排尿短少,尿液浓缩且含少量白蛋白。粪便初期正常,后期腹泻。之后,体重下降,心率加快,第一心音增强,第二心音减弱,出现杂音,心律失常。叩诊心脏浊音区增大。咳嗽,知觉障碍。

(3)左心衰竭。肺循环障碍,肺毛细血管内压急剧升高,易发生肺水肿;呼吸困难和节律加快,听诊有各种啰音,并发咳嗽,偶有干呕。X射线显示左心扩大或全心扩大,心电图节律不齐,心房、心室处有异位起搏点及心房颤动。肺循环淤血,引发肺水肿。见左心腔扩张,充满血液或凝血块,心壁柔软、脆弱;肺切面湿润,富含血液,从支气管和细支气管断端流出许多泡沫样液体,支气管内也充满多量的泡沫状液体。

(4)右心衰竭。体循环障碍;心、肝、脾、肾等实质器官淤血,出现各种实质器官机能障碍的一系列症状,如少尿、水肿、X射线检查心影增大。呈现体循环淤血和心脏性水肿。见右心扩张,心腔充满血液和凝血块,心肌变薄,心实质变性;大循环明显淤血;各重要器官出现淤血和水肿。

(5)充血性心力衰竭。由左、右心衰竭发展而来。犬、猫呼吸困难,咳嗽,不爱运动,腹围增大,食欲废绝,精神沉郁,毛细血管再充盈变慢,黏膜发绀或苍白。心动过速或过缓,心音混杂,心律紊乱,有缩期杂音。心脏叩诊区扩大,X射线检查显示心脏肥大。心电图见QRS区综合波延长或分裂,心房或心室早搏。血清学检查时,天冬氨酸转移酶、碱性磷酸酶活性增高,尿素浓度升高。

【诊断】

根据病史和临床表现,如静脉怒张、脉搏细数、呼吸困难、垂皮和腹下水肿以及心率加快、第一心音增强、第二心音减弱等症状即可作出诊断。

特殊诊断:心电图、X射线、超声心动图有助于判断心肌扩张和肥大。

鉴别诊断:

(1)水肿要与寄生虫、贫血、肾炎、妊娠等区别。

(2)呼吸困难要与肺气肿、中毒、过敏、牛再生草热等区别。

(3)腹水要与肝硬化、腹膜炎区别。

【防治】

1. 防治原则及措施

心力衰竭的防治原则为:消除病因,增强心肌收缩力,改善心肌营养,恢复心脏泵功能。

(1)减轻心脏负担。使动物安静,避免剧烈运动,必要时使用镇静剂,酌情放血。

(2)增加心肌收缩力。洋地黄类药物先短期内给予足够的剂量,以后给予维持剂量。病情不太严重时，洋地黄毒苷 0.2～1.0 mg，用 5%葡萄糖溶液 10～20 倍稀释后，静脉注射；以后每隔 8 h 注射 0.2 mg。

毒毛花苷 K0.25～0.5 mg，溶于 25%葡萄糖溶液中，静脉注射；必要时 2～4 h 后以小剂量重复注射。

洋地黄毒苷每千克体重 0.06～0.12 mg，静脉注射，维持量是上述剂量的 1/4～1/8。

地高辛每千克体重 0.02～0.06 mg，分两次口服，连用 2 天，然后改用维持剂量每千克体重 0.008～0.01 mg，剂量 2 次/天，口服。

(3)缓解呼吸困难。按压心脏，心内注射肾上腺素，静脉滴注 10%氯化钙或葡萄糖酸钙注射液；拉出舌头或气管插管。

(4)消除水肿。呋塞米，每千克体重 0.6～0.8 mg，肌内注射或静脉注射，每天 1 次。

氢氯噻嗪，0.05～0.1 g，肌内注射，每天 1～2 次，连用 3～4 天，停药 1～2 天；犬，每千克体重 2～4 mg 或 20～50 mg 口服。

呋塞米，犬，每千克体重 2～3 mg，口服；或每千克体重 0.5～1.0 mg，肌内注射；2～3 次/日，连用 3～4 天，停药数天后再用 3～4 天。

(5)血管扩张剂。对于顽固性心力衰竭，可以使用小动脉扩张剂，如氢化可的松等糖皮质激素。肼苯哒嗪，每千克体重 0.5～2.0 mg，口服，每天 2 次。

哌唑嗪，每千克体重 0.02～0.05 mg，口服，每天 2～3 次。

还可以选用血管紧张素转移酶抑制剂，如甲硫丙脯酸，每千克体重 0.5～1.0 mg，口服，每天 2～3 次。

(6)心率过快。普萘洛尔，每千克体重 0.5～2.0 mg，口服，每天 3 次；或每千克体重 0.04～0.06 mg，静脉滴注，直至心率恢复正常为止。

利多卡因，犬每千克体重 2～4 mg，猫每千克体重 0.15～0.75 mg，按 25～80μg/min 的速度静脉滴注。

硫酸奎尼丁，犬开始用每千克体重 6～20 mg，以后每隔 6～8 h 用每千克体重 6～10 mg，口服。

(7)对症治疗。纠正酸碱平衡和电解质紊乱，纠正低血钾症；氧气疗法；能量合剂使用。三磷酸腺苷、细胞色素 C、辅酶 A、B 族维生素、葡萄糖等能量合剂，辅酶 Q(泛葵利酮)。健胃、缓泻、镇静等药物酌情使用。保持动物安静，限制运动，减轻心脏负担。

2. 处方

(1)洋地黄毒苷 0.5 mg，地塞米松 5 mg，维生素 B_1 50 mg，CoA 100 IU，细胞色素 C 100 IU，ATP 100 IU，10%葡萄糖溶液 150 mL。用法：将上述药物溶解后依次加入葡萄糖溶液中，一次静脉滴注，每天 1 次，连用 1 周。说明：增强心肌收缩力，纠正酸碱平衡失调和电解质紊乱，减轻心脏负担，增强机体抵抗力。

(2)呋塞米，每千克体重 0.6 mg。用法：肌内注射或静脉注射，每天 1 次，连用 3～4 天。说明：消除水肿，减轻心脏负担。

二、循环虚脱

循环虚脱又称外周循环衰竭，是因血管舒缩功能紊乱或血容量不足而引起的心排血量减少、组织灌注不全的一系列全身性病理综合征。

由血管舒缩功能引起的外周循环障碍称为血管性衰竭。

由血容量不足引起的外周循环障碍称为血液性衰竭。

循环虚脱的临床特征是：心动过速，血压下降，低体温、末梢厥冷，浅表静脉塌陷，肌肉无力乃至昏迷和痉挛。

【病因】

(1)血容量突然减少。外伤性失血、手术失血过多、剧烈呕吐和腹泻、严重脱水、各种心脏病等造成血容量突然减少。

(2)剧痛和神经损伤。剧烈疼痛性疾病、脑脊髓损伤、麻醉意外等，使交感神经兴奋或血管运动中枢麻痹，周围血管扩张，血容量相对降低。

(3)严重的中毒和感染。出血性败血症、脓毒血症、大叶性肺炎、病菌产生的毒素引起内中毒。收缩毛细血管和小动脉，血液灌注量不足，缺血、缺氧产生组胺、五羟色胺等扩张或麻痹毛细血管，形成淤血，渗透性强，血浆外渗，发生虚脱。

(4)过敏反应。血清和其他生物制剂、抗生素、磺胺等引起过敏，周围血管扩张和毛细血管床扩大，血容量相对减少。

【症状】

初期：精神轻度兴奋，烦躁不安，汗出如油，耳尖、鼻端和四肢下端发凉，黏膜苍白，口干舌红，心率加快，脉搏快弱，气促喘粗，四肢与下腹轻度发绀，显示花斑纹状，呈玫瑰紫色，少尿或无尿。

中期：精神沉郁，反应迟钝，甚至昏睡，血压下降，脉搏微弱，心音浑浊，呼吸急促，节律不齐，站立不稳，步态踉跄，体温下降，肌肉震颤，黏膜发绀，眼球下陷，全身冷汗粘手，反射机能减退或消失，呈昏迷状态，病势垂危。

后期：血液停滞，血浆外渗，血压急剧下降，微循环衰竭，第一心音增强，第二心音减弱，甚至消失。脉搏短缺，呼吸浅表疾速，后期出现陈-施二氏呼吸或间断呼吸。呈窒息状态。

出血引起的循环虚脱有急性贫血表现。脱水引起的循环虚脱皮肤弹性降低，眼窝凹陷。过敏引起的循环虚脱抽搐和肌肉痉挛，粪尿失禁。因感染引起的循环虚脱体温升高，有原发病的特征。

【诊断】

根据病史和临床症状观察即可做出诊断。本病治疗及时一般预后良好，病情危急的可短期内死亡。

【防治】

防治原则：补充血容量，纠正酸中毒，调节血管的舒缩功能；保护重要器官的功能；及时抗凝血治疗。

(1)补充血容量。乳酸林格尔氏溶液(0.167 mol/L 乳酸钠溶液和林格尔溶液按 1∶2 比例混合)，静脉注射。同时配合补充 10%低分子右旋糖酐注射液，复方生理盐水，5%葡萄糖溶液，生理盐水。

(2)纠正酸中毒。5%碳酸氢钠溶液或 11.2%乳酸钠溶液，与葡萄糖生理盐水一起静脉注射。或乳酸钠林格氏液中加入 0.75 g/L 碳酸氢钠，与补充血容量一同静脉注射。

(3)采取上述措施后，若血压仍然不稳定，可使用舒缩血管的药物。山莨菪碱、硫酸阿托品、多巴胺等药物，静脉注射或皮下注射。

(4)保护重要器官。昏迷或脑水肿时，20%甘露醇和 25%的山梨醇，静脉注射；25%葡萄糖注射液，静脉注射。

(5)抗凝血。肝素每千克体重 100～150IU，溶于 5%葡萄糖溶液或生理盐水 500 mL 中，以每分钟 30 滴的速度静脉滴注。

第三节　心包与心肌疾病

一、心包炎

心包炎是心包的壁层和脏层发生炎症病变的疾病，可分为急性、慢性；浆液性、纤维素性、浆液-纤维素性；出血性、化脓性和腐败性等多种类型。心包炎的临床特征为：心区疼痛，心包摩擦音或拍水音，心浊音区扩大。本病犬、猫常见，创伤性心包炎多见。

【病因】

(1)感染性因素。犬、猫病毒性疾病、细菌性疾病、寄生虫性疾病。临床上多见的病毒性疾病是犬细小病毒感染、流行性感冒、猫传染性腹膜炎等；细菌性疾病如结核病、放线菌病、脑膜炎双球菌感染、肺炎链球菌感染、溶血性大肠杆菌感染、大肠杆菌感染、绿脓杆菌感染等；寄生虫性疾病有心丝虫病，阿米巴所致的左叶肝脓肿常穿破入心包引发急性心包炎，其他有血吸虫、弓形虫等。

(2)非感染性疾病。一些过敏性疾病或自身免疫性疾病，如风湿病继发的结节性多动脉炎、类风湿性关节炎。慢性肾功能衰竭引起病变。心肌疾病，如心肌梗死。肺脏肿瘤病、乳腺癌及淋巴瘤等肿瘤性因素和放射性损伤。此外，维生素缺乏症、矿物质缺乏症等营养代谢疾病，过劳、受凉等降低抵抗力的因素，均可以促进心包炎的发生。

【症状】

犬、猫一般性表现为发热、畏寒，不耐劳，食欲不振，精神沉郁、呆立不动，低头伸腰、肘头外展，弓背，结膜潮红，四肢水肿。

触诊心区敏感、呻吟、呼吸促迫等疼痛反应。听诊出现心包摩擦音及拍水音。初期心搏动亢进，随渗出液增多而变微弱，摩擦部位、范围和强度变化较快。心包液充盈时摩擦音消失，继之为拍水音。渗出液吸收后摩擦音又会出现。叩诊心浊音区扩大，可随体位改变。

X 射线检查，有心包积液时心影增大，并随体位的改变而移动，透视或 X 射线记波摄影可显示心脏搏动减弱。

【诊断】

根据病史及临床症状，心区触诊、叩诊、听诊的变化，结合 X 射线检查、心电图、超声心动图、血象检查、心包穿刺，可做出诊断。

X 射线检查：当心包内积液量超过 300 mL 时，心影向两侧增大，心膈角变成锐角；超过 1 000 mL时，心影呈烧瓶状，并随体位改变而移动，心脏搏动减弱或消失。

心电图：干性心包炎时，各导联(AVR 除外)ST 段抬高，数日后回至等电位线上，T 波平坦或倒置。心包有积液时，QRS 波群呈低电压。

超声心动图：显示心包腔内有液化暗区，是准确、安全、简便的诊断方法。

超声波检查：显示心包积液液平反射波。

血象检查：化脓性心包炎白细胞增多，核左移；结核性心包炎和风湿性心包炎血沉明显增快。

心包穿刺液检查：结核性心包炎为浆液性出血性渗出液，蛋白质含量较高，易凝固；化脓性心包炎为脓性渗出液，涂片或培养可找到病原菌；自发性心包炎有血清性到血液性无菌渗出物。

鉴别诊断：注意与纤维素性胸膜炎、渗出性胸膜炎、单纯性胸膜炎和心内膜炎相区别。

(1)纤维素性胸膜炎。胸膜摩擦音与呼吸动作同时出现，不局限于心区；抑制呼吸则摩擦音消失，摩擦音与心搏动不一致。

(2)渗出性胸膜炎。叩诊时呈现水平浊音。

(3)单纯性胸膜炎。心电图正常。

(4)心内膜炎。有各种器质性杂音为特征，心包炎则无。

【防治】

1. 防治原则及措施

心包炎的防治原则为：治疗原发病，改善症状，解除循环障碍。

(1)将患病犬、猫置于安静环境中，给予易消化食物和充足饮水，避免运动和兴奋。

(2)抗菌消炎。根据细菌培养和药敏试验选择有效药物。

(3)对症疗法。心包炎疼痛剧烈的可用镇痛剂；水肿严重或心包积液较多时，可使用利尿剂，如氢氯噻嗪、呋塞米；心包积液多，可穿刺放出积液。

(4)手术疗法。肿瘤等引起的心包炎，可手术切除病变组织。

2. 处方

(1)头孢拉定，每千克体重 50 mg。用法：肌内注射，2 次/日，连用 1 周。说明：用于细菌性心包炎。

(2)两性霉素 B，每千克体重 0.3 mg。用法：静脉注射，1 次/日，连用 3 天。说明：用于霉菌性心包炎。

二、心肌炎

心肌炎是心肌炎症的总称，是指病原微生物感染或物理化学因素引起的心肌炎症性疾病。心肌兴奋性增高和收缩机能减退是心肌炎的病理生理特征。临床上以急性非化脓性心肌炎常见。犬、猫多继发于其他疾病。

【病因】

(1)感染性因素。传染病、寄生虫病、脓毒败血症和中毒病的经过中。以病毒性心肌炎最为常见，如犬细小病毒感染、犬传染性肝炎、流感等。细菌性感染中凡是能引起肺炎、各种败血症和脓毒败血症、胃肠炎的病原菌，以及引起风湿症的链球菌均可以导致心肌炎的发生。一些内寄生虫，如犬恶心丝虫、犬巴贝斯虫病及弓形虫病、钩端螺旋体病等都能引起心肌炎。

(2)过敏性因素。磺胺类药物及疫苗、血清等生物制品均可诱发心肌炎。

(3)理化因素。酒精、一氧化碳、砷化物、α-萘酚、麝香、铜中毒等均可造成心肌炎。

多数是直接侵害心肌或毒素、毒物对心肌毒性作用。免疫反应在风湿病、药物过敏及感染引起的心肌炎的发生起重要作用。

【症状】

(1)非化脓性心肌炎。脉搏快而充实，心悸亢进，心音高朗。犬、猫运动后，心跳迅速增加，力量加强。

(2)慢性心肌炎。呈现周期性心力衰竭，体表浮肿，剧烈运动后出现呼吸困难、黏膜发绀、脉搏加快、节律不齐。

(3)继发于传染性疾病的心肌炎。长期发热,心动过速,有时过缓,第一心音变弱。有时出现收缩期杂音。脉搏急速和交替脉,第一心音增强,混浊或分裂。第二心音显著减弱,有收缩期杂音和前期收缩以及心律不齐。

重症可见心率增快且与体温增高的程度不相适应。病初第一心音增强,第二心音减弱。重症时出现奔马律或有频发性期前收缩。病后期动脉血压下降多发生心力衰竭的相应症状。病犬、猫可见全身震颤、昏迷,甚至死亡。

(4)因感染或中毒所致的心肌炎。除上述症状外,血液学变化较为明显,有时伴有传染病和中毒病的特有症状。

X 射线检查,可见心脏阴影扩大。

心电图检查,急性心肌炎的初期,R 波增大,T 波增高,P－Q 和 S－T 间期缩短。急性心肌炎严重期,R 波变低,变钝,T 波增高,P－Q 和 S－T 间期延长。急性心肌炎致死期,R 波更变小,T 波更增高,S 波更变小。

【诊断】

根据病史和临床症状进行诊断。

(1)临床检查。临床上心率增速与体温升高不相适应,心律失常,心腔扩大,动脉血压下降和心力衰竭等。

(2)心功能试验。首先测定安静状态下心率,随后运动 5 min,或(100～200)m,再测定心率。患病动物突然停止运动后,甚至(2～3)min 心率仍然继续增加,经较长时间才能恢复到运动前的心率。具有诊断意义。

鉴别诊断:注意与心包炎、心内膜炎、缺血性心脏病、心肌病、心肌营养不良等疾病相鉴别。

(3)实验室检查。包括以下几项。

①血液生化检验:近半数病例的血沉加快。急性期或心肌炎活动期血清肌酸磷酸激酶(CK)及其同工酶(CK－MB)、乳酸脱氢酶、谷草转氨酶活性增高。血清肌钙蛋白 T、肌钙蛋白I检测对心肌损伤的诊断具有较高的特异性和敏感性,其定量检查有助于心肌损伤范围和预后判断。

②心电图检查:心电图改变以心率失常(尤其是早搏)最常见,其次为房室传导阻滞多见,约 1/3 病例有复极波异常,可表现为 S－T 改变。此外,心室肥大、Q－T 间期延长、低电压等改变也可出现。

③X 射线检查:严重病例因左心功能不全有肺淤血或肺水肿征象。

【防治】

1. 防治原则及措施

心肌炎的防治原则为:减少心脏负担,增加心肌营养,提高心脏收缩机能,防治其原发病。

(1)治疗原发病。抗生素、磺胺类药物、特效解毒药、高免血清等治疗原发病。

(2)对症治疗。初期宜冷敷心区;发绀和呼吸困难时给予吸氧;心肌炎后期可使用安钠咖或樟脑油,增强心肌收缩力。

(3)增加心肌营养。25%葡萄糖溶液、ATP、辅酶 A、肌苷、细胞色素 C,促进心肌代谢。

(4)加强护理。

2. 处方

(1)头孢拉定 0.5 g,地塞米松 5 mg,维生素 B_1 50 mg,维生素 C 50 mg,细胞色素 C 100 IU,

ATP 100 IU,5%葡萄糖溶液 200 mL。用法:将上述药物溶解后依次加入葡萄糖溶液中,一次静脉滴注,每日 1 次,连用 5 日。说明:消炎和预防继发感染,改善心肌营养,促进心肌代谢,增强动物机体抗病能力。

(2)呋塞米,每千克体重 5 mg。用法:口服,每日 1 次,连用 3 日。说明:消除水肿,减轻心脏。

三、心内膜炎

心内膜炎指心内膜及其瓣膜的炎症,以循环障碍、发热和心内器质性杂音为特征。犬、猫以房室瓣膜和心内膜的慢性纤维素性炎症较多见。

【病因】

(1)原发性心内膜炎。细菌感染为主,如链球菌、化脓性放线菌、葡萄球菌、革兰氏阴性菌等;病毒感染,如犬瘟热病毒等;还可能有寄生虫感染引起,如心丝虫、立克次氏体等。

(2)继发性心内膜炎。继发于慢性肺炎、乳腺炎、子宫炎、血栓性静脉炎、心肌炎及主动脉硬化症、心包炎、脓毒血症、败血症等疾病。感冒、过劳也可诱发心内膜炎。

(3)遗传性因素。如先天性心肌缺损的犬、猫易发,雄性猫肥大性心肌病等。

(4)药物性因素。有葡萄糖苷及麻醉药的应用,维生素缺乏。临床上滥用肾上腺皮质激素,抑制机体抗感染能力,从而容易引发细菌侵入血液发生心内膜炎。

【症状】

患病动物持久性或周期性发热,精神沉郁、嗜睡,不耐运动,运动时出现咳嗽、气喘现象。心悸亢进、胸壁振动,心律不齐,心浊音区扩大,脉搏增快。听诊时心内器质性杂音,瓣膜口有收缩期杂音。后期出现充血性心力衰竭。出现水肿、腹水、浅表静脉怒张,心浊音区扩大和呼吸极度困难。

疣状心内膜炎可见心内瓣膜上有疣状物,为黄红色或灰黄色,表面覆以薄层血液凝块,易于剥离,易碎。

溃疡性心内膜炎可见瓣膜闭合线处和瓣膜的游离端呈锯齿状外观。瓣膜病变往往扩延到心肌内壁致壁性心内膜炎。

【诊断】

根据病史及血液循环障碍、心动过速、发热、心内器质性杂音及血液培养、心动图、心脏超声等可做出诊断。

(1)症状诊断。听诊有瓣膜性杂音、心律不齐、无名发热及血管栓塞。疣状心内膜炎的心脏杂音较为稳定,溃疡性心内膜炎杂音变化较多,出现快。

(2)实验室诊断。包括以下几项。

①血液学检查。白细胞总数及嗜中性粒细胞增多,核左移,血液细菌培养阳性。

②X 射线检查。可见肺充血、肺水肿以及胸腔积液等。

③心电图检查。显现左心房扩大及左心室扩大波形,节律不齐,无其他明显变化。

【防治】

1. 防治原则及措施

心内膜炎的防治原则为:使病犬、猫保持安静,避免兴奋和运动;给予富有营养、易于消化的饮食,并限制其过量饮水;在治疗原发病的同时采取下列措施。

(1)抗感染。长期应用抗生素和抗菌药。青霉素和氨苄西林是治疗化脓性放线菌和链球菌的首选，此外还有头孢类抗生素等。

(2)慢性感染可用青霉素配合利福平。腹下水肿时配合使用利尿剂。有跛行疼痛时使用止痛药。心力衰竭时，限制食盐摄入量，用洋地黄、毒毛花苷 K 等强心剂。

(3)治疗原发病。

2. 处方

(1)头孢曲松钠，1 g；呋塞米，每千克体重 2～3 mg。用法：分别肌内注射，每日 1 次，连用 5 日。说明：杀菌消炎，对原发病和继发性细菌感染进行治疗，消除水肿，缓解心脏负担。

(2)两性霉素 B，每千克体重 0.3 mg；葡萄糖生理盐水，100 mL。用法：混匀后一次静脉注射，每日 1 次，连用 6 日。说明：适用于霉菌性心内膜炎。

四、二尖瓣闭锁不全

二尖瓣闭锁不全又称为二尖瓣关闭不全，分为器质性闭锁不全和功能性闭锁不全，多发于老龄犬，多见于长毛狮子犬、史劳特犬、西班牙长耳犬、吉娃娃、杜博曼、狐狸及波士顿狸等，雄性多于雌性。二尖瓣闭锁不全是最常见的心瓣膜病。

【病因】

多数认为本病与遗传性有关。

(1)器质性二尖瓣闭锁不全。是由于二尖瓣结构完整性改变所致；常见于造成心内膜炎等疾病因素、风湿性心脏病、退行性二尖瓣脱垂症、乳头肌断裂或功能不全等继发引起瓣膜疾病。

(2)功能性二尖瓣闭锁不全。是指二尖瓣的结构基本正常，但不能发挥应有功能；主要是左心室功能障碍和左心室扩大造成；多见于过度运动或严重的主动脉瓣狭窄导致的二尖瓣闭锁不全。功能性二尖瓣闭锁不全病变多数较轻，在原发病纠正后，大多数可自行恢复。

【症状】

早期表现运动时气喘，以后安静时也在气喘及夜间发作性呼吸困难。左心搏动增强，触诊感觉到震颤，听诊听到缩期杂音。叩诊左右两侧浊音区扩大。后期可视黏膜发绀，颈静脉怒张，水肿。

【诊断】

根据临床症状、触诊、叩诊结合年龄可基本确诊。

实验室检查：心电图、X 射线检查。

心电图检查：窦性心律，但心动过速、心房震颤。P 波幅增宽，成双峰性。QRS 波群中 R 波增高。ST 波段下降。

X 射线检查：重症犬可见左心房和左心室扩张，肺静脉淤血和肺水肿。

【防治】

1. 防治原则及措施

二尖瓣闭锁不全的防治原则是：强心，利尿，扩充血管。

本病尚无彻底治疗的办法。

保持安静，避免过量运动。饲喂易消化食物，限制盐的摄入。应用洋地黄类药物加强心肌收缩力，增加心搏出量。根据水肿程度，投服利尿剂，消除水肿，减轻心脏前负荷。应用扩血管药物，减轻心脏后负荷。及时纠正酸碱平衡失调和电解质代谢紊乱，必要时可以输氧。

2. 处方

(1)头孢拉定 0.5 g,地塞米松 1 mL,ATP 100 IU,CoA 100 IU,维生素 C 1 mL,维生素 B_6 1 mL,毒毛旋花子苷 K 0.5 mg/kg 体重,5%葡萄糖溶液 150 mL。用法:缓慢静脉滴注,每天 1 次,连用 3 天。说明:补充能量,纠正酸碱平衡失调,增强心肌收缩力,缓解机体缺氧状态。

(2)呋塞米,每千克体重 0.6 mg。用法:肌内注射,每天 1 次,连用 3 天。说明:消除水肿,减轻心脏负担。

五、三尖瓣闭锁不全

三尖瓣闭锁不全又称三尖瓣关闭不全,分为功能性闭锁不全和器质性闭锁不全。此种疾病比较少见。

【病因】

(1)器质性三尖瓣闭锁不全。是由风湿病引起,伴有二尖瓣闭锁不全。

(2)功能性三尖瓣闭锁不全。由于右心室显著扩大,使三尖瓣环扩张,形成闭锁不全。

【症状】

动物易疲劳,不耐运动,食欲减退,消化不良,恶心,嗳气,呕吐。黏膜发绀,器官水肿,体腔积液。胸部右侧听诊可感到震颤和缩期杂音,第二心音减弱,右侧心脏浊音界扩大,颈静脉怒张呈条索状。有颈静脉阳性搏动(三尖瓣闭锁不全的典型症状)。

【诊断】

(1)症状诊断。典型杂音,右心室、右心房增大及体循环淤血症状和体征。

(2)实验室诊断。X 射线诊断、心电图诊断、超声心动图诊断。

①X 射线检查。可见右心室、左心房增大。右心房血压升高时,可见静脉扩张和胸腔积液。有腹水者,横膈膜上抬,透视时可看到右心房收缩期搏动。

②心电图检查。右心室肥厚劳损,右心房肥大,并常有右束支传导阻滞。

③超声心动图检查。可见右心室、右心房增大,前、后腔静脉增宽及搏动,连枷样三尖瓣。二维超声动图声学造影可证实反流,多普勒超声检查可判断反流程度和肺动脉高压。

【防治】

防治原则:减轻心脏负担,加强心肌收缩力,对症治疗。

降低肺动脉压后可逐渐恢复。治疗有心衰竭可恢复。器质性三尖瓣关闭不全可手术疗法。

本病处方与二尖瓣闭锁不全一样。

第四节　血液与造血器官疾病

一、概论

血液是动物体细胞运输的介体,是体内免疫过程的媒介和参与者。血液沿着血管不停地在全身循环,输送营养物质和代谢产物,同时也是激素和酶的输送者。血液作用是维持内环境相对稳定和生命活动正常进行的基本条件。

(一)血液的组成

血液是红色黏稠液体,由血浆和悬浮在其间的有形物质(红细胞、白细胞、血小板)组成。血液的颜色是由其所含色素(血红蛋白)的氧合程度决定的。动脉血鲜红色,静脉血暗红色。

(二)血液系统疾病的影响

血液中细胞部分和液体部分发生质和量的任何变化都会产生相应的病理变化过程,直接影响造血器官以及全身各器官系统的机能。反之亦然。

(三)血液系统疾病的诊断与治疗

临床诊断时,常用血液形态学及生理生化学状态的测定,反映机体全身状态的改变;在临床治疗时应用止血、输血、泻血、输液、补充各种离子和蛋白等方法。

二、贫血

贫血是指单位体积外周血液中的血红蛋白浓度、红细胞数和(或)血细胞比容低于正常值的综合征。贫血是临床上的一种常见的病理状态,其临床特征是:皮肤和可视黏膜苍白,心率加快,心搏增强,肌肉无力及各器官由于组织缺氧而产生的各种症状。

贫血是一种临床综合征,并不是一个独立的疾病。

引起贫血的病因有很多,其主要原因有以下几种:

(1)血液丧失。

(2)红细胞过度破坏。

(3)产生无效的红细胞。

(4)其他,如造血、神经和网状内皮系统的变化,物质代谢的破坏及其他器官的影响,动物饲养管理条件等。

贫血的分类方法繁多,按其病因可分为以下几种。

(1)出血性贫血。血管、内脏损伤,中毒,肿瘤、寄生虫的引起的血液丧失。

(2)溶血性贫血。血液中红细胞破坏,如传染性疾病、寄生虫病、中毒病、免疫反应。

(3)营养性贫血。营养物质供应不足,如铜、铁、钴缺乏,维生素缺乏、蛋白质缺乏。

(4)再生障碍性贫血。如骨髓受到辐射损伤,羊齿类植物中毒,磺胺类、氯霉素类过敏中毒。

(一)出血性贫血

出血性贫血是红细胞或血红蛋白丧失过多所致,可分为急性出血性贫血和慢性出血性贫血。

【病因】

(1)急性出血性贫血。由于血管(特别是动脉血管)破裂,造成机体严重出血后,血库及造血器官又不能代偿时所发生的贫血。见于外伤、手术、器官破裂、胃肠寄生虫、胃溃疡、血尿、草木樨中毒、蕨中毒、敌鼠钠盐中毒、凝血因子缺陷、出血性肿瘤。

(2)慢性出血性贫血。由少量反复的出血和突然大出血后长时间不能恢复引起的低血红蛋白性及正红细胞性贫血。见于长期反复失血;胃肠功能减弱导致铁的吸收障碍,造成造血原料缺乏；有毒植物中毒；寄生虫病；中毒病；血尿症。

【症状】

根据机体状态、出血量的多少及出血时间的长短，临床表现各自不同。

1. 急性出血性贫血

轻症：可视黏膜苍白，如图 3-1 所示。体温低下，四肢发凉，出冷凉汗，脉搏细弱。

严重时出现呼吸、循环及消化系统症状。同时发生明显的生物化学过程的变化，组织呼吸受到严重的破坏，血液中的酸性产物增加，乳酸增加尤为明显，加重了酸中毒、低蛋白血症，残余氮增加。甚至休克乃至死亡。内脏出血时穿刺有血液。

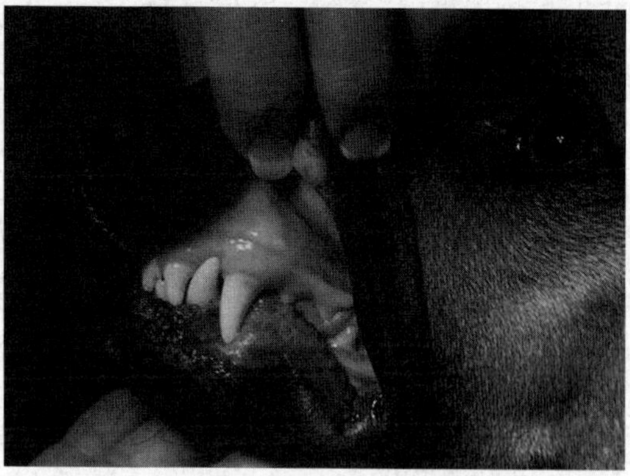

图 3-1　犬贫血检查犬可视黏膜苍白

2. 慢性出血性贫血

患病动物渐进性消瘦，可视黏膜苍白，机体衰弱无力，精神不振，嗜睡，血压降低，脉搏快而弱，轻微运动后加快，呼吸浅表。心音低沉而弱，心浊音区扩大。脑贫血引起的代谢性酸中毒的各种症状。胸腹部、下颌间隙、四肢末端水肿。体腔积液。胃肠吸收和分泌机能降低，腹泻，最终衰竭死亡。

血液稀薄，并形成少量易碎的凝胶状凝块，所有实质器官具有脂肪变性。成年动物骨髓扩大呈灰红色。幼稚型或网织红细胞增多。血红蛋白减少。血液密度降低。血沉快。骨髓中出现淡染的血红蛋白缺乏的红细胞，此为慢性出血性贫血的重要特征。

【诊断】

(1)急性出血性贫血。根据临床症状及发病情况可以做出诊断。但内出血所致贫血，必须进行细致检查。当肝脏、脾脏破裂时，腹腔穿刺有血液。胃肠道出血时，除低色素性贫血外，粪便潜血检查阳性。泌尿系统出血时，则有血尿。

(2)慢性出血性贫血。血液中幼稚型网织红细胞增多，血红蛋白含量降低，血液比重下降，血沉加快，红细胞总数减少，常见到淡染的红细胞。

【防治】

1. 防治原则及措施

出血性贫血的防治原则是：止血，补充血容量，控制休克，加强饲养管理；给予高蛋白、多维和补充造血物质。

(1)止血。外伤出血可用结扎、填充、压迫等外科止血法；内出血时选用止血药，如卡巴克洛、酚磺乙胺、维生素 K。

(2)补充血容量。静脉注射 5% 葡萄糖溶液、右旋糖苷、全血或血浆。血浆或全血输入时要进行配血试验。

2. 处方

(1)卡巴克洛。用法：犬、猫 1～2 mL；肌内注射，2～3 次/日。说明：毛细血管损伤或血管通透性增加所致的出血病。

(2)酚磺乙胺。用法：犬 2～3 mL，猫 1～2 mL；肌内注射，2～3 次/日。说明：适用于手术前后的出血和止血。

(3)维生素 K。用法:犬 1～3 mL;肌内注射。说明:必要时加入 5%葡萄糖中静脉滴注。

(4) 6%右旋糖苷(含 0.9%的氯化钠)。用法:犬、猫 15～20 mL;静脉注射。

(二)溶血性贫血

溶血性贫血是由于某种原因使红细胞平均寿命缩短、破坏增加,并超过骨髓造血代偿能力所引起的贫血。其临床特征是:黄疸,肝脏及脾脏肿大。血液学检查以血红蛋白过多的巨细胞性贫血为特征。

【病因】

(1)红细胞内在缺陷。红细胞膜结构异常。

(2)红细胞外在因素。免疫性反应及感染、物理、化学、生物性因素所致贫血和脾功能亢进。

①传染性因素。钩端螺旋体、疱疹病毒、锥虫、溶血性链球菌感染、猫白血病病毒感染、犬恶心丝虫病、利什曼病等。

②中毒性疾病。重金属中毒,如铅、铜、砷、汞等;化学物质性中毒,如蛇咬伤、苯、酚、磺胺类药物等。

③免疫性因素。新生仔犬的血型和母犬的血型不同,吃入母乳后发生抗原抗体反应而导致仔犬溶血性贫血。异型血型输血也可导致溶血。猫的获得性自身免疫性溶血性贫血。免疫介导得的血小板减少症。药物免疫性溶血等。

④其他因素。如高热性疾病、淋巴肉瘤、骨髓性白血病、血浆血红蛋白增多症、红细胞丙酮酸激酶缺乏等均可造成溶血性贫血。

【症状】

(1)急性溶血或慢性溶血急性发作(溶血危象)。骤然起病,背部疼痛,四肢酸痛,寒战、高热,并发狂躁、恶心、呕吐、腹痛、腹泻等胃肠道症状;血红蛋白大幅度下降;血红蛋白尿,12 小时后出现黄疸。

(2)慢性溶血性贫血。起病缓慢,出现三种类型,即贫血、黄疸、脾肿大;皮肤苍白、气短;长期溶血可并发胆石症、肝功能损害,血液中有大量的胆固醇、类脂质、脂肪。

【诊断】

根据病史和临床表现,结合实验室检查可做出诊断。

溶血性贫血的临床特征是黄疸、贫血、脾肿大。红细胞总数和血细胞比容减少,血液中游离的血红蛋白增多。黄疸指数升高,尿中可见大量的胆红素,粪胆素增加。血清胆红素间接反应阳性。

鉴别诊断:注意与急性黄疸型肝炎和先天性胆红素代谢功能缺陷相鉴别。

(1)急性黄疸型肝炎。黄疸,肝脾肿大,无明显贫血,血液指标正常。

(2)先天性胆红素代谢功能缺陷。先天性非溶血性黄疸、无明显贫血、脾不增大、网织红细胞不增高。

【防治】

防治原则:消除病因,给予易消化饲料,输血并补充造血物质。

(1)肾上腺皮质激素注射(泼尼松等)。用法:每千克体重 2 mg,肌内注射,5～10 天。说明:无效时,则摘除脾脏。

(2)其他参照急性出血性贫血。

(3)新生犬、猫溶血病，一旦发病，在输血时最好一边输血，一边放血，以除去血液中破坏自身红细胞的同种抗体和游离胆红素。

(三)营养性贫血

营养性贫血是因缺乏某些造血物质，影响红细胞和血红蛋白的生成而发生的贫血。营养性贫血除机体内铁元素的缺乏外，还有其他微量元素的缺乏及维生素、蛋白质等的缺乏。多见于饥饿、慢性消耗性疾病等引起的贫血。

【病因】

(1)蛋白质缺乏。蛋白质摄入不足或长期丧失，使血浆蛋白含量降低，影响血红蛋白的合成，从而导致贫血，主要由于动物摄入的蛋白质不足或慢性消化功能障碍引起。

(2)微量元素缺乏。铁、铜、钴等微量元素缺乏，临床上以缺铁性贫血最常见。铁是血红蛋白合成必需的成分，铜缺乏也可导致血红蛋白合成减少。

(3)维生素缺乏。维生素 B_1、维生素 B_2、维生素 B_5、叶酸、烟酸等缺乏，均会导致红细胞的生成和血红蛋白合成发生障碍，造成营养性贫血。

以上因素大多因为病畜的食物单一或内外寄生虫、慢性尿血、胃肠道出血等慢性疾病引起肠道吸收功能紊乱，久而久之造成营养性贫血。

【症状】

营养性贫血发展较慢，主要表现为进行性消瘦、营养不良。体质衰弱无力，腹部蜷缩，被毛粗糙，可视黏膜苍白，不耐运动，呼吸困难及心脏搏动加快，身体摇晃、倒地后起立困难甚至倒地不起，全身衰竭。有的外观肥胖，生长发育较快，经 3～4 周后在奔跑中突然死亡。

心脏检查可发现心脏肥大，严重的可听到贫血性心杂音。

【诊断】

根据临床症状，结合血液学检查，可以确诊。

缺铁性贫血时，血液中红细胞平均容积、红细胞平均血红蛋白低于正常，血液涂片上见有红细胞大小不均，红细胞淡染，但较少出现有核红细胞，并有嗜铬性小红细胞出现。

维生素 B 族和叶酸缺乏引起的贫血，红细胞平均体积大于正常，嗜中性分叶核细胞增多，骨髓中有大量巨幼红细胞。

低蛋白性贫血，除一般贫血外，常伴有全身水肿和血红蛋白降低。

【防治】

1. 防治原则及措施

营养性贫血的防治原则是：除去病因，补充造血物质，加强饲养管理。

给予富含蛋白质和维生素的食物。确定病因后，补充所缺乏的造血必需的营养物质，维生素缺乏可口服或肌肉注射维生素制剂或多喂富含维生素的饲料。

2. 处方

(1)亚硫酸铁，每千克体重 50 mg。用法：口服，每天 2～3 次。

(2)0.3%氯化钴溶液。用法：口服，每天 3～5 mL。

(3)维生素 B_1，每千克体重 510 mg；维生素 B_{12}，每千克体重 5～10mg。用法：混合肌内注射，1 次/天。

(4)叶酸,每千克体重 1～3 mg。用法:口服,每天 1 次。焦硫酸铁内服。

(5)葡聚糖铁钴注射液,右旋糖酐铁注射液。用法:1～2 mL/只,肌内注射,间隔 10～15 天,再注射一次。说明:注意铁的毒性作用。

(四)再生障碍性贫血

再生障碍性贫血是由于多种原因引起的以骨髓造血功能衰竭为特征的造血干细胞数量减少和(或)功能异常所致的红细胞、中性粒细胞、血小板减少的综合征。临床上表现进行性贫血。

【病因】

(1)慢性中毒。宠物长期接触某种重金属物质,如金、砷、铋等;或某些有机化合物,如苯、酚、三聚乙烯等;某些过量的治疗性药物,如头孢类、氯霉素、磺胺类、保泰松、苯巴比妥、青霉胺、苯妥英等药物,均可以引起再生障碍性贫血。药物慢性中毒中氯霉素危险性最高,其次为保泰松。

(2)放射性损伤。在疾病治疗过程中大量接受电离辐射、X 射线或某些放射性元素照射,破坏骨髓造血细胞、红细胞、骨样细胞及巨核细胞,使这些细胞遭受不可逆性损伤,导致造血机能丧失。

(3)疾病性因素。慢性肾病、白血病、造血器官肿瘤、细菌、病毒、寄生虫等,可导致造血干细胞受到损伤,发生再生障碍性贫血。

(4)先天性。部分先天性再生障碍贫血,伴有多种畸形及染色体异常。

【症状】

再生障碍性贫血临床症状的发展比较缓慢,可视黏膜及无色素皮肤逐渐苍白,周期性出血,机体衰弱,易于疲劳,气喘,心动过速。当机体发生感染时,局部感染反复发生,有全身感染和败血症,体温升高,皮肤发生局部坏死。血细胞减少,血红蛋白减少,红细胞大小不均,白细胞数减少,血小板减少,血沉加快。骨髓机能抑制,细胞缺乏,仅见淋巴细胞、网状内皮细胞及浆细胞。

【诊断】

根据临床表现结合外周血液检查可初步诊断。

1. 症状诊断

根据可视黏膜苍白、贫血发生发展较慢、周期性出血等临床表现诊断。

2. 实验室诊断

(1)血液学检查。见外周血液中红细胞和白细胞减少,血红蛋白量降低,网织红细胞及幼稚型细胞几乎完全消失。血小板也减少,血沉加快。

(2)骨髓细胞检查。骨髓穿刺。仅发现淋巴细胞、网状细胞及浆细胞,不易见到巨核细胞。

①急性再生障碍性贫血时,穿刺液稀薄,油滴增多,涂片中有核细胞显著减少;红髓脂肪变性,骨髓几乎全变成脂肪髓。

②慢性再生障碍性贫血时,穿刺骨髓增多,油滴较多;脂肪组织中可见出血灶。

本病预后慎重。

【防治】

防治原则:加强饲养,消除病因,提高造血机能,补充血液量。

(1)停止使用任何可引发再生障碍性贫血的药物,脱离有毒环境;给予足够的营养和适当的休息,短期隔离。

(2)提高造血机能,选用睾酮,20～50 mg/次。肌内或静脉注射。口服康复龙、康力龙或诺龙。同时投喂具有同化作用的非特异性红细胞生成刺激剂-雄激素,常用的有丙酸睾酮、氟羟甲睾酮,每千克体重 0.5～2.0 mg,分 3 次口服。辅以中药制剂。

(3)肾上腺糖皮质激素具有造血和止血的作用,可用于有出血和溶血的犬、猫。强的松,每天用量每千克体重 0.5～1.0 mg。

(4)有感染发生时,选用广谱抗生素,但禁用抑制骨髓造血机能的氯霉素和合霉素。

(5)必要时脾摘除。输血治疗。

(6)预防:及早治疗原发病,避免慢性化;慎重选择药物,禁止滥用药物。

三、血小板减少症

血小板减少症是由于血小板数量减少或功能减退所导致的以出血现象为主要临床症状的疾病。其可能源于血小板产生不足,脾脏对血小板的阻留,血小板破坏或利用增加以及被稀释。无论哪种原因所致的严重血小板减少,都会引起典型的出血。

【病因】

(1)感染性因素。病毒、细菌感染造成,如犬瘟热、猫传染性粒细胞缺乏症、猫瘟热、猫白血病、病毒性肝炎、细小病毒、猫自身性免疫缺陷病等。许多细菌感染可致血小板减少,如结核杆菌。细菌毒素可抑制血小板生成,或使血小板破坏增加,也可影响血管壁功能而增加血小板消耗。

(2)药物性因素。药物引发的血小板减少可分为原发性和继发性两种。原发性如瑞斯特菌素直接引发血小板减少。由药物引起的继发性血小板减少症主要是某些药物抑制骨髓的功能,从而导致血液中血小板减少,如激素类、抗癌类药物、某些抗生素、其他药物。

(3)免疫性因素。见于自身免疫性疾病,或由于注射疫苗及应用某些化疗药物导致免疫复合物吸收或新抗原的表达,临床上不正当的输血也可以引起血小板减少。

(4)血小板生成减少。见于再生障碍性贫血、急性白血病、骨髓瘤、骨髓纤维化等。

(5)血小板破坏过多。大量的血小板从循环血液中被过量清除掉,致使血小板消耗增大,从而出现血小板减少现象。多见于血管内寄生虫病,如心丝虫病、脉管炎等。

【症状】

血小板减少症的主要临床症状是黏膜出血,如鼻出血、齿龈出血、胃肠出血、尿道出血、耳郭出血等。病畜厌食、虚弱、嗜睡,不耐运动,贫血,呼吸困难。感染性因素引起还具有相应的临床症状,如细小病毒多有出血性腹泻,犬瘟热表现为呼吸、胃肠道和中枢神经系统的机能障碍。

血液检测:血小板低于 150 000 个/μL。

【诊断】

(1)症状诊断根据病史调查、临床表现,黏膜出血可怀疑本病。再结合动物发病前的具体情况进一步诊断,如是否输过血?应用的药物及骨髓的健康状况等。

(2)实验室检查。血液检查、血液涂片、血清学检查等。

①血液检查。外周血液血细胞计数是确定血小板减少症的关键性检查,若外周血液中血小板的数量低于 150 000 个/μL,则该动物患有血小板减少症。

②血液涂片检查。能为查找病因提供线索。

③血清学检查:根据抗原抗体反应来检测感染性病原和免疫性因素,如ELISA。

【防治】

1. 防治原则及措施

防治原则:去除原发病因,防止大量出血和综合治疗。

(1)清除致病原因。药物因素引起的停止使用相应药物,感染引起的治疗原发病,骨髓因素要移植骨髓,出血严重的要输血。

(2)综合治疗,增强抵抗力。首选肾上腺皮质激素,其次是免疫球蛋白、长春新碱、环磷酰胺、硫唑嘌呤等免疫抑制剂。

(3)输血治疗及药物治疗无效时,采用输注血小板悬液,切除脾的方法。

2. 处方

(1)地塞米松,每千克体重0.2 mg。用法:皮下注射,每天2次,连用1周后剂量减半。

(2)长春碱,每千克体重0.04 mg。用法:静脉注射,每周1次。说明:免疫抑制剂。

四、白细胞减少症

凡血液中白细胞数持续低于4×10^9个/L时,统称白细胞减少症,其临床特征:不耐运动,易疲劳,伴有食欲减退、低热心悸、畏寒等症状。

【病因】

(1)药物因素。治疗肿瘤的药物和免疫抑制剂,均可直接杀伤增殖细胞群,药物抑制或干扰白细胞核酸合成,影响细胞代谢,阻碍细胞分裂。药物直接的毒性作用造成白细胞减少与药物的剂量有关。能引起白细胞减少的药物有很多,主要有抗癌药、氯霉素、磺胺类、止痛片、治疗甲亢药物、治疗糖尿病药物等。

(2)感染因素。很多感染性疾病可引起白细胞减少,如支原体肺炎、犬传染性肝炎、肺结核等。

(3)血液病。如急性白血病、恶性淋巴瘤、恶性组织细胞瘤、脾功能亢进、再生障碍性贫血等。

(4)化学毒物及放射线。化学毒物如苯及其衍生物、二硝基酚、砷等。X射线、中子能直接损伤造血干细胞和骨髓微环境,造成损害,白细胞减少。

(5)免疫因素。自身免疫性白细胞减少是自身抗体、T淋巴细胞或自然杀伤细胞作用于粒细胞分化的不同阶段,致骨髓损伤,白细胞生成障碍。常见于风湿病、自身免疫性疾病时。

(6)细胞成熟障碍。无效造血,如叶酸和维生素B_6缺乏,影响DNA合成。骨髓造血活跃,但细胞成熟停滞而破坏于骨髓内。先天性粒细胞缺乏和急性非淋巴细胞白血病、骨髓异常增生综合征、阵发性睡眠性血红蛋白尿也存在细胞成熟障碍,导致白细胞减少。

【症状】

白细胞减少症常继发于其他全身疾病的过程中,临床表现以原发病症状为主。多数白细胞减少症动物病程短暂、呈自限性,无明显临床症状或有易疲劳、无力、食欲减退、精神沉郁、低热、上呼吸道感染等非特异性症状表现。

【诊断】

(1)症状诊断。临床可无症状。易疲劳、无力、食欲减退、精神沉郁,低热、上呼吸道感染的非特异性症状。犬、猫易患感冒等。根据上述症状可做出初步诊断。

(2)实验室诊断。血液中总的白细胞含量多为$(2.0\sim4.0)\times10^9$个/L,嗜中性粒细胞绝对值降低，血红蛋白和血小板正常。骨髓象正常或轻度增生等。

【防治】

1. 防治原则及措施

防治原则：加强护理，去除病因，刺激骨髓造血机能。

应仔细检查病因，根据病因选择相应的治疗措施。

(1)由药物引起的，立即停药。

(2)刺激白细胞生成，如维生素 B_6 可用于各种白细胞减少症。维生素 B_6、肌苷、脱氧核苷酸等对抗癌药、放疗或氯霉素所致的白细胞减少有较好疗效。选择上述 1～2 种药物治疗 4～6 周，观察疗效，看白细胞是否回升。

(3)如一般使用生白细胞药物无效，白细胞持续减少，其原因可能与糖皮质激素类药物使用有关。

2. 处方

(1)配方一：人参 15 g，熟地 50 g，黄芪 50 g，党参 20 g，当归 20 g，鸡血藤 20 g，石韦 20 g，丹参 15 g，茯苓 15 g，首乌 25 g。

配方二：紫河车粉、龟胶粉、鹿角胶粉各 10 g。

用法：将配方一加水适量，文火煎后取汁，再用药液冲泡配方二，每天 1 剂，分 2 次内服。

说明：适用于放化疗所致白细胞减少症。

(2)生长因子 G－CSF，每千克体重 50 μg。用法：皮下注射，每日 1 次，维持 1～2 周。说明：适用于各种白细胞减少症。

五、凝血因子缺乏症

凝血因子缺乏症是因血浆中某种凝血因子缺乏造成的凝血障碍而引起出血的疾病。

凝血因子缺乏症在临床上分为两大类。一类是遗传性凝血因子缺乏病，特点是自幼常发生出血症状，有遗传家族史，一般均为常染色体隐性遗传。另一类是获得性凝血因子缺乏病，特点为因子缺乏和有原发病，常见的如维生素 K 缺乏症、严重的肝病等。由于犬的养殖中近亲繁殖的现象较多，故本病的发生也较多。

【病因】

(1)纤维蛋白原缺乏。先天性纤维蛋白原缺乏症极为少见，是常染色体隐性遗传病。后天获得性纤维蛋白原缺乏症见于纤维蛋白溶解增加、弥散性血管内凝血、急慢性中毒、严重肝病、白血病及肿瘤转移等。多见于近亲交配的圣伯纳犬、苏格兰牧羊犬及俄国狼犬。

(2) Ⅶ因子缺乏。先天性Ⅶ因子缺乏症极为少见，为常染色体不完全隐性遗传。后天性Ⅶ因子减少见于肝病、维生素 K 缺乏、手术后等情况。阿拉斯加犬、比格犬和杂种犬发病率高。

(3) Ⅹ因子缺乏。先天性Ⅹ因子缺乏症极为少见，为常染色体不完全隐性遗传。仅见于西班牙长耳犬和一个杂交品种犬的常染色体隐性遗传病。

(4) Ⅻ因子缺乏。先天性Ⅻ因子缺乏症也极少见，为常染色体不完全隐性遗传。无性别差异，犬、猫均可发病，可遗传给后代，患病动物往往是近亲交配产物。一般无出血症状，外伤或手术后出血也不严重，但凝血时间、部分凝血活性酶时间延长。标准卷毛犬、德国短毛猎犬及猫多发。

【症状】

本病特点是延迟性出血。以脐带残端出血多见。皮肤瘀点、瘀斑或血肿。外伤出血不生成凝块，吐血、血尿、关节出血。外科手术出血一度可以止血，但 12～36 h 后，出血不止，伤口愈合不良。

实验室检查表现为凝血时间、出血时间、凝血酶原时间、凝血酶时间均延长。

【诊断】

(1)症状诊断：根据犬、猫的临床表现易出血，尤其是皮肤出现瘀点、瘀斑或血肿，黏膜出血或外伤出血后不形成凝块等，结合病史、家族史及一般检查可做出初步诊断。

(2)实验室诊断：检查凝血像，出血时间、凝血时间、凝血酶原时间、凝血酶时间、部分凝血酶时间均延长。交叉试验，用已知缺乏因子的血浆做交叉试验，若为阳性即可确诊。

【防治】

1. 防治原则及措施

防治原则：加强护理，合理选配，输血或给予凝血因子，给予流食。

在犬、猫舍的设计上和内部配置上，充分考虑环境的安静和安全，防治外伤和干扰。犬、猫配种是要优化配种，避免近亲繁殖。对于后天获得性凝血因子缺乏症，找到原发病，及时去除病因。输血或血浆以及凝血酶原复合物浓缩剂，缓解病情。给予易消化的流体食物，利于消化吸收。

2. 处方

(1)输全血或血浆，每千克体重 10 mL。用法：缓慢静脉滴注，每天 1 次，连用 3 天。说明：补充凝血因子。

(2)硫酸亚铁，每千克体重 3 mg。用法：口服，每天 1 次。说明：刺激骨髓造血。

(3)叶酸，15mg。用法：肌内注射，每天 1 次，直至凝血恢复正常。说明：刺激骨髓造血机能和凝血因子的合成。

复习思考题

1. 鉴别诊断

(1)可视黏膜出血常见于哪些疾病？如何进行鉴别？

(2)出血性紫斑出现在哪些疾病？怎样鉴别？

(3)不同类型的贫血有哪些？

2. 病例分析

对以下病例，依据所给临床症状提出初步诊断，制订治疗措施，开出处方。

(1)有一京巴犬，十三岁。主人倾诉，该犬最近在陪其散步时，运动过程中，突然停步不前，坐地咳嗽、气喘，并伴有呼吸困难，夜间偶尔能见到呼吸困难的症状，可视黏膜发绀。临床检查表现为心脏听诊缩期杂音，叩诊左右两侧浊音区扩大，颈静脉怒张，肺水肿。

(2)三岁大白熊犬，临床症状为咳嗽，不耐运动，易疲劳，呼吸困难，腹部膨大，穿刺抽出大量腹水。全身浮肿，可视黏膜黄疸，心脏听诊呈现缩期杂音，血常规检测结果是贫血，嗜酸性粒细胞增多。

(3)某工厂饲养一德国牧羊犬，黑色，四岁半，表现为体形消瘦，食欲减退，步态不稳，黏膜苍白、黄疸，易疲劳，心悸，呼吸促迫，贫血，脾肿大，血色素尿，黏液血便。

(4)某犬临床症状表现为紫斑，鼻出血，齿龈出血，胃肠出血，尿道出血，耳郭淤血，前眼房出血等。厌食，虚弱，嗜睡，不耐运动，贫血，呼吸困难，呕吐，腹部皮下出血。

第四章

泌尿系统疾病

【学习目标】

知识目标

①掌握宠物泌尿系统疾病的概念；

②了解宠物泌尿系统疾病发生的过程；

③明确宠物泌尿系统疾病时的临床症状；

④了解宠物泌尿系统疾病的诊断与治疗的原则和方法。

能力目标

①根据宠物的临床症状表现，诊断出疾病；

②实施各种技能治疗疾病。

素质目标

①培养学生分析思考、自主学习能力。

②培养学生遵守职业操守、精益求精的工匠精神。

第一节　概　述

泌尿器官是动物机体的重要排泄系统，是代谢产物、多余水分和某些毒物的主要排泄场所，同时也是机体的重要内分泌器官，对维持机体内环境的稳定起着重要作用。

一、泌尿系统的组成结构

泌尿系统由尿液生成器官（肾脏）和尿液潴留、排出通道（尿路）组成。

肾脏：肾小球、肾小管、集合管、血管。

膀胱：尿液贮存器官。

输尿管、尿道：尿液排出通道。

二、泌尿系统的疾病

原发性泌尿器官的疾病不多见，但是泌尿器官是机体最主要的排泄器官，当肾脏机能障碍时，不仅是尿液内有毒、有害物质不能排出，同时肾脏的重吸收功能障碍，引起水盐代谢紊乱和酸碱平衡失调，严重地影响了机体的生命活动，甚至死亡。

常见的泌尿器官疾病包括：肾功能衰竭、肾炎、肾病、膀胱炎、膀胱麻痹、尿道炎、尿结石（膀胱结石、肾结石、尿道结石）。

三、引起泌尿器官疾病的原因

(1)病原微生物感染。血源性和尿源性感染。

(2)有毒物质的作用。肾毒性药物、重金属元素、细菌毒素。

(3)变态反应性损伤。菌体蛋白、药物、血清及生物制品。

(4)代谢性影响。维生素 A 缺乏、钙磷比例失调。

(5)肿瘤。

(6)医源性原因。导尿操作。

(7)寄生虫性原因。肾线虫。

(8)邻近器官疾病的蔓延。子宫内膜炎、前列腺炎。

四、泌尿器官疾病的临床症状

(1)排尿障碍。尿痛、尿频、尿失禁、无尿。

(2)尿液变化。表现为以下几方面。

①尿液量变化。少尿、无尿、多尿。

②尿液成分变化。蛋白尿、血尿、管型尿。

③尿液颜色变化。黄色尿、红色尿、白色尿，某种矿物质含量升高。

(3)肾性水肿。眼睑、颌下、胸腹下、四肢末端、阴囊处水肿，甚至体腔积液。

(4)肾性高血压。肾小管反射性收缩，血压升高。

(5)尿毒症。代谢产物和毒性物质在体内蓄积及内外环境紊乱，自体中毒。

五、泌尿器官疾病的诊断与治疗

泌尿器官疾病的诊断：特征性临床症状，尿液化验，肾功能测定，超声检查，膀胱镜检查，肾活检。

泌尿器官疾病的治疗：去除特异性病因，控制感染，消除水肿，实施非特异性和支持疗法。

第二节 肾脏疾病

一、肾功能衰竭（肾衰）

肾功能衰竭简称肾衰，是指肾组织发生急、慢性肾功能不全或肾衰竭或肾单位绝对数量减少所致的临床综合征。肾衰可分为急性肾功能衰竭和慢性肾功能衰竭，或分为肾前性肾功能衰竭和肾后性肾功能衰竭。

（一）急性肾功能衰竭

急性肾功能衰竭又称急性肾功能不全，指多种原因造成急性肾实质损害而导致的肾功能抑制，其临床特征为：发病急骤，少尿，无尿，代谢紊乱和尿毒症。

【病因】

根据致病部位本病可分为肾前性肾功能衰竭、肾性肾功能衰竭和肾后性肾功能衰竭三个类型。

(1)肾前性肾功能衰竭。由泌尿系统以外的因素引起，如外伤或手术造成的大失血，严重腹泻或呕吐，大面积烧伤引起的脱水、腹水、休克、心力衰竭、心输出量减少等。肾前性急性衰竭时，血液进入肾脏之前发生流变障碍而造成急性缺血，从而引起本病。心力衰竭、大失血、脱水、败血症造成循环血量不足，血容量减少；血压降低，肾小球滤过率降低，尿量极少并含有少量蛋白质时，也引发本病。

(2)肾性肾功能衰竭。由肾脏本身的疾病引起，如肾小球、肾小管和肾间质病变。钩端螺旋体、细菌等造成的肾脏感染。氨基糖甙类抗生素、磺胺类药物、非甾体类抗炎药物、阿昔洛韦、二性霉素 B 等药物中毒以及乙二醇、重金属、蛇毒、蜂毒等造成的肾中毒。肾动脉血栓、弥漫性血管内凝血等引起的肾的血液循环障碍等。肾性急性肾炎是肾脏本身急性病变引起，如急性间质性肾炎、急性肾小管坏死、肾病所致急性局部缺血、肾管型与细胞碎片阻塞肾小管、尿液被重吸收使血氮升高等。

(3)肾后性肾功能衰竭。尿路不通、排尿障碍，如损伤、结石等引起的尿路损伤。肾后性急性肾炎是尿液排出肾脏受阻引起。尿液产出正常但尿液积聚，排除障碍，导致肾小管、肾小球压力过高，尿液过滤受阻，尿中积聚代谢产物造成肾衰。

急性肾功能衰竭的两个重要因素就是：进行性、自身长期化的肾缺血和急性肾小管的坏死。

【症状】

急性肾功能衰竭临床表现可分为少尿期、多尿期、恢复期三个阶段。

(1)少尿期。在原发病基础上，明显表现出尿量减少或无尿。

(2)多尿期。度过无尿期后，尿量开始增加。但水及氮质代谢产物潴留依然显著，排钾过快而发生低钾血症，出现心力衰竭。后肢瘫痪。

(3)恢复期。在多尿期后，尿量逐渐恢复正常。肌肉无力、萎缩。

少尿期尿量减少，相对密度高，可见红细胞、白细胞、各种管型及蛋白质。

多尿期尿密度相对降低，尿中可见白细胞。血液白细胞总数及中性粒细胞比例增高。血中肌酐、尿素氮、磷酸盐、钾含量升高、血清钠、氯、CO_2 结合力降低。

【诊断】

1. 症状诊断

根据发病史、临床症状(尿液变化、水肿症状)可做出初步诊断。

2. 实验室诊断

(1)尿液检查。少尿期的尿量少，而比重低。在某些诱发病史的基础上(如严重的外伤、烧伤、失水、失血、中毒、感染等)，特别是有休克时，每天的尿量突然减少至每千克体重 20 mL 以下(少尿)，甚至每千克体重 1.5～5 mL 以下。每天尿量正常指标为每千克体重 20～167 mL。尿正常比重为 1.015～1.050，如果比重低于 1.010 则为可疑，在 1.007～1.009 即可确诊。同时，尿钠浓度偏高，尿中可见到红细胞、白细胞和各种管型和蛋白。多尿期的尿比重偏低，尿中含有白细胞。

(2)血液学检查。白细胞总数增加,嗜中性粒细胞比例增高。血中肌酐、尿素氮、尿酸、磷酸盐、钾含量升高。血清钠、氯、二氧化碳结合力降低。

(3)液体补给试验。给少尿的动物静脉补液(犬 200～1 000 mL),补液后,注射呋塞米,若仍无尿或尿相对密度低,可认为是急性肾衰竭。

(4)肾造影检查。急性肾衰竭时,造影剂排泄缓慢。根据肾显影情况可判断肾衰竭程度:肾显影慢和逐渐加深,表明肾小球滤过率低;显影快而不易消退,表明造影剂在间质和肾小管内积聚;肾显影极淡,表明肾小球滤过功能极度障碍。

(5)B 超声波检查。以此检查可以确定肾后性梗阻。

3. 鉴别诊断

注意与慢性肾功能衰竭的区别。

(1)急性肾功能衰竭。有发生过局部缺血或接触过毒物的病史,临床检查时,体质较好,肾光滑、肿胀、有痛感,有严重的肾机能障碍,血清钾逐渐升高,代谢性酸中毒重。

(2)慢性肾功能衰竭。往往有发生过肾病或肾机能不全的病史,长期烦渴、多尿,慢性消瘦,血清钾逐渐降低,有轻度的代谢性酸中毒。

【防治】

防治原则:积极抢救,治疗原发病;防止休克、脱水,及时补液,纠正酸中毒或减缓氮血症。

首先治疗原发病,有创伤、烧伤和感染时,用抗生素控制感染。脱水和出血性休克时,要注意补液。如为中毒病,应中断毒源,及早应用解毒药,适度补液。尿路阻塞症时,尽快排尿。必要时,可采用手术方法消除阻塞,排除潴留的尿液后再适当补充液体。

(1)少尿期。给予高能量、低蛋白、富含维生素易消化的食物。积极治疗原发病并纠正高血钾和钠、水潴留。尽快利尿,口服呋喃苯胺酸或丁尿胺。

①高血钾严重。用生理盐水和乳酸林格尔氏溶液。乳酸林格尔氏溶液,每千克体重 10～20 mL,静脉注射。以 10%葡萄糖溶液 30 mL,加 1 IU 胰岛素比例,按每千克体重 1 mL 静脉注射。10%葡萄糖硼酸钙溶液,每千克体重 0.5 mL,口服。

②酸中毒。5%碳酸氢钠静脉注射。高血压和心力衰竭时禁用。

③肾小管坏死。纠正脱水后用渗透性利尿剂,20%甘露醇或 20%葡萄糖溶液静脉注射,每千克体重 1～2 mL,以 4 mL/min 的速度输入。

④败血症。应用抗生素。

⑤休克。地塞米松,每千克体重 0.4～0.8 mg,每天 1～2 次。

⑥解除痉挛。654 - 2、氯丙嗪等。

⑦重金属中毒。二巯基丙醇,每千克体重 4.4～6.6 mg,肌内注射,间隔 4～6 h 1 次。

⑧尿路阻塞。排除阻塞原因。

(2)多尿期。初期按照少尿期方法治疗,随尿量增多,水肿消退,转入多尿期治疗。主要是补充电解质,尤其是补钾,口服钾盐或静脉注射氯化钾;再适当进行补液。当血中的尿素氮含量达到以下指标,犬尿素氮为 20 mg/100 mL,猫尿素氮为 30 mg/100 mL 时,作为恢复期开始的指标。若低于上述指标时,则应逐步增加蛋白质的摄入,有利于康复。

(3)恢复期。应补充营养,给予高蛋白、高碳水化合物和富含维生素的食物。加强护理。

(二)慢性肾功能衰竭

慢性肾功能衰竭是由于功能性肾组织长期或严重丧失,承担肾功能的肾单位绝对数减少,不能维持机体环境的相对平衡和严重紊乱而出现的综合征。本病以临床上出现各种代谢紊乱为主要特征，出现肾源性氮质血症。本病持续时间长，通常超过2周。

【病因】

通常是由急性肾功能衰竭转化而来。

【症状】

根据临床发展过程，通常分为四期。

Ⅰ期：尿量正常，肾小球滤过率大于50%，血中肌酐及尿素氮轻度升高。

Ⅱ期：多尿，肾小球滤过率为30%～50%，出现轻度脱水、贫血、心力衰竭。

Ⅲ期：尿量减少，出现酸中毒，肾小球滤过率为5%～30%，中毒到重度贫血。

Ⅳ期：少尿，酸中毒，呈现尿毒症多种临床症状，以神经症状和尿素氮增高为主。

慢性肾功能衰竭多出现烦渴和多尿，嗜睡，食欲减退，体重下降；呕吐，腹泻，口腔溃疡；贫血、出血性倾向；虚弱，骨痛，骨软，易弯曲；心律失常，呼吸急迫，低温、低蛋白血症。

【诊断】

对患畜密切注意肾功能的改变，监测每日饮水量、排尿量以及尿液与血浆中尿素氮与肌酐比，低于30∶1时应引起注意。有烦渴病史。骨营养不良，蛋白尿缺乏。预后不良。

【防治】

1. 防治原则及措施

防治原则：消除病因，加强护理；纠正电解质平衡紊乱；纠正酸中毒；对症疗法。

加强护理，减少食物中的蛋白质，必要时给予高生物价蛋白质，勿喂给奶类和肉骨头等。使用雄性激素1-甲雄烯醇丙酮酸或醋酸睾酮以抑制蛋白质分解和促进造血机能。避免应激，补充水溶性维生素，适当投喂铁剂。

按脱水程度给予补液，多给饮水，失钠多者可用3%高渗盐水静脉滴注。有水肿及血压高者限制饮水和摄入盐量，少尿限制钾的摄入，而尿多时适当补钾。对慢性尿毒症并伴有缺钙和肾性骨病者，给予维生素 D_3 和大剂量的钙。

纠正酸中毒，给予重磷酸钠、氢氧化铝凝胶，补液可用乳酸林格尔氏液、5%碳酸氢钠注射液等。

对症治疗，有感染者给予抗生素，出现抽搐、昏迷等神经症状者，可直接向腹腔注射苯巴比妥溶液（常规量减半）。

2. 处方

(1) 1-甲雄烯醇丙酮乙酸盐，每千克体重2 mg。用法：肌内注射或口服。

(2)苯巴比妥，每千克体重6～12 mg。用法：内服或腹腔注射（常规量减半）。

(3)同急性肾功能衰竭的治疗方法。

二、肾炎

肾炎是指肾小球、肾小管或肾间质组织发生炎症的病理过程，其临床特征是：水肿，肾区敏感与疼痛，尿量改变及尿液中含多量肾上皮细胞和各种管型。肾炎按照病程可分为急性肾炎和慢性肾炎；按照炎症发生的部位可分为肾小球性肾炎和间质性肾炎；按照炎症发生的范围可分为弥漫性肾炎和局灶性肾炎；按引起的病因可分为原发性肾炎和继发性肾炎。

【病因】

(1)感染因素。由于病毒和细菌及其毒素或变态反应作用于肾脏引起，多继发于某些传染病的经过中。

(2)中毒性因素。主要是外源性毒素、内源性毒素及组织分解产物引起强烈的刺激，或疾病过程中产生毒素与分解产物进入肾脏组织所致。

(3)诱发因素。过劳、创伤、营养不良、受寒感冒为其诱发因素，也可由膀胱炎、肾盂炎、子宫内膜炎、尿道炎等邻近器官炎症蔓延或致病菌通过血液循环进入肾组织引起等。犬的急性间质性肾炎多数发生于钩端螺旋体感染后。

(4)超敏反应。肾间质对某些药物呈现一种超敏反应，可引起药源性间质肾炎，如头孢菌素、二甲氧青霉素、噻嗪类及磺胺类。

【症状】

1. 急性肾炎

食欲减退或废绝，精神沉郁，结膜苍白，消化不良，体温微升。肾区敏感，疼痛，不愿行走。拱背、后肢叉开或收于腹下。被迫行走时腰背弯曲、发硬，后肢僵硬，步态强拘，小步前进，尤其是侧转。患病动物频频排尿，尿量较少，严重者无尿。尿色暗，相对密度增高，甚至出现血尿。肾区触诊有痛感，直检肾脏肿大，压之敏感。站立不安，躺下或抗拒检查。眼结膜显淡白色。动脉血压升高。重症者见眼睑、颌下、胸腹下、阴囊部、四肢末端发生水肿。后期出现尿毒症，呼吸困难、嗜睡、昏迷。

尿液检查，蛋白质呈阳性。镜检尿沉渣可见管型、白细胞、红细胞和多量的肾上皮细胞。

血液学检查，血液稀薄，血浆蛋白含量下降，非蛋白氮含量明显升高。

2. 慢性肾炎

患病动物逐渐消瘦，血压升高，脉搏增数，出现硬脉，主动脉第二心音增强。疾病后期，眼睑、颌下、胸腹下、阴囊部、四肢末端发生水肿，重者出现体腔积液。尿量不定，尿中有少量蛋白质，尿沉渣中有大量肾上皮细胞和各种管型。血液中非蛋白氮含量增高，尿蓝母增多，最终导致慢性氮质血症性尿毒症。患病动物倦怠、消瘦、贫血、抽搐及出血性倾向，直至死亡。特征为血压升高、水肿、尿液异常。

【诊断】

根据病史(某些传染病和链球菌病之后，或有某些中毒病史)，临床特征(少尿或无尿，肾区敏感、疼痛，主动脉第二心音增强，水肿)以及化验检验(尿蛋白、血尿、尿沉渣中有多量肾上皮细胞和各种管型)等进行综合诊断。

鉴别诊断：注意与肾病相区别。

肾病：临床上有水肿和低蛋白血症，尿中有大量的蛋白质，但没有血尿和肾性高血压。

急性肾炎一般可持续 1～2 周，适当治疗和良好护理，预后良好。

慢性肾炎的病程可达数月或数年，若周期性出现时好时坏，多数难以治愈。

【治疗】

治疗原则：消除病因，加强护理，消炎利尿，抑制免疫反应；对症治疗。

(1)消除炎症，控制感染。选用青霉素，每千克体重 2 万～3 万 IU，每天 2～3 次，连用 1 周。或选用链霉素、诺氟沙星、环丙沙星合用可提高疗效。

(2)免疫抑制疗法。选用肾上腺皮质激素。氢化可的松每千克体重 5～10 mg，猫每千克体重 1～5 mg，肌内注射或静脉注射，每天 1 次。或选用地塞米松，肌肉注射或静脉注射，犬 0.25～1 mg，猫 0.125～0.5 mg，每天 1 次。可以配合抗氧化剂（超氧化物歧化酶 SOD、别嘌呤醇、去铁胺等）。

(3)消除水肿，促进排尿。选用利尿剂。

附

1. 肾小球肾炎

肾小球肾炎是一种由感染或中毒后，变态反应引起的以弥漫性肾小球损害为主的疾病。

肾小球肾炎临床上以肾区敏感、疼痛、水肿、高血压、血尿和蛋白尿为特征，犬、猫均可发生，分为急性和慢性两种肾小球肾炎。

【病因】

(1)感染因素。见于细菌（链球菌、葡萄球菌、分枝杆菌）、病毒（犬瘟热病毒、传染性肝炎病毒）、钩端螺旋体、寄生虫（弓形虫）等感染。

(2)中毒性因素。内源性中毒见于胃肠炎症、代谢障碍性疾病、皮肤病、大面积烧伤等所产生的毒素、代谢产物或组织分解产物；外源性中毒见于摄食有毒物质（汞、砷、磷等）或霉败食物。

(3)慢性肾小球肾炎发生原因与急性肾小球肾炎相同，仅刺激作用轻微和持续时间较长而已，也可由急性肾小球肾炎转化而来。

【症状】

患急性肾小球肾炎的病犬、猫，精神沉郁，体温升高，食欲不振。有时发生呕吐、腹泻。肾区敏感，触诊疼痛，肾脏肿胀。不愿活动，步态强拘，站立时背腰拱起，后肢集聚于腹下。

频尿、尿淋漓或排尿困难，有的病例有血尿或无尿。尿闭后腹围迅速增大，病犬、猫屡屡做排尿姿势，但无尿排出。动脉血压升高，第二心音增强。随病程延长，由于血液循环障碍和全身静脉淤血，可见眼睑、胸、腹下发生水肿。当发展成尿毒症时，病犬、猫呼吸困难、衰竭无力、肌肉痉挛、昏睡、体温低下、呼出气有尿臭味。

慢性肾小球肾炎发展缓慢，病畜食欲不振、消瘦，被毛无光泽，皮肤失去弹性，体温正常或偏低，可视黏膜苍白。有的出现明显的水肿、高血压、血尿或尿毒症。初期多尿，后期少尿。口腔检查时，常见口腔和齿龈黏膜溃疡。肾单位有广泛的损伤，有进行性纤维化或萎缩性炎症时，可触知肾硬变。发展成尿毒症时，意识丧失、肌肉痉挛、昏睡。病程较长，数月甚至数年。反复发作。

【诊断】

(1)根据病史、水肿症状、肾区敏感和排尿变化可做出初步诊断。

(2)实验室检查。

①尿常规检查：急性肾小球肾炎的尿比重增大，蛋白质含量增多。尿沉渣中有透明颗粒、红细胞管型，有的可见有上皮管型及散在的红细胞、肾上皮细胞、白细胞和病原菌等。慢性肾小球肾炎多尿时尿液比重减小，潜伏期尿蛋白较少，活动期常增多，晚期尿蛋白减少。尿沉渣中可见大量颗粒和透明管型，晚期可见粗大的蜡样管型。当出现红细胞管型时，则为肾小球形肾炎的急性发作。

②血常规检查：红细胞数量轻度减少，白细胞数正常或偏高，血沉加快。

③血液生化检验：血清中γ-球蛋白减少，α2-球蛋白增多。多尿时低血钠，少尿时高血钙，严重时血液中非蛋白氮升高。

【治疗】

防治原则：加强护理，抗菌消炎，利尿消肿，抑制免疫反应，防止尿毒症。

将犬、猫置于安静、清洁、温暖和通风良好的笼舍中，给予高能量、低蛋白食物，病初少尿期限制食盐。水肿或少尿者，用利尿剂（呋喃苯胺酸、双氢克尿噻）和脱水剂（甘露醇、山梨醇）。抗菌消炎，可选用青霉素类抗生素。为抑制免疫反应，可肌肉注射糖皮质激素类药物（地塞米松、强的松等）。如并发心力衰竭、高血压、血尿或尿毒症时，则进行对症治疗。慢性肾小球肾炎的治疗方法与急性肾小球肾炎相同，但不易治愈，易反复发作。

处方：

(1)呋喃苯胺酸，每千克体重5 mg。用法：口服，每日2次。说明：有利尿作用，水肿时使用，长期使用可引起低血钾，需注意补钾。

(2)双氢克尿噻，每千克体重2～4 mg。用法：口服，每日2次。说明：与处方(1)交替应用。长期使用可引起低血钾。

(3)普鲁卡因0.1～0.2 g，25%葡萄糖50～200 mL。用法：静脉注射。说明：脱水作用，可与处方(1)或处方(2)同时应用于水肿病例。体格小的动物适当减量。

(4)青霉素，80万～160万IU。用法：肌内或静脉注射。说明：消炎作用。也可选用其他抗生素，但不能选对肾脏损伤大的药物。可配合处方(1)或处方(2)、(3)应用。

(5)地塞米松，每千克体重0.25～1 mg。说明：肌内或静脉注射，每日1次。说明：抗过敏。也可选用扑尔敏、强的松等。

(6)石韦60 g，黄檗30 g，知母30 g，栀子30 g，甘草30 g。用法：凉水浸泡30 min后，煮沸30 min，药渣加水继续煎煮30 min，合并2次药液约200 mL，用胃管一次灌服，每天一剂，连用4天。此为体重20～30 kg成年犬一次剂量，其他犬适当加减。

2. 间质性肾炎

间质性肾炎是指肾脏间质发生的弥散性或局灶性非化脓性炎症，临床上以间质结缔组织增生、肾实质萎缩、肾体积萎缩、质地坚硬为特征。

【病因】

(1)感染性因素：钩端螺旋体、犬瘟热、犬传染性肝炎、犬细小病毒病等。

(2)中毒性因素：由外源性毒素或蛋白质分解产物等引起。

(3)继发性因素：肾小球肾炎、肾盂肾炎、腹膜炎等可继发间质性肾炎。

【症状】

急性间质性肾炎：表现突然食欲减退或废绝，饮欲增加，持续呕吐，发热，脱水。病初少尿或无尿，弓腰。触诊腰部或肷部疼痛。

慢性间质性肾炎：病程较慢，患犬、猫食欲不振，消瘦，腹泻或便秘，脱水、贫血。排尿量较多，尿比重降低。后期排尿量减少，尿比重增高。肾区触诊时，可感觉到肾脏体积减小、质地变硬，但无疼痛反应。血压升高，心搏动增强，第二心音增强。血液红细胞数、血红蛋白和血细胞比容值降低，血液尿素氮和肌酐含量增高。病的后期可发展成为尿毒症。

【诊断】

(1)症状诊断：根据病史、肾区疼痛敏感和尿液变化可做出初步诊断。

(2)实验室检查。

①尿沉渣检查：可见少量红细胞、单核细胞、淋巴细胞、浆细胞、嗜中性粒细胞及大量颗粒管型。

②肾组织学检查：纤维性结缔组织增生，间质组织中有大量的单核细胞；肾小管退行性变化，多数肾小球继发纤维性增生，肾髓质有钙沉着。

(3)鉴别诊断：与钩端螺旋体病和细菌感染性肾盂肾炎相鉴别。

①钩端螺旋体病：在肾小管可发现钩端螺旋体集块，曲细小管上皮明显变性，集合管中有玻璃样管型。必要时，通过其他方法鉴别。

②细菌感染性肾盂肾炎：尿中可查到多量大肠杆菌和变形杆菌，且无血尿和血红蛋白。

【防治】

防治原则：消除病因，加强护理，纠正水和电解质平衡紊乱。

(1)充分给予水，适量静脉补液，纠正酸中毒。少尿期使用利尿剂，直至排尿为止，并要防止出现高血钾症。

(2)对低蛋白血症的犬、猫，给予营养丰富的高蛋白食物，还可投予蛋白质合成激素，如双氢睾酮等。为抗过敏，可使用免疫抑制剂；尿路感染时，可用抗菌药物控制感染。

处方：

(1)食盐。用法1～2 g，分3次内服。说明：食欲多尿期治疗。食盐的用量，每天每千克体重0.4 g以下，但对心脏功能不全或浮肿的犬、猫要少给或停喂食盐。

(2) 5%碳酸氢钠注射液。用法：10～50 mL，静脉注射，每日1次。有酸中毒时使用，调节酸碱平衡。

(3)林格尔氏液100～200 mL，20%甘露醇10～20 mL，维生素C 50～100 mg，维生素B_1 10～20 mg。用法：静脉注射，每日1次。说明：少尿期使用，直至排尿为止。

(4) 10%葡萄糖酸钙溶液5～10 mL，生理盐水50～100 mL。用法：将葡萄糖酸钙溶液加入生理盐水中静脉注射。说明：预防高血钾，注射速度一定要慢。

(5)呋塞米。用法：5～20 mg，内服或静脉注射。说明：有水肿时使用。长期使用引起低血钾，注意补钾。

(6)氨基酸注射液。用法：50～100 mL，静脉注射，每日1次。说明：低蛋白血症时使用。

(7)依木兰2～3 mg，或环磷酰胺2～4 mg。用法：口服，每日1次。使用4天后停药3天。说明：抑制免疫反应、消炎。白细胞减少至5×10^9个/L时停用。

三、肾病

肾病又称肾变病，是一种以肾小管弥漫性变性、坏死为病理特征的非炎性肾脏疾病。肾病的病理特征是肾小管上皮浑浊肿胀、脂肪变性与淀粉样变性及坏死，临床上以大量蛋白尿、明显水肿和低蛋白血症为特征。本病犬多发。

【病因】

(1)中毒性肾病病因。分以下两种。

①蛋白性肾病：传染病、重金属、霉菌毒素等中毒。

②脂肪性肾病：严重的妊娠中毒、原发性酮血症及某些传染病。

(2)低氧性肾病。犬的撞击伤、输血性贫血、大面积烧伤和其他引起大量游离血红蛋白与肌红蛋白的疾病。

(3)其他肾病病因。低血钾(空泡性肾病、渗透性肾病)、糖尿病(糖原性肾病)等。

【症状】

肾病症状一般与肾炎相似,其与肾炎根本的区别是肾病不出现血尿,尿沉渣中无红细胞及红细胞管型。

轻症病例:仅表现原发病固有的症状;尿中有少量蛋白质和肾上皮细胞;当尿呈酸性反应时可见少量管型。

重症病例:有不同程度的消化障碍,食欲减退或废绝、周期性腹泻等;患犬逐渐消瘦、衰弱和贫血,并出现水肿和体腔积液;尿量减少,相对密度增高,尿中有大量蛋白质,尿沉渣中见有大量肾上皮细胞及颗粒状管型和透明管型。

慢性肾病:尿量无明显变化,当肾小管上皮细胞严重变性、坏死时,重吸收功能降低,尿量增加,相对密度降低。

血液学检查,轻症无明显异常。重症者红细胞数减少,白细胞数正常或轻度增加,血小板计数偏高;血红蛋白降低,血沉加快,血浆总蛋白降至 20～40 g/L(低蛋白血症),血液中总脂、胆固醇和三酰甘油含量明显增高。

【诊断】

主要根据尿液化验,尿液中含有大量蛋白质、肾上皮细胞、透明管型和颗粒管型,但无红细胞和红细胞管型,结合病史及临床症状可诊断。

【防治】

1. 防治原则及措施

防治原则:消除病因,利尿消肿,对症治疗。

(1)注射抗菌药物控制病原微生物的感染,清除毒素。

(2)饲喂富含蛋白质的饲料,补充蛋白质,纠正低蛋白血症。

(3)利尿消肿。

2. 处方

(1)利尿剂(呋塞米)。用法:犬、猫每千克体重 5～10 mg,静脉注射或口服,每日 1～2 次,连用 3～5 天。

(2)噻嗪类,双氢克尿噻,口服。

(3)乙酰唑胺。用法:成犬 100～150 mg,内服,每日 3 次。说明:也可使用氯噻嗪、利尿素等。促进蛋白质生成可使用丙酸诺龙、丙酸睾丸素等。

(4)环磷酰胺。说明:免疫抑制剂,减弱免疫反应。

第三节 尿路疾病

一、肾盂炎

肾盂炎指肾盂黏膜的炎症,临床较少见,多与肾炎并发。本病临床以肾区敏感、高热、尿频、尿痛和尿脓为特征,临床上多见于母畜,犬较多发。

【病因】

肾盂炎的主要原因是感染，多发生于全身或局部化脓性疾病的过程中。此外，有毒物质（松节油、棉酚、斑蝥）经过肾脏排出，以及肾结石的刺激，也能引起肾盂炎。

【症状】

全身症状较为明显，精神沉郁，食欲减退，消化不良，进行性消瘦，经常发生腹痛。体温升高，可达41℃，多呈弛张热或间歇热型。

肾区疼痛，站立时弓背，行走时背腰僵硬。腹部触诊，肾脏体积增大，敏感性升高。频频排尿，病初尿量减少，排尿次数多，后期尿量增多，尿中有病理产物，尿液浑浊，可见多量黏液和脓汁，并有大量蛋白质。镜检见有大量白细胞和脓细胞，肾盂上皮细胞及肾上皮细胞，少量透明管型及磷酸铵镁和尿酸结晶。涂片检查发现棒状杆菌。

【诊断】

根据病史、临床症状或肾区触诊敏感及尿液化验做出诊断。

鉴别诊断：注意与膀胱炎相区别。

膀胱炎：有大量脓汁和膀胱上皮细胞，尿中无管型和蛋白质，也无肾功能衰退表现。一般预后不良。

【防治】

防治原则：加强护理，抑菌消炎，尿路消毒。

大剂量使用青霉素、链霉素。青霉素每千克体重6 000～12 000 IU，链霉素每千克体重6～12 mg，每日2次，肌内注射。还可选用氨苄青霉素、诺氟沙星或先锋霉素等。

呋喃妥因，内服；40%乌洛托品10～50 mL，静脉注射；或萨罗10～15 g，内服。

二、膀胱炎

膀胱炎指膀胱黏膜或黏膜下层的炎症，其临床特征是：疼痛性尿频和尿中出现较多的膀胱上皮细胞、炎性细胞、血液、磷酸铵镁结晶。膀胱炎可分为卡他性、纤维蛋白性、化脓性、出血性四种类型，一般以卡他性多见，犬则以化脓性、坏死性膀胱炎为多见。

【病因】

（1）细菌感染。化脓杆菌、大肠杆菌、葡萄球菌、链球菌、绿脓杆菌、肾棒状杆菌等。

（2）机械性刺激损伤。插尿管粗暴，结石、炎性产物、刺激性药物、酒精、松节油等。

（3）邻近器官炎症的蔓延。肾炎、输尿管炎、子宫内膜炎等。

（4）毒物影响或某种矿物质元素缺乏。缺碘、蕨中毒等。

（5）脊柱损伤。骨折、椎间盘突出、脊髓炎等。

（6）其他因素。尿毒症、肾上腺皮质机能亢进、使用肾上腺皮质激素或其他免疫抑制剂引起免疫功能下降。

【症状】

（1）急性膀胱炎。主要症状如下。

①频频排尿或做频频排尿姿势，但无尿液排出。患畜尾巴翘起，阴户区不断抽动，有时出现持续性尿淋漓，痛苦不安。

②直肠检查，患畜抗拒，疼痛不安，触诊膀胱，手感空虚。尿闭者可致膀胱穿孔。

③尿液检查，终末尿为血尿。尿液浑浊，混有黏液、脓汁、坏死组织碎片和血凝块，有强烈

的氨臭味。尿沉渣镜检有多量膀胱上皮细胞、白细胞、红细胞、脓细胞和磷酸铵镁结晶。

(2)慢性膀胱炎:营养不良,消瘦,被毛粗乱、无光泽,排尿姿势和尿液成分与急性膀胱炎略同。排尿疼痛不明显。

(3)病理变化:黏膜充血、出血、肿胀和水肿。尿液浑浊含有黏液。通常不涉及肌层。慢性病例,膀胱壁明显增厚,黏膜表面粗糙且有颗粒。尿中混有血液和血凝块。

【诊断】

急性膀胱炎:根据临床尿频尿痛、排尿姿势改变及尿液检查有大量膀胱上皮细胞和磷酸铵镁结晶可初步确诊。

(1)尿液常规检查。尿液中混有白细胞,有中性粒细胞时尿混浊(脓尿),呈红褐色(血尿),同时伴有腐败臭味。尿沉渣中出现白细胞、红细胞、膀胱上皮细胞、细菌时,怀疑泌尿系统感染。蛋白尿是红细胞破裂成分和膀胱黏膜渗出液产生。

(2)血液学检查。无白细胞增加和核左移现象。有时会有血红蛋白降低和低蛋白血症。

【防治】

防治原则:加强护理,抑菌消炎,防腐消毒及对症疗法。

(1)抑菌消炎。与肾炎治疗相同。冲洗膀胱,0.1%高锰酸钾溶液,1%～3%的硼酸溶液、0.1%雷夫努尔液,0.01%新洁尔灭溶液,1%亚甲蓝,进行膀胱冲洗。膀胱内注入青霉素,同时配合肌内注射。犬、猫一般用氨苄西林,每次 0.5 g;或肌内注射庆大霉素,每次 8 万 IU,每日2 次。

(2)尿路消毒。口服呋喃妥因或40%乌洛托品。犬、猫口服 4.4 mg,每日 3 次。

(3)膀胱冲洗。2%硼酸溶液插管冲洗,之后注入庆大霉素、氯霉素等。

(4)净化尿液。口服氯化铵。20～80 mg,每日 1 次。

三、膀胱麻痹

膀胱麻痹是指膀胱平滑肌的收缩力减弱或丧失,致使尿液不能随意排出而潴留在膀胱内引起的非炎症性膀胱疾病。本病临床上以不随意排尿,膀胱充满且无明显疼痛反应为特征。

膀胱麻痹的危害:麻痹后,尿液大量积聚于膀胱,但无尿液排出;尿液潴留,细菌大量繁殖,发酵产氨,致膀胱炎。

【病因】

(1)神经源性病因。神经支配作用消失,使括约肌和平滑肌失去收缩能力。

(2)肌源性病因。膀胱肌肉过度拉伸而弛缓,降低收缩力。

【症状】

(1)脑性麻痹。丧失排尿调节功能。压力超过括约肌紧张度时,排出少量尿液或尿淋漓。触诊膀胱,按压时被动排出尿液。尿液呈细流状排出。

(2)脊髓性麻痹。排尿反射消失,按压时才排出一点尿液。膀胱充满。括约肌麻痹时,尿失禁,尿液不由自主地流出来。触摸膀胱空虚,导管易于插入。

(3)肌源性麻痹。一时性排尿困难,膀胱充盈,频频做排尿姿势,每次排尿量不大。按压时才排出尿液。

尿液中均无尿管型。

【诊断】

(1)症状诊断。根据尿少而频、尿痛和膀胱触诊敏感等可做出初步诊断。

(2)实验室检查。

①尿液检查。尿液中混有多量白细胞，呈浑浊时为脓尿，呈褐色时为血尿。尿中查到细菌时，膀胱已感染。若同时查到脓尿、血尿、蛋白尿、细菌尿时说明尿路感染。

②血液检查。膀胱炎一般无白细胞增加和嗜中性粒细胞核左移现象。这些与肾盂肾炎和前列腺炎相区别。

③X射线检查。检出一些并发症，如尿结石、肿瘤、尿道异常、膀胱内憩室等，并以此与这些疾病相区别。慢性膀胱炎是膀胱黏膜肥厚。

【防治】

1. 防治原则及措施

防治原则：改善饲养管理，消除病因，抗菌消炎，对症疗法。

(1)饲喂无刺激、营养丰富的高蛋白食物，供给清洁饮水，并在饮水中加入少量食盐，以促进利尿。

(2)抗菌消炎，防止感染，应用抗生素。根据药敏试验结果选用合适的抗生素，同时用乌洛托品进行尿路消毒。口服氯化铵以酸化尿液。

导尿或穿刺，排出尿液。清洗膀胱，先用温生理盐水反复冲洗后，再用0.1%高锰酸钾溶液(或2%硼酸溶液、1%～2%明矾溶液、1%鞣酸溶液)进行冲洗。慢性膀胱炎可用0.02%～0.1%的硝酸银溶液冲洗。冲洗干净后，直接注入青霉素和链霉素，以达到消炎目的。

2. 处方

(1)头孢氨苄。用法：犬0.25～1 g，猫0.05～0.2 g，静脉或肌内注射，每日2次。

(2) 40%乌洛托品。用法：犬2～4 mL，猫0.5～1 mL，静脉注射，每日1～2次。说明：注射之前先内服氯化铵使尿液酸化。乌洛托品在酸性环境中释放出甲醛，起到杀菌和消毒作用。

(3)氯化铵。用法：犬每千克体重110 mg，猫每千克体重20 mg，口服，每日2次。说明：酸性尿有助于净化细菌，增强青霉素和四环素的作用效果。

(4)温生理盐水，0.1%高锰酸钾溶液(2%硼酸溶液、1%～2%明矾溶液)。用法：清洗膀胱。

(5) 0.02%～0.1%硝酸银溶液，冲洗膀胱。说明：适用于慢性膀胱炎。

(6)青霉素40万～80万IU，注射用水5～10 mL。用法：膀胱内注入。先导尿后冲洗膀胱，冲洗干净后，用注射用水溶解青霉素直接注入膀胱内。

(7)黄檗、知母、栀子、连翘、金银花、木通、车前草各5 g，瞿麦、扁蓄各3 g，滑石10 g，甘草2 g。用法：水煎取汁，灌服，每天1剂，连用2天。说明：利尿消炎。

四、尿道炎

尿道炎是指尿道黏膜的炎症，其临床特征是：尿频、尿痛、尿淋漓、尿液浑浊、局部肿胀及经常性血尿。

【病因】

(1)细菌感染。

(2)创伤。

(3)尿结石刺激。

(4)其他部位炎症蔓延。

(5)交配时过度舔舐。

【症状】

病犬、猫频频排尿,尿呈断续状流出,疼痛不安。公畜阴茎频频勃起,母畜不断抽动阴唇开张闭合,黏液性或脓性分泌物不时流出。

导尿管探诊时,手感紧张,难以插入。病畜疼痛不安,抗拒躲避检查,极度痛苦,惨叫或呻吟。尿液浑浊,混有黏液、血液、脓液,甚至坏死脱落的尿道黏膜。患病犬、猫频频舔舐外阴部,可见尿道口潮红、水肿或流出脓性分泌物。预后一般良好。若尿道阻塞、尿潴留或膀胱破裂,则预后不良。

【诊断】

根据疼痛性排尿,尿道肿胀、敏感,以及探诊尿道和外部触诊即可确诊。尿液中见有尿道上皮细胞、红细胞、白细胞、脓细胞及病原微生物,无膀胱上皮细胞,无管型。

【防治】

1. 防治原则及措施

防治原则:消除病因,控制感染,冲洗尿道,结合对症治疗。

尿潴留时实施手术或膀胱穿刺。治疗参考膀胱炎。

2. 处方

(1)庆大霉素。用法:犬 8 万 IU,猫 1 万～2 万 IU,肌内注射,每日 2 次。

(2)头孢羟氨苄。用法:每次 50～100 mg,口服,每日 2 次。

(3) 0.1%高锰酸钾溶液冲洗尿道(0.1%雷夫努尔溶液、0.1%氯己定溶液)及外阴部。尿道内注入抗生素。

(4)头孢氨苄。用法:犬 0.5～1 g,猫 0.25～0.5 g,内服,每日 2 次。

(5)卡巴克洛注射液。用法:犬 1～2 mL,猫 0.5～1 mL,肌内注射,每日 2 次。

(6)磺胺异噁唑。用法:每千克体重 50 mg,口服,每日 3 次。说明:应配合内服碳酸氢钠。

五、尿石症

尿石症是指尿路中盐类结晶凝结成大小不一、数量不等的凝结物,刺激尿路黏膜而引起的出血性炎症和尿路阻塞性疾病。尿石症包括肾结石、输尿管结石、膀胱结石和尿道结石,临床上以腹痛、排尿困难、阻塞部位疼痛和血尿为特征。本病老龄犬、猫多见,且有明显的家族倾向性,柯利犬、腊肠犬和小型贵宾犬等易发。

【病因】

尿结石形成的原因尚未完全清楚,一般认为与感染因素(尿路感染)、维生素 A 缺乏、饮水不足、食物中矿物质含量过高(高钙、低磷和富硅、富磷)、甲状旁腺机能亢进、维生素 D 含量过高、矿物质代谢乱、尿液酶活性改变、尿液 pH 的改变、遗传等因素有关。

由于上述种种原因,导致下列病理变化。

(1)胶体和晶体平衡失调。在正常尿液中含有多种呈溶解状态的晶体盐类(磷酸盐、尿酸盐、草酸盐等)和一定量的胶体物质(黏蛋白、核酸、黏多糖、胱氨酸等),它们之间保持着相对的平衡状态。当饲料中含有过高的钙、磷、蛋白质及维生素D时，使该平衡失调，晶体超过正常的饱和浓度或胶体物质不断地丧失分子间的稳定性结构，导致尿液中盐类析出和胶体沉着，进而凝结成为结石。

(2)体内代谢紊乱。如甲状旁腺机能亢进、甲状旁腺激素分泌过多等，使体内矿物质代谢紊乱，可出现尿钙过高现象，易诱发尿结石。体内雌性激素水平过高等因素，也可促进尿结石的形成。

(3)尿路病变。尿路病变是结石形成的重要条件。当维生素A缺乏时，尿路上皮易变性、脱落；当尿路发生炎症时，可引起组织坏死。这些脱落的上皮、坏死组织、炎性渗出物、细菌等可形成结石的核心，其外周由矿物质盐类和胶体物质环绕凝结而形成结石。此外，许多细菌(如葡萄球菌、变形杆菌、沙门氏菌等)可使尿素分解为氨，使尿液变为碱性，易于引起磷酸钙、碳酸钙等沉淀，有利于尿路结石的形成。当尿路梗阻时，可引起肾盂积水，使尿滞留，易于发生感染和晶体沉淀，形成结石。当尿路内有异物(缝线、导管、血块、细菌、脱落上皮细胞等)存在时，可成为结石的核心，尿中晶体盐类沉着于其表面而形成结石。

尿结石主要在肾脏(肾小管、肾盏、肾盂)中形成，以后移行至膀胱，并在膀胱中继续增大，故认为膀胱是犬、猫尿结石最常见的场所。肾小管内的尿结石多固定不动，但肾盂或膀胱内的结石则可移动，有的移行至输尿管和尿道时，可发生阻塞。结石刺激尿路黏膜，引起局部黏膜损伤、发炎、出血，因此尿结石的病例多有排尿障碍和尿血的症状。结石的刺激还可使尿路平滑肌发生收缩，呈现肾性酸痛。尿路阻塞引起排尿困难或尿闭，导致膀胱积尿、膀胱麻痹甚至破裂。

【症状】

1. 刺激症状

排尿困难，病犬、猫频频做排尿姿势，叉腿、拱背、缩腹、举尾、阴户抽动、努责、嘶鸣，线状或点状排出混有脓汁和血凝块的红色尿液。

2. 阻塞症状

患畜排出的尿流变细后无尿排出，发生尿潴留。因其阻塞部位、体积大小、对组织损害程度的不同而异。

(1)肾结石。多位于肾盂，肾结石形成初期常无明显症状，随后呈现肾盂炎的症状。患病犬、猫常做排尿姿势，频频排尿但每次排尿量少，尿中带血。肾区压痛，行走缓慢，步态强拘、紧张。严重时可形成肾盂积水。当继发细菌感染时，体温升高。

(2)输尿管结石。急剧腹痛，呕吐，患病犬、猫不愿走动，表现痛苦，步行拱背，腹部触诊疼痛。输尿管单侧或不全阻塞时，可见血尿、脓尿和蛋白尿。若双侧输尿管同时完全阻塞时，无尿进入膀胱，呈现无尿或尿闭，往往导致肾盂肾炎和肾盂积水。

(3)膀胱结石。最常见，病犬、猫排尿困难，频尿，每次排出量少，尿中带血，尤其是排尿末期的尿含血量多，最后几滴可能是鲜血。当结石位于膀胱颈部时，可呈现排尿困难和疼痛(呻吟、腹壁抽缩)表现。膀胱敏感性增高，抗拒检查，较大的结石触诊时往往可摸到。

(4)尿道结石。多发生于公犬。尿道不完全阻塞时，尿呈滴状或断续状流出，有时排尿带血，排尿初期的尿液含血量多。尿道完全阻塞时，排尿疼痛，则发生尿闭、肾性腹痛。膀胱极度充盈，频频努责，却不见尿液排出。时间拖长，可引起膀胱破裂或尿毒症。

【诊断】

1. 症状诊断

根据尿痛、尿淋滴及血尿等症状进行初步诊断。

2. 尿道探诊

对于尿道结石和膀胱颈口结石可通过导尿管探诊进行确诊。

3. X 射线检查

根据 X 射线造影检查结果，可确诊。如图 4-1 所示为犬膀胱结石，同时伴发膀胱息肉或膀胱肿瘤。

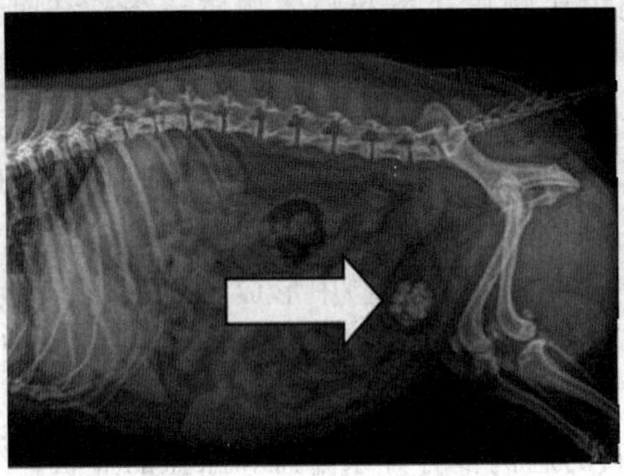

图 4-1　犬膀胱结石(图中箭头所示为膀胱内结石)

4. 犬、猫常见尿结石的区别

(1)磷酸盐尿结石。呈白色或灰白色，生成迅速。可形成鹿角状结石，常发生于碱性尿液中。X 射线显影较淡。

(2)草酸盐尿结石。呈棕褐色，表面粗糙有刺，质坚硬，易于损伤尿路而引起血尿，发生于碱性尿液内。X 射线特征为尿石中有较深的斑纹，呈桑葚状，边缘呈针刺状，并向外放射。

(3)尿酸盐尿结石。呈浅黄色，表面光滑，质坚硬，常发生于酸性尿液中。X 射线显影较淡。

(4)胱氨酸盐尿结石。表面光滑，能透过 X 射线，不易显影，故称为“透光性结石”，发生于酸性尿液中。

(5)碳酸盐尿结石。呈白色，质地松脆，发生于碱性尿液中。

【防治】

1. 防治原则及措施

防治原则：排除结石，控制感染，对症治疗。

(1)不完全阻塞。利尿剂(利尿素、乙酸钾、氨茶碱)等。尿道消毒剂，防止感染。出血不止时肌肉注射卡巴克洛止血。大量饮水，增加水量。

(2)完全阻塞。水冲洗。尿道肌内注射 2.5%氯丙嗪溶液。

(3)保守疗法不奏效时，手术疗法。

2. 处方

(1)氯化铵。用法：犬每千克体重 100 mg，猫 20 mg；内服，每日 2 次。说明：对磷酸盐、草酸盐和碳酸盐结石有效，使尿液酸化，以促进结石的溶解和病情的好转。

(2)碳酸氢钠。用法：犬 0.5～2 g，猫 0.1～0.5 g；内服。说明：使尿液碱化，促进尿酸盐结石和胱氨酸盐结石的排出；亦可达到阻止结石形成和促进结石溶解的目的。

(3) D-青霉胺。用法：每天每千克体重 15～30 mg，内服。说明：使胱氨酸结石成为可溶性胱氨酸复合物，由尿液排出。

(4)异嘌呤醇。用法：每千克体重每天 4 mg，内服。说明：对尿酸盐结石有用，可阻止尿酸盐凝结。

(5)南瓜藤 100 g(鲜藤 200 g)。用法：开水浸泡取汁饮用，连用 6～7 天。

六、膀胱破裂

膀胱破裂是指膀胱壁发生裂伤，尿液和血液流入腹腔所引起的以排尿障碍、腹膜炎、尿毒症和休克为特征的一种膀胱疾患。本病公犬多发。

【病因】

(1)膀胱积尿时剧烈活动。当膀胱充满尿液时，使膀胱内压急剧升高、膀胱壁张力过度增大而破裂。尤其是腹部受到重剧的冲撞、打击、按压及摔倒、坠落等，更容易导致膀胱破裂。

(2)机械损伤。骨盆骨折的断端、子弹、刀片及其他尖锐物的刺入，可引起膀胱壁贯通性损伤；使用质地较硬的导尿管导尿时，插入过深或操作过于粗暴，以及膀胱内留置插管过长等，都会引起膀胱壁的穿孔性损伤。

(3)膀胱病变。膀胱结石、溃疡或肿瘤等病变状态也易发生本病。

【症状】

膀胱破裂后，尿液立即进入腹腔，膨胀的膀胱抵抗感突然消失。多量尿液积聚腹腔内，使腹下部凸出明显，触诊有波动感。尿液在腹腔内可引起严重腹膜炎。患病犬、猫表现腹痛和不安，腹部触诊敏感。无尿或排出少量血尿，随着病程的进展，尿液重吸收入血后，可出现呕吐、腹痛、体温升高、脉搏和呼吸加快、精神沉郁、血压降低、昏睡等尿毒症症状，呼出气及皮肤有尿味。

【诊断】

(1)症状诊断。根据无尿、腹围增大、触诊敏感且有波动感、呼出气有尿味等临床症状可做出初步诊断。

(2)实验室诊断。犬、猫导尿时发现膀胱空虚或仅有少量尿液，腹腔穿刺时有尿液流出，即可确诊为膀胱破裂，再通过 X 射线膀胱造影(图 4-2)检查确诊更为可靠。

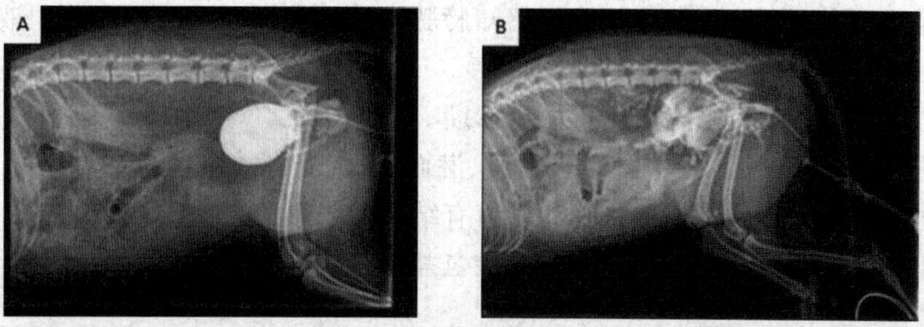

A 图为膀胱造影后完整的膀胱　B 图为膀胱破裂碘造影剂进入后分散，进入腹腔

图 4-2　X 射线膀胱造影

【防治】

1. 防治原则及措施

防治原则:开腹清除腹腔内积液,修补膀胱裂口,控制腹膜炎,防止尿毒症和休克,治疗原发病,对症疗法。

手术疗法:应用外科手术技术进行开腹术和膀胱修补术;并清洗腹腔,抗菌消炎。

2. 处方

(1)青霉素,犬 80 万～160 万 IU,猫 40 万～80 万 IU;生理盐水,犬 100～500 mL,猫 50～100 mL;10%葡萄糖注射液,犬 20～50 mL,猫 10～20 mL。用法:静脉注射,每日 1 次,连用 1 周。青霉素溶于生理盐水中静脉注射。葡萄糖溶液单独注射。

(2)链霉素,犬 0.5～1 g,猫 0.2～0.4 g。用法:溶于注射用水中肌内注射。说明:与处方(1)合用,幼龄动物慎用。

七、猫泌尿系统综合征

猫泌尿系统综合征(FUS)指猫下泌尿道疾病,是猫尿路存在结石、微结石或结晶及塞子,刺激尿路黏膜发炎,造成尿路阻塞所引起的一种泌尿综合征。本病临床上以尿频、排尿困难、疼痛、少尿、血尿乃至无尿为特征,多发于 2～6 岁的猫。

【病因】

(1)营养不均衡。主要是饲喂过量含镁的干食物引起的。此种食物会引起尿液中盐类物质结晶,从而引起尿道阻塞。

(2)病原感染。某些细菌(金黄色葡萄球菌、棒状杆菌)、病毒(细小病毒、疱疹病毒)、寄生虫(毛首线虫)、支原体、真菌(念珠菌、曲霉菌)等引起膀胱或尿道炎症,产生的脱落上皮细胞碎片成为尿结石的核芯,形成结石。

(3)尿路疾病。膀胱肿瘤、尿道肿瘤。

(4)继发因素。饮水少,活动少,卵巢摘除,肥胖,气候寒冷等诱发本病。

【症状】

临床表现出排尿困难、频尿、少尿、尿淋漓、血尿或无尿。尿闭后腹围增大,病猫屡做排尿姿势但无尿排除。尿液浑浊,常混有细菌和脓细胞。

全身症状。精神沉郁,不停行走,鸣叫和频频舔舐生殖器。或有尿道阻塞时,食欲废绝,呕吐、脱水,电解质丢失和酸中毒。阻塞物不及时排除,常于 3～5 天内虚脱休克死亡。

局部检查。尿道阻塞时,腹部触诊可感知膀胱膨满,有时膀胱破裂,腹腔积液。

【诊断】

根据病史调查、排尿及尿液变化可做出诊断。

尿常规检查。pH 碱性,尿中含有蛋白质、潜血,尿沉渣有磷酸铵镁结晶。

X 射线检查。膀胱积尿膨大,膀胱和尿道有结石的阴影。

血液生化检查。尿素氮和肌酐升高,磷酸氢盐减少。

【防治】

1. 防治原则

防治原则:加强管理,去除病因,抗菌消炎,对症治疗。

2. 处方

(1)蛋氨酸。用法：犬 0.5～0.8g，猫 0.2～0.4g；每日内服一次或数次。说明：酸化尿液，溶解尿结石。

(2)氯化铵。用法：每日量 0.8～1 g，内服，可与处方 1 交替使用。

(3)酸性磷酸钠。用法：每千克体重 40 mg/天，拌食饲喂。

(4)青霉素犬 80 万～160 万 IU，猫 40 万～80 万 IU；生理盐水，犬 200～500 mL，猫 100～200 mL；5%碳酸氢钠，犬 20～40 mL，猫 5～10 mL。用法：静脉注射。青霉素与生理盐水混合静注，碳酸氢钠单独静注。

(5)手术疗法。

复习思考题

1. 鉴别诊断

(1)怎样鉴别肾、膀胱、尿道炎症？

(2)怎样鉴别肾、膀胱、尿道出血？

(3)怎样鉴别膀胱炎、膀胱结石、膀胱破裂？

2. 鉴别诊断

对以下病例，依据所给临床症状提出初步诊断，制订治疗措施，开出处方。

(1)李某有一犬，近日来精神不振，食欲减退，体温 40.5℃，排尿减少，尿淋漓，尿液浑浊，呈暗红色，不愿运动，步态强拘，站立时背腰弓起，后肢集拢于腹下，驱赶时行走缓慢，步幅小。触诊肾区敏感，肾脏肿大，听诊第二心音增强，尿液检查尿中含有大量的红细胞、白细胞、蛋白质和肾上皮细胞。

(2)孙某家饲养的一只猫，精神沉郁，食欲减退，排尿次数增多，排尿时尾巴翘起，阴户不断抽动，痛苦不安。触诊膀胱空虚敏感，抗拒检查。尿液检查，尿中含有大量的红细胞、白细胞或膀胱上皮细胞。

(3)某户养一宠物犬，近一段时间出现尿频，排尿时呻吟，腹壁紧缩，外部触诊膀胱内有异物，患犬有疼痛表现，人工导尿膀胱空虚。

第五章

神经系统疾病

【学习目标】

知识目标

①掌握宠物神经系统疾病的概念；

②了解宠物神经系统疾病发生的过程；

③明确宠物神经系统疾病时的临床症状；

④了解宠物神经系统疾病的诊断与治疗的原则和方法。

能力目标

①根据宠物的临床症状表现，诊断出疾病；

②实施各种技能治疗疾病。

素质目标

①培养学生分析思考、自主学习能力。

②培养学生遵守职业操守、精益求精的工匠精神。

第一节 概 述

神经系统疾病是指脑、脊髓、外周神经由于感染、中毒、外伤、代谢障碍、寄生虫、肿瘤、血管损伤及遗传疾病等因素引起的器质性和功能性疾病。

一、引起神经系统疾病的一般原因

根据疾病的起源，可将神经系统疾病的病因分为原发性病因和继发性病因。原发性病因是指有神经系统解剖学变化的疾病，一般预后不良。继发性病因是指神经系统不伴发有形态学改变而只发生功能障碍的疾病，一般预后良好。

神经系统疾病具体的基本病因有以下几方面。

(1)传染病。嗜神经性病毒、衣原体、弓形体引起的非化脓性脑炎；致病微生物及其毒素引起中枢与外周神经系统损害；化脓性细菌引起的化脓性脑炎。

(2)寄生虫。机械性压迫和损伤。

(3)中毒及毒素作用。

(4)血液循环障碍。缺血、缺氧、血栓、出血、充血、水肿。

(5)理化因素及机械性因素。日射病、挫伤、脑震荡。

(6)肿瘤。马立克氏病、内皮瘤、肉瘤等。

(7)营养因素。维生素 B_1、维生素 E、维生素 A、泛酸、吡哆醇等缺乏。

(8)变态反应。遗传、性别、品种等。

二、神经系统疾病的主要临床表现

由于病因复杂,故其引起的神经系统疾病的病理学变化和临床表现更是多种多样,包括一般性脑病症状、局灶性脑病症状、脊髓机能障碍症状和外周神经障碍症状。

(1)一般性脑病症状。由大脑皮质的弥漫性疾病所致,如充血、炎症、毒物或毒素中毒、肿瘤等致脑内压增高引起。精神状态异常(兴奋、抑制),兴奋不安、意识紊乱,不顾障碍物、无目的的徘徊、强迫转圈,沉郁、昏睡、昏迷,采食状态异常、呕吐,呼吸、脉搏次数和节律改变,视神经乳头充血和反射改变。

(2)局灶性脑病症状。是由于局部脑实质或个别脑神经核受到损伤所引起的症状。眼球震颤、斜视、瞳孔大小不等,鼻部肌肉挛缩,牙关紧闭、舌纤维性震颤、口唇歪斜,耳下垂,舌脱出、吞咽障碍,听觉障碍、视觉障碍,嗅觉、味觉障碍。

(3)脊髓机能障碍症状。截瘫,运动和感觉异常,排粪、排尿障碍,腱反射消失和亢进。

(4)外周神经障碍症状。个别肌肉张力减退,肌肉萎缩,腱反射减弱或消失,皮肤反射减弱或消失。

三、神经系统疾病诊断

神经系统疾病诊断首先要了解神经系统疾病的基本症状,判断是否是神经系统疾病;其次根据临床表现分析判断病变的部位;最后结合实验室及特殊检查的结果,进一步判断疾病的性质和病变范围。

神经系统疾病的临床症状主要表现在精神、意识、感觉、运动、反射、自主神经功能紊乱等方面。因此,对神经系统疾病的诊断主要应对这几个方面进行认真的分析,然后参照病史及流行病学材料、实验室及病理解剖学变化,做出正确的诊断。

(1)一般性脑病症状。有明显的精神、意识紊乱,如过度兴奋、昏迷、暴进暴退、圆圈运动、平衡失调、痉挛、严重的呼吸困难、心跳节律不齐、视神经乳头充血、水肿等,一般由全身感染、中毒、代谢疾病引起。

(2)局灶性脑病症状。如偏瘫,斜视,眼球震颤,光反射消失,视、听、嗅、味觉消失等局灶性脑病症状。体位平衡严重失调,运动开始时有震颤(小脑疾病)。严重的共济失调,一侧或两侧肢体僵直,意识丧失,瞳孔反射及眼球运动异常和视觉障碍(脑干受到损害)。明显的心血管机能紊乱或陈施二氏呼吸,且后八对神经的功能严重紊乱(延髓受到侵害)。出现静止性震颤或四肢做游泳状运动(纹状体苍白球系统受到损害)。

(3)脊髓及脊髓膜疾病。凡是有节段性的感觉机能紊乱、截瘫、单瘫、反射亢进或消失,以及肛门和膀胱括约肌的功能障碍的,应怀疑脊髓及脊髓膜的疾病。脊髓实质疾病主要见于脊髓传导径的损害,如一侧或两侧的痛觉消失或深感觉障碍。脊髓膜的疾病常见脊神经的刺激症状，如一定区域的感觉过敏。但脊髓实质和脊髓膜的疾病往往是同时发生的，所以它们的症状是混合出现的。而对于是哪一段出现损伤或是全横断还是半横断性损伤，则必须由所呈现的症状来判断。

①腰荐部脊髓损伤。排尿、排粪机能高度障碍，致使粪尿失禁或潴留，且后肢瘫痪。

②前段胸髓的横贯性损伤。不但有排尿、排粪机能障碍，而且整个后躯感觉消失及瘫痪，甚至腱反射增强，或只见膈而不见胸廓肌肉参加呼吸运动。

③颈髓中段的横断性损伤。仅两前肢的感觉消失和瘫痪，反射消失，甚至有窒息死亡危象。

四、神经系统疾病的防治

神经系统疾病的一般治疗原则概括起来是：控制感染，降低颅内压，镇静解痉和解除昏迷，恢复神经系统的调节功能，以及对症治疗。

神经系统疾病的预防，应着重加强饲养管理，注意使役卫生，防止过劳、摔伤；落实预防注射、隔离、消毒防疫措施；避免病原微生物的侵袭；早期发现和治疗外科疾病和内科疾病，防止蔓延到神经系统；诊疗和去势过程中保定确实，防止发生腰椎骨折，以致脊髓损伤。

第二节 脑及脑膜疾病

一、脑膜脑炎

脑膜脑炎是指脑实质和脑软膜的急性炎症和变性的过程，以伴发高热、脑膜刺激症状为特征。脑膜脑炎具有一般脑病和局部脑病症状，可分为化脓性脑炎和非化脓性脑炎两类。

【病因】

(1)原发性脑膜脑炎。传染病(狂犬病、流感、新城疫、犬瘟热、乙型脑炎、结核杆菌、葡萄球菌、沙门氏菌等)或中毒(重金属中毒、化学制剂中毒、生物毒素中毒)引起。多为非化脓性脑炎。粒细胞性脑膜脑炎为犬的一种特发性疾病，多发生在1～8岁的雌性观赏犬(八哥犬、马尔济斯犬)。

(2)继发性脑膜脑炎。寄生虫病(普通圆线虫、脑脊髓丝虫、脑包虫)或身体其他部位的感染(角外伤，颅骨外伤，鼻窦、中耳、龋齿、眼球的感染)蔓延到脑部。

(3)其他诱因。运输、感冒、劳役、受寒、卫生条件差等。

【症状】

1. 脑膜刺激症状

颈部及背部的感觉过敏，轻微刺激或抚摸就可以起强烈的疼痛反应，同时引起强烈的颈部背侧肌肉强直性痉挛，动物头部向后仰。腱反射亢进。症状表现随病程发展逐渐减弱。

2. 一般脑病症状

一般脑病症状指精神状态、运动和感觉机能、内脏器官的活动状态以及采食饮水和性行为改变。

初期：精神轻度沉郁，不听呼唤，目光凝视，不注意周围事物；呆立不动。

中期：数小时或一日后，突然呈兴奋状态，骚动不安，不顾障碍物地前冲或做圆圈运动，在数十分钟的兴奋发作后，又陷入沉郁昏睡状态，意识蒙眬，针刺反应迟钝。有的动物兴奋与沉郁交替出现，或做无目的走动，或倒地不起，但兴奋期逐渐变短，昏睡期逐渐加长。

末期：倒地不起，意识完全丧失，反射大部分丧失，陷于昏迷状态；有的四肢做游泳状划动，身体突出部位有擦伤。

体温、脉搏、呼吸、消化、泌尿等方面也发生明显改变。初期体温升高（39℃～40.3℃），头部增温；沉郁期体温下降甚至低于正常体温。脉搏不定，与体温变化不一致。初期迷走神经兴奋，脉搏缓慢；以后迷走神经麻痹，脉搏加快；后期脉搏显著加快，节律不齐。呼吸在兴奋期加快，沉郁期变慢变深；重症时出现陈施二氏呼吸。食欲减退或废绝。采食和饮水的方式发生异常。

3. 局部脑病症状（灶性症状）

局部脑病症状是由于脑实质细胞或脑神经核受到刺激或损伤所引起的症状。

神经机能亢进症状：眼球震颤，眼斜视，瞳孔大小不一，鼻唇部肌肉挛缩，牙关紧闭，舌的纤维震颤。

神经机能减退症状：口唇歪斜，耳下垂，舌脱出，吞咽障碍，听觉障碍，视觉消失，嗅觉及味觉错乱。

局部脑病症状可以单独出现，也可以合并出现，还会留下后遗症。

【诊断】

1. 症状诊断

根据意识障碍迅速发展，兴奋与抑制交替发生，痉挛、麻痹及意识障碍等明显的运动和感觉机能障碍，即可做出确诊判断。

2. 实验室检查

无菌采集脑脊液进行检验。细菌性脑膜脑炎时，脑脊液中蛋白质含量和白细胞数量增加。粒细胞性脑膜脑炎时，脑脊液中蛋白质和靶细胞的数量都增加，并见有大量的单核细胞。化脓性脑膜脑炎时，脑脊液中有嗜中性粒细胞增多外，还可见到病原微生物。脑脊液的血清学试验有助于确定特定病原。CT 能够较好地确定脑部器质性病变的部位和本质。

3. 鉴别诊断

(1)狂犬病。感觉机能变化不明显，有一定的病程经过。

(2)脑挫伤和脑震荡。外伤和暴力作用史，很少有兴奋症状，伴发一定局部脑病症状。

(3)慢性脑室积水。病程缓慢，有独特的意识障碍和沉郁症状，不发热，脑脊液缺乏白细胞。

(4)日射病和热射病。炎热季节和剧烈使役中发病，仅一般脑病症状，缺乏局部脑病症状。体温升高显著，脉搏快速，体表静脉怒张。治疗后迅速恢复。

(5)霉变饲料和有毒植物中毒。急性经过，有严重的胃肠炎症状，群发，以兴奋或沉郁为主要症状。特殊中毒有局部脑病症状。

(6)肝病。昏迷，伴有消化紊乱及明显的黄疸，缺乏局部脑病症状，肝功检查。

散发性脑炎一般经 2～3 天症状消失，及时治疗，死亡率不高，为 10%～30%。病发时患畜全身抽搐，长时间暴躁兴奋，间歇期短，前后肢瘫痪，卧地不起，病情逐渐严重，预后不良。

【防治】

1. 防治原则及措施

防治原则：加强护理，降低颅内压，消炎解毒，调整大脑皮层机能，对症治疗。

(1)减少刺激,将患病动物置于黑暗、安静的环境中,尽量减少刺激;给予清洁饮水,易消化的适口的流质或半流质饲料,必要时人工非肠道给予营养。

(2)降低颅内压,静脉放血。静脉注射20%葡萄糖溶液、20%甘露醇溶液、25%山梨醇溶液等。

(3)消炎解毒,选用易通过血脑屏障的药物,如10%磺胺嘧啶钠溶液静脉注射。增效磺胺口服。此外青霉素和链霉素,肌内注射。

(4)镇静用盐酸氯丙嗪肌内注射。

(5)对于免疫反应引起的脑膜脑炎,可选用皮质类固醇类药物。

(6)调节皮层机能:硫酸士的宁与藜芦素,交互肌内注射。5%盐酸硫胺素,肌肉注射。

(7)慢性脑膜脑炎内服水杨酸,碘化钾。

(8)有褥疮用1%龙胆酊涂擦。

(9)兴奋心脏使用安钠咖。

注意预防,有传染病迹象要隔离消毒防止传染。

2. 处方

(1) 20%甘露醇注射液,犬10～50 mL,猫5～20 mL;10%葡萄糖注射液,犬20～40 mL,猫10～20 mL;10%磺胺嘧啶钠注射液,犬5～10 mL,猫2～4 mL。用法:将磺胺嘧啶钠加入葡萄糖溶液和甘露醇中,一次静脉注射,每天一次。

(2)盐酸氯丙嗪。用法:1.1～6.6 mg,一次肌内注射。说明:适用于兴奋型病例,也可用25%硫酸镁注射液注射。

(3) 20%安钠咖注射液,犬1～4 mL,猫0.5～1 mL,强心。说明:心脏功能衰竭时使用。

(4)地塞米松,犬1～5 mg,猫0.5～2 mg。用法:肌内注射或静脉注射。

二、脑积水

脑积水又称水脑病,指脑室和蛛网膜下腔积聚大量的脑脊液,压迫脑实质,导致意识、知觉、运动机能障碍的一种慢性疾病。

【病因】

根据病因可将其分为先天性脑积水和后天性脑积水。

(1)先天性脑积水。一般多发生在小型犬种和短头型犬种(吉娃娃、小型贵宾、北京犬),主要与脑导水管畸形、枕骨大孔发育不良、蛛网膜颗粒异常、小脑发育不全有关。本病多为胚胎期母体内传染性因素侵袭、营养不良尤其是维生素A和钙磷缺乏等因素导致。

(2)后天性脑积水。脑膜脑炎、脑肿瘤、蛛网膜下腔出血等引起;维生素A缺乏,脉络膜乳头瘤等。维生素缺乏可影响蛛网膜绒毛对脑脊液的重吸收,导致本病的发生。

【症状】

脑积水多为慢性经过,其临床症状与颅内压升高的程度及脑组织受压的部位、程度有关。

(1)意识障碍。精神沉郁、嗜睡、呆立、痴呆、癫痫发作。

(2)感觉迟钝。皮肤敏感性降低,轻微刺激无反应;听觉障碍,对微弱声音不引起任何反应,较强声音往往引起高度惊恐和战栗;视力减退,姿势反应迟钝,改变姿势后不能恢复正常站立姿势。

(3)运动障碍。无目的行走或转圈;眼球震颤、眼斜视,肌肉僵直、间歇性痉挛,后躯麻痹。

(4)全身症状。食欲减退,体温正常或偏低,心动徐缓,节律不齐。

先天性脑积水还表现为颅顶半球形,骨缝和囟门开放。

【诊断】

(1)症状诊断。根据病史、临床表现、意识障碍、运动障碍、颅部突出等可初步诊断。

(2)实验室诊断。X射线检查、脑电图(EEG)、B超、CT、磁共振成像(MRI)技术。

【防治】

1. 防治原则及措施

防治原则:抑制脑脊液分泌,促进吸收,改善流通,排除积液。

本病尚无特效疗法,应加强饲养管理,限制饮水,适当运动,降低颅内压,促进脑脊液吸收,缓解病情。可试用皮质激素、利尿剂等药物。有感染的给予抗生素。

2. 处方

(1)地塞米松,每千克体重 0.25 mg。用法:内服,每天 2 次,连用 3～5 周,症状稳定后用量减半。

(2)氢氯噻嗪,犬 20～100 mg,猫 10～20 mg。用法:内服,每日 1～2 次,长期服用注意补钾。

(3) 20%甘露醇,犬 20～50 mg,猫 10～20 mg。用法:静脉注射。说明:减轻颅内压。

三、多发性神经炎

本病为被浣熊咬伤或抓伤后,动物出现以弛缓性麻痹为特征的一种疾病。

【病因】尚不明确,与自身免疫有关。

【症状】

浣熊咬后 7～14 天发病。后肢无力,站立不稳,行走摇摆,反射减弱,很快发生麻痹瘫痪。咬肌麻痹,四肢厥冷,鸣叫低沉,嘶哑、微弱。10 天内严重,以后好转,病程 3～6 周。有泌尿系统和消化系统功能障碍。

【防治】

(1)地塞米松,0.5～2 mg。用法:分两次内服,维持量减半。

(2)甲基硫酸新斯的明,犬 2～5 mg,猫 0.5～1 mg。用法:皮下注射。

(3)维生素 B_1,犬 10～25 mg,猫 5～10 mg。用法:内服或肌内注射。

四、日射病和热射病(中暑)

日射病和热射病是因暑日暴晒、潮湿闷热、体热散出困难而引起的急性病。

日射病:炎热季节,动物头部受到强烈的日光持续直射,引起脑及脑膜充血和脑实质的急性病变。

热射病:炎热季节,动物在潮湿闷热的环境中,产热多,散热少,体内积热,引起严重的中枢神经系统功能紊乱现象。

日射病和热射病的临床特征是:体温显著升高,循环衰竭和一定的神经症状。犬多发。

热痉挛:大量出汗,水、盐损失过多,引起肌肉痉挛性收缩。

【症状】

犬:通常没有前驱症状,

(1)突然出现特征性高热(体温急剧升高到41～42℃),皮肤发热、干燥,瞳孔散大。

(2)神经症状。精神沉郁,站立不稳,运动失调,随后兴奋不安,神智混乱,癫狂冲撞,最后倒地不起,陷于昏迷。有的突然倒地,肌肉痉挛,抽搐死亡。

(3)心衰症状。心力衰竭,心跳加快,脉搏细弱,静脉淤血;末梢静脉血管怒张,黏膜开始鲜红色而后转为发紫。

(4)肺水肿。发生肺充血和肺水肿,出现呼吸困难,呼吸浅表急促,口鼻喷出白沫或血沫。

【诊断】

根据炎热天气、闷热畜舍及车船中发病的背景及体温过高,心肺功能障碍,倒地昏迷等临床症状确诊。

【防治】

1. 防治原则及措施

防治原则:除去病因,加强护理,迅速降温,缓解心肺功能障碍,纠正酸中毒,治疗脑水肿。

(1)将犬、猫移到阴凉通风处,减少日晒。

(2)降温。物理降温和药物降温。

①物理降温。头部泼凉水或放置冰袋,凉水灌肠。

②药物降温。选用氯丙嗪。

体温降低接近正常时应停止降温。

(3)维护心肺机能。强心剂(安钠咖、毒毛花苷K)。10%安纳咖,犬2～5 mL,静脉注射。之后静脉泻血或血针疗法,耳尖、尾尖为主穴,山根、胸膛、涌泉为配穴。

(4)纠正酸中毒。5%碳酸氢钠溶液,犬10～20 mL,猫5～10 mL。

(5)治疗脑水肿。25%山梨醇液,犬20～50 mL,猫10～20 mL,静脉注射。或25%～50%葡萄糖溶液20～50 mL,静脉注射,隔4～5小时注射一次。

2. 处方

(1)盐酸氯丙嗪,每千克体重1～2 mg,一次肌内注射。降温,镇静。

(2) 25%山梨醇,犬20～50 mL,猫10～20 mL。静脉注射。脱水,降低颅内压,减轻肺水肿。

(3) 5%碳酸氢钠,犬10～20 mL,猫5～10 mL。静脉注射。纠正酸中毒。

第三节 脊髓疾病及挫伤

一、脊髓疾病

脊髓疾病是指脊髓实质、脊髓软膜、蛛网膜的炎症和变性过程,其临床特征是:感觉、运动机能障碍和组织营养障碍。脊髓炎和脊髓膜炎虽不是一种病,但两者往往同时发生。本病多发生于犬,猫发病率低。

【病因】

与脑膜炎相似;椎骨骨折,椎骨化脓,脊髓震荡、挫伤、出血;伴发于脑炎、马感冒、脑脊髓丝虫病及霉变饲料中毒;受寒、感冒、过劳是其诱因。

【症状】

1. 以脊髓膜炎为主

(1)背根受刺激。食欲减退，躯体一侧感觉过敏，触及被毛即出现强烈的疼痛反应；不安、拱背、呻吟等。

(2)腹根受刺激。出现背、腰和四肢姿势异常及步伐改变；沿脊柱叩诊或触摸四肢，出现肌肉痉挛，多属于持续性的。

随病程经过变化，上述症状逐渐减轻。

炎症蔓延到脊髓时，感觉神经和运动神经同时受损发生障碍，感觉消失，运动麻痹，进而导致行走不稳或完全不能行走，最后倒地不起。

2. 以脊髓炎为主

早期精神不安，肌肉震颤，脊柱僵硬，运步强拘，容易疲劳和出汗。

(1)局灶性脊髓炎。局部肌肉发生营养性萎缩，对感觉刺激的反应消失。

(2)弥漫性脊髓炎。皮肤感觉缺失或减弱，肌肉麻痹而致运动失调、尾及直肠括约肌麻痹，排粪、排尿失常，如膀胱积尿、直肠蓄粪。

(3)横贯性脊髓炎。肌肉紧张度降低，迟缓无力，对机械性刺激反应弱；发炎部位后段脊髓节支配的区域，呈现肌肉紧张度增高和腱反射亢进，因而出现运动障碍或脊椎性共济失调，步态不稳，容易跌倒。严重的致后躯截瘫，卧地不起，肌肉麻痹，感觉消失，常发褥疮。在颈椎部分则膈肌麻痹而突然死亡。

(4)分散性脊髓炎。出现局部的皮肤感觉缺失，相应肌群的运动失调。

【诊断】

根据病史和一定节段脊髓支配区域感觉过敏，感觉减弱和运动麻痹，肌肉萎缩，伴发排粪和排尿障碍等临床症状可进行诊断。

【防治】

1. 防治原则及措施

防治原则：加强护理，杀菌消炎，营养神经，兴奋中枢，促进吸收和对症治疗。

(1)抗菌消炎。磺胺嘧啶钠静脉注射，2 次/日，阿莫西林、头孢唑林钠，配合使用肾上腺糖皮质激素(地米)等。冷敷及温敷。

(2)改善神经营养。补充维生素 B_1、维生素 B_2、辅酶 A、三磷酸腺苷等。

(3)促进吸收。碘化钾，口服，10～15 g/日，连用 5～6 日。

(4)兴奋中枢。士的宁等。同时按摩肌肉。

2. 处方

(1)磺胺嘧啶钠，每千克体重 25 mg。用法：静脉注射。说明：注意碱化尿液，防止结晶。

(2)泼尼松，每千克体重 0.5～1 mg。用法：口服，每日 2 次。

(3)维生素 B_1，犬 10～25 mg，猫 5～10 mg。用法：内服或肌肉注射。

(4)硝酸士的宁，犬 0.5～0.8 mg，猫 0.1～0.3 mg。用法：皮下或肌肉注射。说明：兴奋脊髓，改善肌肉无力。控制用量，谨防中毒。

二、脊髓挫伤

脊髓挫伤指由于打击、压迫、骨折、外伤而引起的脊髓组织的明显损害。当损伤不明显时称之为脊髓震荡。

【病因】

(1)原发病因。外力打击、汽车或自行车冲撞、跌倒、高处坠落、踢伤以及锐利物体等造成椎骨骨折、脱位等脊髓创伤性损害。

(2)继发病因。患骨软症、佝偻病、骨质疏松症,因骨质疏松、韧带松弛,脊髓极易受损,从而引起脊髓损伤。

【症状】

疼痛不安、呻吟。由外伤引起者,脊柱局限性隆起、变形、肿胀、触压疼痛,有时听到骨摩擦音。

(1)脊髓全横径损伤。损伤阶段后方出现中枢性瘫痪,表现为截瘫,后躯两侧对称性感觉障碍,粪、尿失禁,自主神经机能障碍。

(2)脊髓半横径损伤。病侧的深感觉障碍和运动麻痹,而对面浅感觉障碍。脊髓灰质腹角损伤后,损伤部位支配区域的反射消失,发生运动麻痹,肌肉逐渐萎缩。

第1～5节段颈髓全横径损伤:动物呼吸停止,逐渐死亡。

第1～5节段半横径损伤:四肢轻瘫或瘫痪,肌肉无力,反射正常或亢进,损伤后侧感觉减退或消失,排粪、排尿障碍。

第6节段颈髓至第2节段胸髓损伤:呼吸不中断,呈现以膈肌运动为主的呼吸动作;共济失调,四肢轻瘫或瘫痪,前肢肌肉张力和反射减退或消失,肌肉萎缩;后肢肌肉张力和反射正常或亢进,损伤后侧感觉减退或消失,排粪、排尿障碍。

第2节段胸髓至第3节段腰髓损伤:尾、肛门、后肢肌肉张力和反射减退或消失,尿失禁,便秘,粪便蓄积在直肠内,后肢轻瘫或瘫痪,共济失调,膝与腱反射消失。

第1～3节段荐椎损伤:后肢趾关节着地,尾感觉消失,粪、尿失禁。

尾部脊髓损伤尾感觉消失,尾麻痹。

【诊断】

根据临床症状和实验室检查,可做出初步诊断。

(1)临床症状。脊髓疼痛、肿胀、变形、麻痹和感觉消失。

(2)实验室检查。X射线检查,椎管变形,脊髓损伤。脊髓液检查见有血液。

【防治】

1. 防治原则及措施

防治原则:限制运动,保持安静,保定;镇静和止痛;排除积尿或积粪;加强护理。

抗菌消炎。横断性脊髓损伤、椎骨骨折、脱位,治愈较为困难。

2. 处方

(1) 20%甘露醇溶液,犬20～50 mL,猫10～20 mL。用法:静脉注射,每日1次。说明:脱水,防止水肿。

(2)维生素B_1,犬10～25 mg,猫5～10 mg。用法:口服,每日2次。说明:营养神经,促进恢复功能。

(3)氨苄西林,犬0.5～1 g,猫0.2～0.5 g。用法:静脉注射。说明:防止继发感染。

(4)维生素B_1注射液,1 mL;硝酸士的宁,0.5 mL。用法:百会穴注射。说明:营养神经,对腰脊髓损伤有效。

(5)地塞米松,犬1～5 mg,猫0.5～1 mg。用法:口服,每日2次。说明:消炎,促进神经恢复。

第四节　外周神经疾病

一、重症肌无力

重症肌无力是由于突触后膜的乙酰胆碱受体减少、神经肌肉传导障碍所引起的、以全身肌肉收缩无力为特征的一种疾病。

【病因】

(1)先天性原因:乙酰胆碱合成不足或降解过快,导致肌肉内胆碱受体缺乏。

(2)后天性原因:体内存在能破坏乙酰胆碱受体的抗体,肿瘤或免疫功能紊乱。

【症状】

先天性:幼犬6～8周龄、猫4～5月龄,开始出现临床症状。

后天性:具有双峰性,首次出现2～4岁,大于9岁后再次出现。

精神沉郁,食欲不振或废绝,全身虚弱,站立时左右摇摆,头不能抬起;卧地后不能站立。眼反射迟钝,肛门松弛。食道扩张,吞咽障碍,面部松弛,口唇下垂。由于易误咽,常造成异物性肺炎,体温升高,呼吸困难及肺部听诊有啰音。

【诊断】

根据患畜全身无力、食道扩张、吞咽障碍等临床症状可初步诊断。

(1)药物诊断。内服氯化藤喜龙(胆碱酯酶抑制剂)0.2～2 mg,每日2次。若症状改善,则得以确诊。

(2)实验室检测。血中有乙酰胆碱受体的抗体。

【防治】

防治原则:兴奋肌肉运动,应用糖皮质激素。

(1)溴化吡啶斯的明。用法:每千克体重0.2～2 mg,内服,每日2次。说明:抑制胆碱酯酶,增强肌肉收缩力。

(2)新斯的明。用法:0.25～1 mg/次,皮下或肌内注射,每天3～4次。

(3)泼尼松。用法:每千克体重0.25 mg,内服,每日2次,在2～3周内逐渐将药量增加到每千克体重2 mg。

(4)米唑硫嘌呤。用法:每千克体重2 mg,内服,每日或隔日1次。说明:适于难控制的病例。

二、面神经麻痹

面神经麻痹是指面神经干及其分支在各种因素影响下发生的传导机能障碍,多发于6～9岁的西班牙长耳犬和拳师犬。

【病因】

(1)面神经分支损害。

(2)面神经中枢(延髓)机能障碍。

(3)面神经中枢占位性病变。

(4)犬的争斗损伤造成前庭功能障碍。

(5)传染病或中毒的过程中。

(6)面部受冷风吹袭引起一过性特发性神经炎。

【症状】

(1)两侧性麻痹。头部浅表肌肉变软,颊周围和鼻部皱襞消失,颜面变平,两耳下垂,对声音刺激无反应;两眼睑反射消失,下眼睑下垂,形成眼袋;口唇下垂,有唾液滴下。采食困难,吞咽障碍,颊、齿之间有食物滞留。病情严重的,出现流涎,眼睑干燥,发展为角膜炎和结膜炎。

图 5-1　犬单侧性面神经麻痹

(2)单侧性麻痹。患侧肌肉变软,失去紧张性,比健侧下垂,一侧耳下垂,鼻歪向健侧。患侧鼻孔塌陷。唇弛缓、下垂,皮肤和黏膜无知觉。面部不对称,口眼歪斜(图 5-1),采食及饮水困难,患侧痛觉消失。

(3)不完全麻痹。与完全麻痹相似,程度稍轻,感觉减弱。

【诊断】

根据口眼歪斜,颜面不对称,睡眠时眼睑不能闭合,音响刺激时耳郭不能左右活动;触碰眼角不能眨眼,面部感觉消失等临床症状可确诊。

【防治】

1. 防治原则

面神经麻痹的防治原则是:消除病因,恢复神经传导机能和预防肌肉萎缩。

2. 处方

(1)硝酸士的宁,犬 0.5～0.8 mg,猫 0.1～0.3 mg。用法:面神经径路上分点注射,隔日 1 次,5 次为一疗程。说明:兴奋神经,促进面神经功能恢复。严格用量,防止中毒。

(2)醋酸泼尼松,犬 2～5 mg,猫 0.5～2 mg。用法:内服,每日 2 次。说明:消炎,调节代谢,应逐渐停药,防止反跳复发。

(3)维生素 B_1,犬 10～25 mg,猫 5～10 mg。用法:口服,每日 2 次。说明:促进代谢,营养神经。

三、癫痫

癫痫是一种慢性的神经系统疾病,临床上以定期发生意识丧失、阵挛性与强直性肌肉痉挛为特征。

【病因】

(1)原发性。与遗传和代谢障碍有关,与个体发育也有关。

(2)继发性。症状性癫痫是由于颅内器质性疾病(脑膜脑炎、脑积水、脑内肿瘤等)、传染病和寄生虫病引起的全身疾病,从而导致抽搐(犬瘟热、弓形虫等)、外源性毒物中毒(一氧化碳、铅、汞、有机磷中毒等)及某些脑外疾病(代谢性疾病,如低血糖、低血钙、氮质血症、维生素缺乏等)。

癫痫的特点是:突然性,暂时性,反复性。

【症状】

1. 大发作

(1)先兆期。不安、烦躁,点头或摇头,吠叫,躲藏暗处;持续时间不长,数秒或数分钟。

(2)发作期。意识丧失,突然倒地,角弓反张,先肌肉强直性痉挛,继而出现阵发性痉挛,四肢呈游泳状运动,常见咀嚼运动。此时瞳孔放大,流涎,大小便失禁,牙关紧闭,呼吸暂停,口吐白沫,一般持续数分钟或数秒钟。

(3)发作后期。知觉恢复,但表现不同程度的视觉障碍、共济失调,意识模糊、疲劳等,持续数秒钟或数天。

2. 小发作

突然倒地,意识丧失,瞳孔散大,粪尿失禁。

【诊断】

根据临床症状和间歇性痉挛即可诊断。

实验室检查可用X射线、核磁共振、CT,对肿瘤、损伤较易确诊;但对原发性先天性癫痫的病因学诊断尚需系统检查。

【防治】

1. 防治原则

癫痫的防治原则是:尽量使动物处于安静环境,避免外界刺激,防止机械性损伤;给予镇静药物,或配合抗癫痫药物使用,避免突然停药和调换药物。

2. 处方

(1)扑米酮。用法:犬每千克体重20～40 mg/天,分两次皮下注射。说明:镇静、抗癫痫。猫对此药物敏感,慎用。

(2)安定。用法:犬0.55～10 mg,猫2～5 mg;内服或肌肉注射,每日2次。

(3)苯巴比妥。用法:每千克体重2～6 mg,内服或肌肉注射。说明:镇静、治疗效果好,一周后减少用量。

复习思考题

1. 鉴别诊断

(1)怎样鉴别脑炎和脑积水?

(2)怎样鉴别局限性、横贯性、弥漫性和散在性脊髓炎?

(3)怎样鉴别颈、胸、腰、荐部脊髓损伤?

2. 病例分析

对以下病例,依据所给临床症状提出初步诊断,制订治疗措施,开出处方。

(1)八月份的一天,王某的犬表现精神抑郁,站立不稳,运动失调,最后兴奋不安,神经紊乱,癫狂冲撞,最后卧地不起,眩晕昏迷,体温42℃。

(2)某户饲养一只宠物犬,和人嬉戏时,被人踢了一脚,接着犬踉跄倒地,意识丧失,呼吸变慢、变浅,脉搏细数,醒来后,两后肢麻痹、感觉减弱,但两前肢感觉正常。

(3)一犬精神不振,体温升高达41℃,兴奋与抑制交替。兴奋时挣扎,冲撞,不认识主人,肌肉痉挛,口吐白沫;抑制时目光呆滞,呆立或卧地,反应迟钝。脑脊液检查见有大量的白细胞和蛋白质。

(4)张三家一只猫，面部不对称，口眼歪斜，采食及饮水困难。一侧耳下垂，鼻歪向一侧，病侧鼻孔塌陷。唇弛缓、下垂，皮肤和黏膜无感觉。

第六章

营养代谢疾病

【学习目标】

知识目标

①掌握宠物营养代谢疾病的概念；

②了解宠物营养代谢疾病发生的过程；

③明确宠物营养代谢疾病时的临床症状；

④了解宠物营养代谢疾病的诊断与治疗的原则和方法。

能力目标

①根据宠物的临床症状表现，诊断出疾病；

②实施各种技能治疗疾病。

素质目标

①培养学生分析思考、自主学习能力。

②培养学生遵守职业操守、精益求精的工匠精神。

第一节　概　述

营养代谢病是营养缺乏或过量症和新陈代谢障碍病的统称，包括营养缺乏或过量症（碳水化合物、脂肪、蛋白质、维生素、矿物质等营养物质的缺乏或过量）和新陈代谢病（碳水化合物代谢障碍、脂肪代谢障碍、蛋白质代谢障碍、矿物质代谢障碍、酸碱平衡紊乱）。两者之间没有明显的差异。

一、营养代谢病的病因

（1）营养物质摄入不足：日粮不足、品种单一、品质不良、营养不平衡及饲养不当等使机体缺乏某种营养物质。

（2）营养物质摄入过剩。

（3）营养物质消化吸收障碍。

（4）营养物质需求增加。

(5)食物中存在抗营养物质。

一般认为营养缺乏是长期的、慢性的，只有通过补充日粮才能改善营养状况。营养过剩同样干扰另外一些营养物质的消化、吸收、利用。代谢障碍病可以是急性状态，也可以是慢性发展经过。

二、营养代谢疾病的发病特点

营养代谢病种类较多，发病机理复杂，一般缺乏特征性临床症状，但与其他疾病相比较具有以下几个显著特点。

(1)多数是群体发病。同种动物或异种动物同时或相继发病，表现相同或相似的症状；发育受阻。

(2)呈地方性流行，无传染性。

(3)发病缓慢。

(4)缺乏特征性症状。

(5)多种营养物质同时缺乏。在同一种营养物质缺乏的同时，存在其他营养物质的不足。

(6)与遗传有关。

三、营养代谢病的诊断

营养代谢病主要依据流行病学调查、临床检查、治疗性诊断、病理学检查以及实验室检查来进行综合诊断。

四、营养代谢病的防治

营养代谢病的防治原则是：加强饲养管理，合理调配日粮，保证全价饲养；开展营养代谢病的检测，定期对犬、猫进行抽样调查，了解各种营养物质代谢的变动；正确估算和预测犬、猫的营养需要，早期发现病犬、猫，实施综合防治。

第二节　糖、脂肪及蛋白质代谢障碍

一、低血糖症

低血糖症是一组由多种原因引起的血糖浓度过低所致的症候群，主要见于幼龄犬和母犬。长期低血糖可致大脑细胞的不可逆性损伤，甚至死亡。本病的临床特征是：神经症状。

【病因】

低血糖症主要是糖的来源不足、消耗过多以及糖代谢紊乱所引起。根据低血糖的发病过程，本病可分为暂时性低血糖和持久性低血糖。

1. 暂时性低血糖

(1)突发性新生犬、猫低血糖。多发生在3月龄前的小型犬或玩具犬，如贵妇犬、约克夏犬和吉娃娃犬，它们的发病率高。一般多因受凉、饥饿或因仔犬过多、奶头过少、乳质量差、胃肠吸收不良、肠内寄生虫、肝糖原合成酶不足等原因引起。

(2)工作犬超负荷工作。多见于猎犬(拉布拉多犬、汉特犬)，一般在工作前一天未增加饲喂量。

(3)母犬、猫低血糖。怀孕母犬、猫在妊娠后期严重营养不良，胎儿数量过多，初生仔犬大量吮乳引发低血糖症。临床多见与分娩前后1周左右的母犬、猫。

(4)胰岛素使用过量。

2. 持久性低血糖

(1)Ⅰ型糖原累积病。因6-磷酸葡萄糖酶先天不足或活性低，最终导致肝脏累积糖原而发生低血糖症。多发生于断乳前后(6～12周龄)的玩具犬和小型犬。

(2)继发于胰岛瘤(β-细胞瘤)。胰岛瘤是由于胰岛β-细胞产生过多的胰岛素，使血糖转入细胞的量增加，从而造成低血糖。多发生于成年犬、老龄犬(一般6～13岁)。各品种犬均可发生。

(3)非胰腺性肿瘤引起低血糖。多由肝癌、肺癌、胃肠癌、肾上腺癌、迁移性腹膜癌及其他癌症性疾病引起。

(4)肝源性低血糖。肝脏疾病所致，因肝糖原的分解和合成异常而引起低血糖。

【症状】

病犬、猫表现精神委顿，四肢软弱无力，甚至卧地不起，食欲减退或废绝，呈现全身性或局部性神经症状，肌肉抽搐、共济失调，失明，癫痫样发作，体温高达41～42℃，呼吸、心跳加快，尿酮体检查阳性反应。幼龄犬、猫多出现高度沉郁，甚至昏迷，并伴有面部肌肉抽搐，血糖浓度由正常值的60～100 mg/mL降低到30 mg/mL。

【诊断】

(1)症状诊断。根据病史、临床症状，结合血糖测定可建立诊断。

(2)病因学诊断。需结合发病年龄、病史、原发病特点及补糖的治疗性诊断综合判断分析。

(3)实验室诊断。血糖值降低、血中胰岛素浓度升高(54 μU/mL)。但胰岛细胞以外的原因所致的低血糖，胰岛素浓度正常或偏低。葡萄糖耐量试验有较高的诊断意义。

(4)鉴别诊断。临床上应与癫痫、脑脓肿、铅中毒、犬瘟热等相鉴别。

【治疗】

治疗原则：加强管理，加强营养，给予高蛋白、高碳水化合物的食物。

处方：

(1)复方氯化钠注射液，50～200 mL；20％葡萄糖，每千克体重1.5 mL。用法：一次静脉注射。

(2)地塞米松，每千克体重0.25～1 mg。用法：静脉注射或肌内注射，每天一次。

(3) 10％葡萄糖注射液，每千克体重2～4 mL；复方氯化钠注射液，50～200 mL。用法：一次静脉注射。

(4)葡萄糖粉20 g，或白砂糖50 g。用法：加温水溶解，一次口服。

二、肥胖症

肥胖症是犬、猫的一种脂肪过多性营养疾患，是一种常发症，因总能量摄入过多而消耗过少而造成。肥胖症主要是由于机体的总能量摄取超过消耗，剩余部分以脂肪的形式蓄积，造成脂肪组织的量增加。多数肥胖由于食物引起，这是饲养条件好的犬、猫最常见的营养性疾病，其发病率远高于各种营养缺乏症。按国际标准，犬、猫一般超过正常体重的10％～15％即视为肥胖。

【病因】

(1)遗传。父母肥胖的犬、猫,它们的后代往往也易发生肥胖。如拉布拉多、长毛猎犬、可卡、巴吉度等。混种猫也易发生肥胖。

(2)性别。性腺切除会增加犬、猫肥胖症的发生概率。结扎母犬超重是正常母犬的 2 倍。因动情素及雄性激素的减少,引起基础代谢率降低,若不加强运动,也不减少喂食量,则易发肥胖症。

(3)年龄。10 岁以上老龄犬、猫的肥胖概率在 60%左右,且母犬、猫发病多于公犬、猫。

(4)活动量和生活形态改变:都市生活的犬、猫多发肥胖症。因运动减少,热量累积维持或增加,能量的摄取就会大于消耗,肥胖随之发生。

(5)食物及饮食方式。适口性、自由采食、零食给予等。

(6)其他原因。呼吸道疾病、肾病、心脏病、患代谢病(甲状腺和肾上腺功能异常)的犬、猫也易患肥胖症。

【症状】

患肥胖症的犬、猫体重明显高于同类品种,体态丰满,皮下脂肪丰富,用手不易触摸到肋骨,尾根两侧及腰部脂肪隆起,腹部下垂或增宽,食欲亢进或减退,不耐热,不爱活动,行动缓慢,动作不灵活,易疲劳,易喘,贪睡,容易和主人失去亲和力。患肥胖症的犬、猫容易发生关节炎、骨折、椎间盘病、膝关节前十字韧带断裂等;易患心脏病、糖尿病,影响生殖功能等;麻醉和手术时易发生问题。患肥胖症的犬、猫的血液胆固醇和血脂升高。另外,犬、猫过度肥胖,还会造成其寿命的减少,即使有些年轻犬、猫肥胖后没有出现明显症状,但平均在 6 岁以后,糖尿病、心脏病、关节病变等疾病就不断出现。

【诊断】

判断肥胖:触摸肋骨,没有明显的层次感或根本摸不到肋骨,即是肥胖。站在犬的后部,双手拇指按压在脊柱中线上,其他手指放在肋骨上,前后滑动,在肋骨边缘摸到脂肪层,沟部有明显的脂肪堆积,说明动物已经患上肥胖症。

【防治】

1. 防治原则及措施

防治原则:加强饲养管理,纠正不良的生活方式,防止发育期肥胖。

首先,要加强饲养管理,纠正不合理的生活方式,采取综合性措施,方能达到减肥与保健的双重目的。其次,防治犬、猫肥胖症应以预防为主,防止发育期的犬、猫肥胖,是预防成年犬、猫肥胖的最有效方法。要重视防止减重成功后再复发肥胖。

2. 处方

(1)安非他明。用法:1~3 mg,一次口服。

(2)盐酸苯甲吗啉。用法:5~25 mg,一次口服。

(3) 5%巯丙酰甘氨酸。用法:50~100 mg,肌内注射,每天 1~2 次。

(4)西瓜皮、黄瓜皮、冬瓜皮各 200 g。用法:西瓜皮刮去表面蜡质外皮,冬瓜去绒毛外皮,与黄瓜皮一起锅内焯一下,待冷切成条状,拌盐食用。

(5)淫羊藿 30 g,粳米 50 g,肉桂 10 g。用法:将淫羊藿、肉桂水煎,去药渣,留药液,再下粳米煮成粥,每天早晚空腹服一碗。

三、高脂血症

高脂血症是指血液中脂类含量升高的一种代谢性疾病，其临床特征是：肝脂肪浸润，血脂升高及血液外观异常，血浆（清）呈乳油状。血液中的脂类有四类：游离脂肪酸、磷脂、胆固醇、甘油三酯。血液中的脂类（特别是胆固醇和甘油三酯）及脂蛋白的浓度升高即称为高脂血症。

【病因】

高脂血症的病因分为原发性和继发性。

(1)原发性高脂血症。见于自发性高脂蛋白血症、自发性高乳糜微粒血症、自发性脂蛋白酯酶缺乏症和自发性高胆固醇血症，主要是摄入高脂肪食物，运动不足引起。

(2)继发性高脂血症。多由内分泌和代谢性疾病引起，常见于糖尿病、甲状腺机能降低、肾上腺皮质机能亢进、胰腺炎、胆汁阻塞、肝机能下降、肾病综合征。

(3)其他。糖皮质激素和醋酸甲地孕酮也可诱发高脂血症。犬、猫在采食后，血清脂质会一过性增高，出现一过性高脂血症，这不是病，是正常生理变化。

【症状】

患病犬、猫营养不良，精神沉郁，食欲减退或废绝，偶见恶心、呕吐、心跳加快、呼吸困难、虚弱无力，不愿活动，站立不稳和瘦弱。血液如奶茶状，血清呈牛奶状。

继发性高脂血症表现出原发病的症状。

【诊断】

1. 症状诊断

根据临床症状和饲养状况进行判断。

2. 实验室诊断

犬、猫饥饿 12 h，血浆或血清出现肉眼变化，血清乳白色即为异常(图 6-1)。

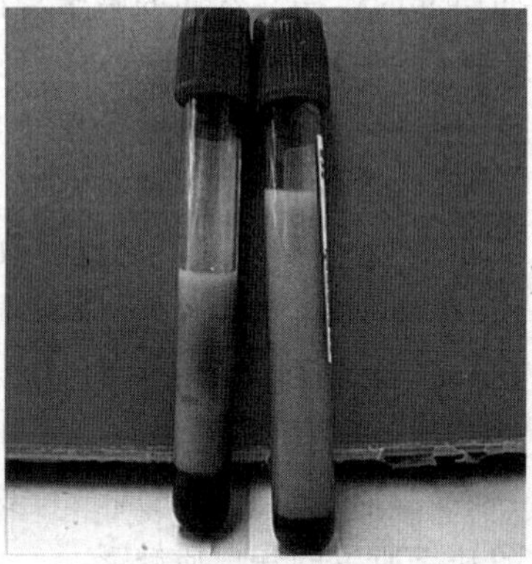

图 6-1　犬高脂血症(图中所示血清乳白色)

当血清中甘油三酯≥2.2 mmol/L 时，就会出现肉眼变化，同时，乳糜微粒（CM）和极低密度脂蛋白（VLDL）、胆固醇增多。

在饥饿状态下，成年犬血清胆固醇和甘油三酯含量分别超过 7.8 mmol/L 和 1.65 mmol/L；成年猫血清胆固醇和甘油三酯含量分别超过 5.2 mmol/L 和 1.1 mmol/L，即可诊断为高脂血症。

高脂血症的血清放置于冰箱中过夜时，如果是乳糜颗粒，则在血清顶部形成一层奶油状层；如果是极低密度脂蛋白（VLDL），则血清仍呈乳白色。单纯胆固醇血症时，血清无肉眼变化，但仍然是高脂血症。

高甘油三酯血症时，除甘油三酯浓度升高外，血清胆红素、总蛋白、白蛋白、钙、磷、血糖浓度出现假性升高，血清钠、钾、淀粉酶浓度出现假性降低，同时还可能发生溶血，影响多项血清学指标。

【防治】

1. 防治原则及措施

防治原则：确定病因，治疗原发病，尤其是继发性高脂血症。

对原发性高脂血症：改善饲养管理，饲喂低脂肪或无脂肪、高纤维食物，给予减肥处方食品。

高乳糜颗粒应限制长链脂肪酸摄入，给予中链脂肪酸。高极低密度脂蛋白血症，限制饲喂糖。高低密度脂蛋白血症，限制胆固醇的摄入。

经1～2月的食疗后，不见效或甘油三酯仍高于5.5 mmol/L，胆固醇高于8～20 mmol/L的，可试用降血脂药。

2. 处方

(1)烟酸。用法：犬、猫每千克体重0.2～0.6 mg，口服，每天3次。1～3周后增加至2～3 g，每天1次。

(2)苷糖脂片。用法：每天1片，服用1周。

(3)降胆灵。用法：一次口服0.5～4 g，每天3～4次。

(4)巯丙酰甘氨酸。用法：30～50 mg，口服，每天3次，连用2周。或静脉注射巯酰甘氨酸，犬100～200 mg/天，连用2周。

(5)氟伐他汀。用法：20～40 mg，每天1次，晚上服用。

四、蛋白质缺乏症

蛋白质缺乏症又称为低蛋白血症，是指由于食物中蛋白质含量过低或消化吸收功能障碍而引起的疾病。本病的临床特征是：血浆蛋白减少，胶体渗透压降低，全身性水肿。

【病因】

蛋白质是犬、猫的主要营养物质，犬、猫对蛋白质的需要，按干物质计算，一般要达到21%～23%，约占饲料总热量的20%。泌乳母犬、猫的需求量更高。

(1)蛋白质摄入不足或吸收障碍。食道狭窄、慢性腹泻；蛋白质消耗过多；大失血、严重烧伤、热性疾病、恶性肿瘤、恶病质、胸膜炎、腹膜炎、肾小球肾炎、肾病综合征；这些疾病均可导致蛋白质缺乏症。

(2)蛋白质合成障碍。如肝硬化、慢性肝炎。

(3)继发于其他疾病。大多数蛋白质缺乏都是继发于其他疾病，多见一种或几种特定氨基酸缺乏所致的蛋白质缺乏。

【症状】

本病明显的特征是生长缓慢，消瘦，食欲不振，被毛粗乱，精神迟钝，可视黏膜苍白，体质虚弱，体重减轻，发育停止，免疫功能低下，乳汁减少。严重者全身水肿。

猫精氨酸缺乏导致高氮血症，表现呕吐，肌肉痉挛，感觉过敏，共济失调和抽搐，重者几小时内死亡。

含硫氨基酸缺乏可导致牛磺酸缺乏，引起视网膜局灶性糜烂，重者影响视力，甚至失明。

【诊断】

(1)症状诊断。根据病史调查、临床症状做出初诊。

(2)实验室检查。血浆总蛋白正常为：犬5.3～7.5 g/100 mL，白蛋白3～4.8 g/100 mL。凡是血浆总蛋白低于5 g/100 mL以下，白蛋白低于3 g/100 mL以下，即可认为是蛋白质缺乏。由于本病常伴发贫血，故血红蛋白和红细胞均减少。

【防治】

1. 防治原则及措施

防治原则：加强饲养管理，提高食物中的蛋白质含量，药物治疗。

提高食物中蛋白质含量，在宠物犬、猫日粮中添加蛋类、牛奶和动物肝脏等食品。对一般工作犬，日粮配方中植物蛋白成分应占12%～15%，动物性蛋白质成分(鱼粉等)应占6%～8%，其中猫食物中牛磺酸应占干物质的0.1%，以保证蛋白质的需要。病情严重者，用10%葡萄糖溶液250 mL，氨基酸注射液100～250 mL，维生素C0.25～0.5 g，一次缓慢静脉注射。同时还应治疗原发病。

2. 处方

(1)补中益气汤。黄芪15 g，党参10 g，白术9 g，陈皮6 g，升麻6 g，当归10 g，柴胡6 g，炙甘草9 g。用法：水煎服，每天2次。

(2)参苓白术散。人参100 g，茯苓100 g，白术(炒)100 g，山药100 g，白扁豆(炒)75 g。用法：混匀，口服，一次6～9 g，每天2～3次。

五、吸收不良综合征

吸收不良综合征主要包括消化不良和吸收不良，又称消化吸收不良综合征。消化不良：一些疾病时肠道内消化物质缺乏，导致对食物的消化能力降低。吸收不良：肠道的吸收功能障碍，导致食物中的营养物质不能吸收。

吸收不良综合征不是一个单一的疾病。凡是可导致脂肪、蛋白质、碳水化合物、维生素、电解质、矿物质和水吸收障碍的一切紊乱，均可列入这一综合征范畴。

【病因】

吸收不良综合征的病因很多，有多种分类方法，通常是按照病因及发病机理分为以下几类。

1. 原发性吸收不良综合征

小肠黏膜有某种缺陷或异常，影响营养物质经黏膜上皮细胞吸收、转运。包括乳糜泻和热带口炎性乳糜泻等。

2. 继发性吸收不良综合征

(1)消化不良。胰酶缺乏(如慢性胰腺炎、胰腺癌、胰腺纤维囊肿、胰腺结石、原发性胰腺萎缩)，胆盐缺乏(肝实质弥漫性损害、胆道梗阻、胆汁性肝硬化、肝内胆汁淤积症、回肠切除、肠内细菌过度繁殖)，肠黏膜酶缺乏(先天性乳糖酶缺乏症)。

(2)吸收不良。小肠吸收面积不足(如小肠切除过多、胃结肠瘘、不适当的胃肠吻合术、空肠结肠瘘)，小肠黏膜病变(小肠炎症)，寄生虫病(圆线虫病)，肠壁浸润病变(淋巴瘤、结核病)，小肠运动障碍(甲状腺功能亢进影响小肠吸收时间)，淋巴血流障碍(淋巴发育不良、淋巴管梗阻)，血液循环障碍(门脉高压症、充血性心力衰竭)等。

【症状】

本病的最终典型特征表现为体重减轻，消瘦。由于引起本病的病因较多，故临床表现也不尽相同。

1. 消化不良

持续性腹泻，粪便中有酸性恶臭的脂肪便。日排便次数是正常的2～3倍。食欲旺盛或不稳定。

2. 吸收不良

无特征性症状。

(1)原发性吸收不良。多呈慢性经过,食欲较好,有的食欲旺盛,但生长发育缓慢,且体重会逐渐减轻,消瘦,经常出现呕吐。长期吸收不良会导致营养不良,患病犬、猫出现低蛋白血症、低钠血症和低血糖症。

(2)继发性吸收不良。临床上表现为精神沉郁,食欲旺盛,腹泻并排脂肪便,脱水,贫血,腹部胀满(腹水),逐渐消瘦,同时出现原发病的病症。

【诊断】

吸收不良综合征的诊断需要根据多项检查来综合判断。

1. 一般检查

根据临床症状,犬、猫的体征,做出初步诊断。

2. 粪便检查

(1)苏丹Ⅲ染色法直接检查脂肪。取新鲜粪便涂抹在载玻片上,加3~4滴苏丹Ⅲ液(70%酒精和等量丙酮混合,加过量溶解苏丹Ⅲ染料,用时过滤)后,在显微镜下用高倍显微镜观察,若发现甘油三酯则提示胰分泌不足或吸收不良。

(2)粪中脂肪量检查。让犬、猫连续3天基本上吃含8.5%~9%脂肪的肉食,每天按每千克体重50 g给予。在3天后稳定期收集1~2天的粪便,依据24 h内每千克体重排泄脂肪多少克来判断。正常的约为每千克体重0.25 g,如果胰分泌不足,则每千克体重≥2.08 g;若吸收不良,则每千克体重≥1.1 g。

(3)粪中蛋白质检查。饲喂新鲜生肉后,粪便涂片,用复方碘甘油染色,发现有肌纤维时,可以判断为消化不良。

(4)粪中胰蛋白酶活性检查。取少量粪便,与15%碳酸氢钠溶液混合;然后将X射线胶片放入混合液2.5 h。若X胶片变为透明的,则说明有胰蛋白酶存在,可以排除胰分泌不足。

(5)其他检查:细菌培养、检查寄生虫虫卵和原虫,排除细菌和寄生虫病。

3. 口服脂肪吸收试验(血浆浑浊度试验)

绝食12~24 h后,取血浆对照。口服植物油每千克体重3 mL,口服后2,3,4 h后采取血浆,与口服植物油之前的血浆做对比。若有血脂,则血浆呈白色浑浊,提示消化和吸收功能正常。

4. 肠或组织检查。

【防治】

1. 防治原则及措施

防治原则:查明病因,消除病因,改变饮食,补充酶和维生素。

(1)改变饮食,饲喂高蛋白、低脂肪食物,少食多餐。

(2)补充酶和维生素。

(3)同时口服淀粉酶、脂肪酶、蛋白酶、纤维分解酶等。

(4)积极治疗原发病,对症治疗。

(5)脱水时补液和纠正酸碱平衡紊乱,投服胃肠保护剂,减轻胃肠病症。

2. 处方

维生素 B_{12}，每千克体重 40～100 μg；叶酸，每千克体重 0.5 mg。用法：口服。

第三节 维生素缺乏和过多症

维生素是动物体内必需的一类有机化合物，它们都是以一种本体或前体的形式存在于天然食物中。

维生素有其特点，既不能给机体提供热能，也不能给机体提供组织原料；虽然需求量很小，但生理功能却异常强大；缺乏或不足会引起动物的疾病甚至死亡。有的维生素可以在体内合成，但有些维生素则不能合成，完全靠食物提供，因此若摄入不足时会引起缺乏。

引发维生素缺乏和过多症的原因有原发性原因和继发性原因。

(1)由于体内不能合成而又不能从食物中摄取的维生素缺乏属于原发性缺乏。

(2)由于维生素的吸收和储备过程发生障碍或机体的氧化加速以及生理和病理性对维生素的需求量增大所引起的维生素缺乏，属于继发性缺乏。

动物维生素的缺乏是一种渐进性的过程，长期缺乏不一定引起临床症状，但可以使动物的抵抗力降低，活动能力下降。

一、维生素 A 缺乏及过多症

(一)维生素 A 缺乏症

维生素 A 缺乏症是由于食物中维生素 A 原或维生素 A 不足或缺乏，或吸收机能障碍导致的一种慢性营养代谢障碍性疾病。本病的临床特征是：生长迟缓，角膜角化，夜盲，皮肤丘疹以及生殖机能低下。维生素 A 主要以维生素 A 原形式存在于青绿饲料和发酵青绿饲料中，进入机体后转化为维生素 A；动物组织中以肝脏组织含量较多。

【病因】

犬、猫维生素 A 缺乏症可分为原发性和继发性两种。

(1)原发性病因。食物中维生素 A 原或维生素 A 缺乏。食物中磷酸盐或硝酸盐含量过多，使维生素 A 在体内贮存、转化障碍。成年犬对维生素 A 的需要量为 110 万 IU/天，仔犬为 220 万 IU，而猫的需求量比犬更大。日粮中维生素 A 原不足或维生素不足，就会引起维生素 A 缺乏症。犬、猫食物中维生素 C、维生素 E 缺乏时，即使饲料中含有维生素 A，也常在消化过程中使维生素 A 散失过多导致吸收减少。饲料中磷酸盐过多时，影响维生素 A 在体内的贮存。日粮中硝酸盐过多时，不利于胡萝卜素转变成维生素 A，以致促进维生素 A 缺乏症的发生。

(2)继发性病因。肝脏疾病影响维生素 A 的利用和贮存，胃肠疾病影响维生素 A 的吸收，这些都可引发维生素 A 的缺乏。

【症状】

维生素 A 的缺乏症可表现为夜盲症、眼干燥症、皮肤干燥、生殖功能降低、胎儿先天性缺陷，神经系统损害等。

(1)夜盲症。阴暗光线下视物不清，盲目行走，行动迟缓，碰撞障碍物。

(2)干眼症。角膜增厚,角化,形成云雾状;甚至出现溃疡、穿孔。

(3)皮肤干燥。被毛粗乱、无光泽,皮肤干燥;有时有脂溢性皮炎,生长迟缓、逐渐消瘦。

(4)生殖功能降低。公犬生殖上皮变性、精子活力下降,睾丸缩小;母犬胎盘变性,出现流产、死胎或生出衰弱胎儿。

(5)胎儿先天性缺陷。母犬、母猫缺乏维生素 A 时,所产仔犬、猫表现为无眼球、小眼球、眼睑闭锁、腭裂、兔唇、附耳、后肢畸形、肾位异常、心瓣膜缺损、生殖器官发育不全、脑积水、全身性水肿。

(6)神经系统损害。外周神经损伤发生骨骼肌麻痹、颅内压升高而致惊厥,视神经受压而发生视神经乳头水肿导致的失明。

(7)机体抵抗力下降。幼龄犬维生素 A 缺乏时,机体抵抗力降低,易发生肺炎、肠炎、中耳炎、泌尿生殖器官感染。

【诊断】

根据特征性临床表现、食物情况、血浆中和肝脏中维生素 A 水平测定可以确诊。

【防治】

1. 防治原则及措施

防治原则:加强饲养管理,补充维生素 A。

加强饲养管理,多喂青绿蔬菜、胡萝卜、南瓜、黄玉米、牛奶、鸡蛋、肉类、动物肝脏。必要时加入鱼肝油。补充维生素 A 添加剂。怀孕期就提供丰富的维生素 A。

2. 处方

(1)维生素 A,每千克体重 100 IU。用法:内服,连用 7 天,以后剂量减半,每周 1 次。

(2)鲜兔肝脏 1~2 个,酱油少许。用法:兔肝在水中煮至半熟,加入酱油,食肝饮汤,每天一次。

(3)鸡肝 1 个,谷精草 15 g,夜明砂 10 g。用法:隔水蒸熟,食肝饮汤。

(二)维生素 A 过多症

维生素 A 过多症是指动物长期饲喂过量维生素 A 或含有大量动物肝脏的食物而引起的疾病。(维生素 A 中毒)临床表现为:跛行,四肢关节肿胀和疼痛。

【病因】

维生素 A 过多症是因大量长期食入动物肝脏,或长期大量投喂维生素 A 制剂,从而造成维生素 A 在体内蓄积,抑制成骨细胞功能,使韧带或肌腱附着处的管状骨骨膜发生增生性变化。

此外长期大量投予维生素 A 制剂,也可造成医源性维生素 A 中毒。

【症状】

病犬、猫的食欲减退,体重减轻,感觉过敏,全身震颤,尿失禁及便秘。由于骨质疏松,颈椎和前肢关节周围生成外生骨疣,结果使颈部发硬。前肘部及腕部骨骼融合,出现四肢肿胀、疼痛、跛行。脊椎骨融合时,颈部活动不灵活,似袋鼠样蹲坐。不能正常梳理被毛,显得被毛不顺,无光泽。厌食,甚至不食。齿龈炎,牙齿脱落。

【诊断】

根据特征性症状和日粮情况可做出初步诊断。X 射线检查可见以颈椎及胸椎为中心的广泛性骨质增生和椎骨融合。

【防治】

严格控制食物中肝脏和鱼肝油的量，逐渐调整食谱，停止给予维生素 A 和含有维生素 A 的食物。

处方：

(1)醋酸生育酚。用法：每千克体重 0.08 mL，肌内注射，隔天一次。

(2)地塞米松。用法：每千克体重 0.5～1 mg，肌内注射，每天一次，连用 3～5 天。

二、B 族维生素缺乏症

B 族维生素属于水溶性维生素，可从水溶性食物中提取，除含有碳、氢、氧外，还含有氮、硫、钴等。在多数情况下，B 族维生素缺乏无特异性症状，食欲下降和生长缓慢是共同症状。除维生素 B_{12} 外，水溶性维生素几乎不在体内储存，主要经尿液排泄出去(包括代谢产物)。因此，不必担心 B 族维生素过量，主要以缺乏症为主。由于犬、猫食物中缺乏大量的蔬菜和水果，一般来说 B 族维生素是容易缺乏的。

B 族维生素的功能主要是维持毛皮的健康，防止动物腹泻、消化不良。犬、猫 B 族维生素缺乏可导致皮炎、被毛粗乱无光泽及消化不良。

(一)维生素 B_1 缺乏症

维生素 B_1 缺乏症是因为犬、猫组织中缺乏维生素 B_1 导致糖代谢障碍，能量供应减少，特别是神经组织所需的能量减少，从而引起临床症状的一种营养代谢性疾病。本病临床上以出现神经症状为主。

【病因】

(1)摄入不足。新鲜蔬菜、米糠、麦麸、豆类、瘦肉、酵母中都含有较多的维生素 B_1，大多数情况下，犬、猫不会发生维生素 B_1 缺乏，但如果长期以卤肝、卤肉作为主食，又不补充维生素 B_1 或新鲜蔬菜，就可以因摄入不足而发生维生素 B_1 缺乏症。

(2)需求量增加。妊娠、哺乳、发热、过度疲劳、甲状腺功能亢进等，机体内对维生素 B_1 的需求量增加，此时不增加维生素 B_1 的量，就会产生维生素 B_1 缺乏症。

(3)维生素 B_1 被破坏。长期大量饲喂生鱼和软体动物，某些药物(氨丙啉)、植物、细菌和真菌等。食物烹煮时过火或时间过长，都会破坏维生素 B_1，产生维生素 B_1 缺乏症。

(4)吸收不良。慢性腹泻、消化不良、肝胆疾病等，使维生素 B_1 吸收减少而产生维生素 B_1 缺乏症。

【症状】

幼年犬、猫主要表现为心功能紊乱，脉搏加快，心脏扩张，心律不齐，前肢(特别是腕部)肿胀，食欲减退或废绝，几天内因心脏衰竭而死亡。

老龄犬、猫共济失调，行走时呈鸡跛步样等神经症状，后期出现后躯、四肢和声带麻痹，叫声嘶哑，有时惊厥倒地，角弓反张。

犬伴发失明，但瞳孔正常；猫表现眼球垂直性震颤。

【诊断】

(1)症状检查。根据犬、猫的病史、临床症状可初诊。

(2)实验室检查。采血进行血液检查发现维生素 B_1 水平下降及丙酮酸水平增高。

【防治】

防治原则:加强饲养管理,消除病因,给予含维生素 B_1 丰富的食物。

处方:

(1)维生素 B_1。用法:20～30 mg,口服,每天 1 次,连用 1 周。

(2)维生素 B_1 注射液。用法:15～20 mg,一次肌内注射,每天 1 次,连用 1 周。

(二)维生素 B_2 缺乏症

维生素 B_2 缺乏症是由于犬、猫机体组织中缺乏维生素 B_2 而引起的一种以贫血、虚脱和口炎为特征的营养代谢性疾病。

【病因】

(1)摄入不足。维生素 B_2 含于酵母、肝脏、肾脏、肉类及牛奶中,而在谷类食物中含量较少,如长期饲喂谷物性饲料,可导致维生素 B_2 摄入不足而发生维生素 B_2 缺乏症。

(2)继发于胃肠疾病。维生素 B_2 需从小肠壁吸收后再磷酸化为黄素单核苷酸才发挥作用,如发生胃肠炎、腹泻等胃肠疾病,可影响维生素 B_2 的吸收或转化,从而出现维生素 B_2 缺乏症。

【症状】

发生维生素 B_2 缺乏时,临床上主要表现为食欲减退或废绝,生长缓慢,消化不良,腹泻,每分钟心跳次数减少,可视黏膜苍白,痉挛和虚脱,神经过敏。

成年犬、猫呈现口炎,贫血,痉挛。雄性成年犬、猫可出现阴囊炎。妊娠早期缺乏维生素 B_2 可引起仔犬先天性畸形,重者死亡。

【诊断】

(1)症状诊断。根据临床表现可做出初诊。

(2)实验室检查。尿检发现维生素 B_2 含量下降,血检红细胞总数减少。

【防治】

治疗原则:消除病因,补充维生素 B_2,同时调整食物,给予富含维生素 B_2 的食物(新鲜蔬菜、乳制品、肉、蛋、奶、豆类等)。

处方:

(1)维生素 B_2 片。用法:20～30 mg,口服,每天 1 次,连用 5 天。

(2)维生素 B_2 注射液。用法:5～10 mL,肌内注射,每天 1 次,连用 5 天。

(3)酵母片。用法:1～4 片,口服,每天 1～3 次。

(三)烟酸缺乏症

烟酸缺乏症是犬、猫因烟酸缺乏而引起的一种以口炎(黑舌病)和皮炎(癞皮病)为特征的营养代谢病。

【病因】

烟酸在许多动植物饲料中都有,在谷类、酵母、麦麸、肝、肾等食物中含量丰富,但在玉米中含量很少,而且玉米中含有抗烟酸作用的乙酰嘧啶。因此,长期饲喂的食物中以玉米为主时易发生烟酸缺乏症。成年犬烟酸日需要量每千克体重 0.5 mg,猫日需要量每千克体重 0.25 mg。动物性产品很少的时候可能发生烟酸缺乏症。

烟酸以烟酰胺形式存在。烟酰胺是构成辅酶 I 及辅酶 II 的组成成分，也是体内许多脱氢酶的辅酶，在正常组织细胞呼吸及碳水化合物、蛋白质、脂肪代谢中起到重要作用，并对维持皮肤和消化机能有重大意义。犬可将体内色氨酸转变为烟酸，猫却无这种能力。因此，猫日粮中即使含有色氨酸也可能发生烟酸缺乏症。

【症状】

犬、猫烟酸缺乏时表现：皮肤粗糙，有红斑和渗出液，并形成黑痂；食欲减退或废绝，口渴，口腔恶臭，黏膜潮红，舌黏膜上有红色至暗蓝色的色素沉积；唇、颊黏膜形成密集的脓包，甚至溃疡、出血、坏死；不断有黏稠恶臭的唾液从口腔流出；体温升高，步样蹒跚，有的痉挛或腹泻。

【诊断】

(1)症状诊断。根据典型的皮炎、腹泻、口腔溃疡及神经症状可做出初步诊断。

(2)实验室检查。烟酸含量下降及红细胞总数减少，加之特征性的临床症状即可确诊。

【防治】

防治原则：加强饲养管理，喂给含有烟酸较多的食物(肉、鱼、蛋)，经常给予酵母片。

处方：

(1)烟酸片。用法：每千克体重 0.6 mg，口服，每天 3 次，连用 1 周。

(2)烟酸注射液。用法：每千克体重 0.25 mg，肌内注射，每天 1 次，连用 1 周。

(四)维生素 B_6 缺乏

维生素 B_6 缺乏是由于机体组织中缺乏维生素 B_6 而引起的一种营养代谢性疾病，其以严重的小红细胞性低色素性贫血为特征。

维生素 B_6 是吡多醇、吡多胺、吡多醛的总称，在体内经磷酸化后，是转氨酶、氨基脱氢羧酶的辅酶，并且与胆固醇和中枢神经系统的代谢有关，其缺乏可引起各种代谢障碍。

【病因】

配制日粮时不计算日粮中维生素 B_6 的含量。不按需求量添加维生素 B_6。维生素 B_6 广泛存在于多种动物、植物类饲料中，但在蒸煮过程中可能破坏维生素 B_6。食物调制不当，厌食，胃肠消化吸收功能障碍或长期喂给高蛋白饲料又没额外补充维生素 B_6，都可引起维生素 B_6 缺乏症。

【症状】

维生素 B_6 缺乏主要是以小红细胞性低色素性贫血为特征，同时还发生神经退行性变性和肝脏脂肪浸润。患病犬、猫可视黏膜颜色变淡，心跳、呼吸加快，动则气喘，行走不稳，共济失调，有时惊厥，突然倒地，角弓反张，全身僵硬，口吐白沫，甚至昏迷。

幼龄犬、猫胃肠功能障碍，食欲不振，发育不良、消瘦，反应过敏，有的眼睑、鼻、口唇周围、耳根后部及面部发生瘙痒性红斑样皮炎或脂溢性皮炎。有时口角、舌发炎。

【诊断】

(1)症状诊断：根据病史、临床表现及维生素 B_6 的治疗有效，可以做出初步诊断。

(2)实验室检查：血液检查发现血红蛋白含量降低，红细胞体积变小，血中脂肪酸含量增加，即可确诊。

【防治】

防治原则：消除病因，加强管理，给予含维生素 B_6 丰富的食物，同时全面搭配日粮，保证营养,需要在食物中适当添加牛奶等。

处方:

(1)吡多醇。用法:每千克体重1~5 mg,口服,每天3次,连用10天。

(2)吡多醇。用法:每千克体重0.005 mg,肌内注射,每天1次,连用10天。

(3)酵母片。用法1~4片,口服,每天2次,连用10天。

(五)生物素缺乏症

生物素缺乏症是由于生物素缺乏引起的机体糖、蛋白、脂肪代谢障碍的营养缺乏性疾病。

【病因】

动物肠道微生物能合成生物素,多种食物中都含有丰富的生物素,故一般食物饲喂动物是不会发生生物素缺乏的。只有当大量使用抗生素、磺胺类药物、抗球虫药物后,抑制肠道中微生物合成生物素,或增喂犬、猫大量生鸡蛋时,由于其中含有抗生物素蛋白,能与食物或肠道中的生物素牢固结合,使其丧失活力,这时动物才有可能发生生物素缺乏症。

【症状】

犬、猫生物素缺乏的早期阶段,出现鳞状皮肤炎,脱毛。在长期饲喂生鸡蛋时,可出现食欲不振、呕吐、生长缓慢,舌头发炎和肿大,眼睛和鼻子有干性分泌物和唾液增多,严重的出现衰弱、腹泻、进行性痉挛、后躯麻痹。后期出现明显消瘦或血便。

【诊断】

依据临床症状和饲养状况进行诊断。

【防治】

防治原则:加强管理,去除病因,补充维生素H。

处方:

(1)生物素。用法:每千克体重0.5~1.0 mg,肌内注射,每3天一次。

(2)复合维生素B。用法:1~2片,口服,每天3次。

(六)叶酸缺乏症

叶酸是由嘧啶核、对氨基苯甲酸及谷氨酸结合而成,是一碳基团代谢的辅酶,由于其主要存在于蔬菜绿叶中,故名叶酸。当犬、猫体内叶酸缺乏或不足时,就会引起一种以贫血和白细胞减少为特征的营养代谢性疾病。

【病因】

叶酸在很多饲料中都含量丰富,且犬、猫肠道中微生物能够合成足够的叶酸供其需要,因此通常不易发生叶酸缺乏症。只有当犬、猫大量出血或长期吸收不良或服用大量抗生素、磺胺类药物,抑制了肠道中微生物菌群合成叶酸时,才会发生叶酸缺乏症。

【症状】

患病犬、猫精神不振,生长发育不良;喜卧懒动,心跳、呼吸加快,动辄张口喘气,可视黏膜苍白,逐渐消瘦;有的出现口腔炎症和溃疡。叶酸能通过胎盘传给胎儿,因此,妊娠后期犬、猫只要不缺乏叶酸,所生幼犬、猫也不会发生叶酸缺乏症。

【诊断】

(1)症状诊断。叶酸缺乏症在临床上特征性症状不明显,常不易诊断,但根据饲养管理及长期使用抗生素的病史，可做出初步诊断。

(2)实验室检查。血液检查发现红细胞总数和白细胞总数同时减少的结果就可以确诊。

【防治】

防治原则：加强饲养管理，全面搭配日粮，避免长期使用广谱抗菌类药物。

处方：

(1)叶酸。用法：20～30 mg，口服，每天 3 次，连用 1 周。说明：犬出现口腔溃疡的涂碘甘油。

(2)叶酸注射液。用法：50～60 mg，肌内注射，每天 1 次，连用 1 周。

(七)维生素 B_{12} 缺乏症

维生素 B_{12} 缺乏症是由于犬、猫体内维生素 B_{12} 合成或吸收障碍而引起以贫血和肝脂肪变性为病症的一种营养代谢性疾病。本病临床上以巨幼红细胞性贫血和神经损害为特征。

【病因】

维生素 B_{12} 又称钴胺素，其在动物肝脏肉和禽蛋中含量较多，在动物肠道内的微生物也能合成一部分，所以一般情况下犬、猫较少发生维生素 B_{12} 缺乏。

但当犬、猫食物中长期缺乏钴元素或肠胃有病，对维生素 B_{12} 不能很好吸收；肝、肾疾病影响维生素 B_{12} 的储存和利用；一些药物(主要是抗生素)、胃肠道手术和放射疗法影响维生素 B_{12} 的正常消化与吸收；有毒物质或环境污染影响维生素 B_{12} 的储存；老年犬对维生素 B_{12} 的吸收减少，这些都有可能引发维生素 B_{12} 缺乏症。

【症状】

维生素 B_{12} 缺乏时，临床上主要表现为恶性贫血，肝功能和消化功能障碍。患病犬、猫长期食欲不振，异嗜，生长停滞，营养不良，肌肉萎缩，心跳、呼吸次数增加，可视黏膜苍白，喜卧懒惰，运动不协调，抗病能力下降，皮炎等。母犬在妊娠期发生维生素 B_{12} 缺乏时，其仔犬会发生致死性水头症。

【诊断】

(1)症状诊断。根据临床表现和饲养状况做出初步诊断。

(2)实验室诊断。实验室测定尿中甲基丙二酸的含量，检查发现尿中甲基丙二酸显著增加即可确诊。

【防治】

防治原则：除去病因，补充维生素 B_{12}。

在食物中加入动物肝脏、肉类和禽蛋，精神委顿者给予适量的安纳咖；同时加强饲养管理，全面搭配饲料，满足机体对动物性食品的需求；积极治疗胃肠疾病，防止犬、猫对维生素的吸收障碍。

处方：

(1)维生素 B_{12}。用法：50～100 mg，口服，每天 1 次，连用 10～14 天。

(2)维生素 B_{12} 注射液。用法：30～100 mg，肌内注射，每天 1 次，连用 3 天。

三、维生素 E 缺乏症

维生素 E 缺乏症是由于犬、猫体内缺乏维生素 E 而引起的以肌肉萎缩和不孕为特征的一种营养代谢性疾病。维生素 E 又称生育酚，是所有具有 α-生育酚生物活性物质的总称，可分为生育酚和三烯生育酚两类，共有 8 种化合物，其中于 α-生育酚生物活性最高。

【病因】

维生素 E 主要存在于青绿饲料、豆科干草、谷粒（特别是发芽谷粒）或植物油中，是极好的天然抗氧化剂。成年犬对维生素 E 的需求量为每千克体重 1.1 万 IU，生长期仔犬需要量为每千克体重 2.2 万 IU。在常规饲养条件下，犬很少患维生素 E 缺乏症。

造成犬、猫维生素 E 缺乏的原因有：陈旧的动物性饲料和磨碎的谷物含有的维生素 E 因氧化而被破坏；给犬、猫长期饲喂含大量酸败脂肪和不饱和脂肪酸的鱼肉等，可使机体内的维生素 E 大量消耗而引起缺乏；饲料中的矿物质含量太多，也可使维生素 E 发生氧化而失活；长时间患有胃肠疾病（长期腹泻）时，使维生素 E 的吸收受到影响。

【症状】

幼犬、青年犬由于肌细胞耗氧增大，导致骨骼肌变性、萎缩，生长停滞，脂肪组织炎。患犬逐渐消瘦、贫血、水肿，免疫力降低，发生慢性肝功能性障碍，容易生病。

母犬的受胎率下降或出现流产，死胎，早产。公犬精母细胞变性，睾丸萎缩，输精管上皮退化，性欲减退或消失。

维生素 E 缺乏是猫黄脂病的原因之一，能与日粮中不饱和脂肪酸过多一起导致“蜡样质”色素在脂肪组织内沉着，表现不愿活动、触摸疼痛等症状。

【诊断】

根据临床症状及饲养状况进行初步诊断。用维生素 E 进行诊断性治疗，效果明显，可确诊。

【防治】

防治原则：加强管理，补充食物中的维生素 E。

不喂酸败肉类食物，注意食物中微量元素，尤其是硒及矿物质的合理搭配，可有效地预防维生素 E 缺乏。

处方：

(1)维生素 E。用法：1～2 片，口服，每天 1 次，连服 1 周。

(2)乙酸生育酚。用法：每千克体重 0.08 mL，肌内注射，隔天 1 次。

四、维生素 D 缺乏症

维生素 D 缺乏症是幼犬由于日粮中缺乏维生素 D 或维生素 D 吸收障碍而导致骨营养不良为主的一种营养代谢性疾病。本病的临床特征为：消化紊乱，异嗜，跛行及骨骼变形。

【病因】

犬舍阴暗，光照不足。母犬长期喂养在阴暗之处，故皮肤中的 7-脱氢胆固醇不能转变为维生素 D_3，于是在乳汁中可能发生维生素 D 的严重不足，从而导致幼犬维生素 D 缺乏。幼犬断奶后缺乏光照，而食物中未能补充维生素 D，也是引起此病发生的一个重要因素。

此外，消化不良、吸收困难、慢性肠炎、腹泻、寄生虫大量寄生等都可以导致维生素 D 的吸收障碍而引发本病。

【症状】

病初出现异嗜现象，如舔舐泥土、墙壁、污物或邻近动物及自己的腹部。牙齿生长缓慢或换齿时间推迟，逐渐出现关节疼痛，表现步态强拘，跛行，起立困难，关节部骨端肿胀变形。异常姿势，呈现O形或X形腿姿势。肋骨和肋软骨结合部肿胀，呈串珠状，胸骨下沉，脊椎骨弯曲，骨盆狭窄，发生鼻塞音和呼吸困难，咀嚼小心缓慢。病犬精神不振，喜卧懒动，逐渐消瘦，严重者卧地不起，以致发生褥疮、败血症等。

【诊断】

(1)症状诊断。根据发病年龄、临床表现以及饲养管理情况不难诊断。维生素D缺乏症主要发生于幼犬和青年犬，且发病缓慢，病后主要表现骨和关节的变化。询问畜主，如发现饲养管理方面的缺陷更有助于诊断。

(2)实验室诊断。X射线检查骨密度降低，血钙浓度在9 mg/100 mL以下，血磷浓度在2.5 mg/100 mL以下时即可确诊。

【防治】

治疗原则　动物多晒太阳，调整日粮，补充维生素D。

在治疗过程中，要密切观察犬的采食和消化状态。如出现消化障碍，应酌情使用健胃剂。同时加强饲养管理，注意圈舍卫生，保证光线充足，适当运动，多晒太阳，调整日粮组成，保证充足的维生素D和矿物质。

处方：

(1)维丁胶性钙。用法：0.25～0.5 IU，一次皮下注射。

(2)鱼肝油。用法：5～10 mL，口服。

(3)维生素D_3。用法：10万IU，一次皮下注射，间隔半个月一次。

第四节　矿物质代谢障碍

矿物质代谢主要是钙和磷的代谢。钙和磷是动物骨骼的主要组成成分，占机体总灰分的70%以上，其中99%以上的钙，80%～85%的磷存在于骨骼和牙齿中，而且钙、磷的比例总是保持在2∶1左右。其余的钙主要分布于细胞外液(血浆和组织间液)中，细胞内很少；其余的磷主要分布在细胞外液中和细胞内。骨骼和牙齿中，钙、磷的作用是维持它的硬度。体液中的钙和磷含量虽然很少，但作用非常重要，能降低神经肌肉的兴奋性，降低毛细血管和膜的通透性，维持正常肌肉收缩，维持神经冲动的正常传导，参与正常血液凝固，激活多种酶，参与构成活细胞的结构，参与几乎所有重要有机物的合成和降解代谢，调节酸碱平衡，并在能量储存、释放或转换中起着重要的作用。食物中的钙、磷主要是通过小肠吸收。

犬、猫的钙、磷代谢病，主要是指犬、猫体内钙、磷量的摄入与排除失去平衡以及血液中钙、磷，特别是钙的浓度异常引起的疾病。

一、佝偻病

佝偻病是幼龄犬、猫软骨骨化障碍，导致发育中的骨钙化不全，骨基质钙盐沉积不足的一种慢性病。佝偻病犬、猫虽不如其他动物发病率高，但也时有发生，犬发病还是较多的。

【病因】

钙、磷缺乏或者钙、磷比例不当是导致佝偻病发生的重要原因。食物和乳汁中的钙、磷比例应维持在(0.6∶1)～(1.3∶1)的范围内，如果达不到这个比例，就会影响骨骼的发育，发生佝偻病。

维生素D缺乏是佝偻病发生的主要原因。维生素D适量的存在,可使肠液中的pH降低,有利于钙的吸收,同时还能促进钙在骨骼中的沉积。当维生素D缺乏时,无论是钙的吸收或是骨钙的沉积都会受到影响,继而导致佝偻病的发生。慢性肠炎可影响脂溶性维生素D的吸收。发生肝脏疾病使肝细胞受损时,线粒体中的D-25羟化酶不能催化维生素D转变为25-羟维生素D(25-羟胆骨化醇),导致骨盐沉积障碍而发生佝偻病。

【症状】

患先天性佝偻病的犬、猫,出生后骨质软弱,肢体有异常弯曲,出生数天仍不能站立。患后天性佝偻病的犬、猫,患病初期往往被忽视,直至关节、肢体变形后才引起注意。病初动物精神不振,食欲减退,消化不良,逐渐消瘦,生长发育缓慢。进行期症状是患病动物发生异嗜,喜欢舔食墙壁和地板,喜食泥土、砖石或自己的粪便。后期表现为腹泻或便秘等消化障碍,最后骨骼出现畸形,但在骨骼变形之前,动物表现为四肢关节疼痛,运动时四肢强硬,屈伸不灵活,出现跛行或卧地不能站立。

骨骼变形的特征有以下几种。

(1)胸部畸形。肋骨与肋软骨交界处膨大呈钝形,呈串珠状,由于胸肌牵引内部,使肋骨内陷,胸部突出,成为鸡胸,从而导致胸廓变小。

(2)四肢畸形。腕(跗)球关节粗大,四肢负重时管状股逐渐变形,呈现各种异常姿势,如两膝和两腕分开成O形腿,分离方向相反者呈X形腿;盆骨部左右压扁而变得狭小。

(3)脊柱畸形。因负重关系,而使脊柱向上凸起,呈弓形弯曲。

佝偻病是一种全身性疾病,除骨骼系统外,其他系统亦受影响。患病动物骨骼肌萎缩无力,关节膨大,胃肠迟缓。若患犬血钙降低,则可出现神经症状,如尖叫、痉挛和肌肉疼痛敏感,其神经症状发作是短暂的,但可以间歇性频繁发作。重症佝偻病的犬、猫骨骼异常疏松,易引起四肢、盆骨和脊柱的骨折,卧地不能站立,胸壁畸形影响肺扩张,引起肺循环障碍。因腹肌无力、胃肠迟缓,常导致便秘,膀胱积尿。

恢复期神经症状消失,骨骼改变不再进行,血钙、血磷恢复正常。早期轻型佝偻病如能及时治疗,可以完全恢复正常。重型佝偻病,至恢复正常后可遗留轻重不等的骨骼畸形。

【诊断】

(1)症状诊断。根据病史调查和临床症状不难建立诊断。

(2)实验室诊断。检测血钙和血磷的浓度,当犬血钙在9 mg/100 mL、血磷在2.5 mg/100 mL以下时,即可确诊。

【防治】

防治原则:应重视早期治疗质量。愈早治疗,恢复越快,并不留任何后遗症。除应用维生素D外,应特别重视合理饲养和使动物多进行运动,尤其是早、晚的运动。患了佝偻病的犬、猫多晒太阳对疾病恢复有积极作用。经常补充维生素D可以预防佝偻病的发生。

处方:

(1)鱼肝油。用法:5~10 mL,每天一次,内服。

(2)维生素D_3注射液。用法:1 500~3 000 IU,一次肌内注射,每15天重复一次。

(3)维丁胶性钙。用法:0.1~0.5 mL,皮下注射,每天1次。鱼肝油。用法:5~10 mL,每天1次,内服。

二、骨软症

骨软症是成年犬、猫的骨质进行性脱钙、未骨化的骨基质过剩而造成骨质疏松的一种慢性营养不良性疾病。骨软症临床上以骨骼变形为特征，犬、猫偶有发生。

【病因】

日粮中钙、磷比例失调，特别是磷含量绝对或相对缺乏是造成本病的主要原因。犬、猫食物中钙、磷最合适的比例，犬为(1.2∶1)～(1.4∶1)，猫为(0.9∶1)～(1.1∶1)。有的主人担心爱犬缺钙，长期大量喂食钙剂，而忽视了补磷，造成钙、磷比例严重失调，容易发生本病。动物在钙、磷供应总量不足的条件下，对磷的缺乏更为敏感，极易发生骨软症。

维生素D缺乏时，可加重磷的缺乏。此外，锌、铜、锰等微量元素的缺乏也对骨软症的发生有促进作用。

【症状】

病初发生消化机能紊乱，喜食泥土、破布、塑料等，有的甚至因异嗜而发生胃肠阻塞。随后出现运动障碍，运步强拘，腰腿僵硬，拱背、跛行，喜卧，不愿站立。继而出现骨骼肿胀变形，四肢关节肿大，易发生骨折或肌腱附着部的撕脱。

【诊断】

(1)症状诊断。依据异嗜、跛行和骨骼肿大变形不难诊断。

(2)实验室诊断。主要通过检测饲料发现钙、磷比例失调或绝对量不足，X射线摄影检查发现骨质疏松，即可确诊。血钙多无明显变化，而血磷明显降低。

【防治】

防治原则：加强饲养管理，注意犬舍卫生，适当运动，保证充足的光照，调整不合理的日粮结构和补钙。另外，要保证钙、磷比例和绝对供应量。适当补充维生素D和锌、铜、锰等微量元素，防止长期、大量、单一的补给钙剂。

处方：

(1)维丁胶性钙。用法：0.1～0.5 mL，皮下注射，每天1次。鱼肝油。用法：5～10 mL，每天1次，内服。

(2) 20%磷酸二氢钠注射液。用法：300～500 mL，静脉注射，每天1次。

三、异食癖

异食癖是患病犬、猫吞噬和舔舐食物以外的一些异物的病态，是犬、猫常发生的一种营养代谢病。

【病因】

主要是营养失衡，缺乏某些矿物质、维生素等，特别是处于生长期的幼犬、猫，在食物过于单一，不能进行全价饲养时，更易发生。

当犬、猫发生慢性消化不良、慢性胃肠炎、胰脏疾病等慢性消化系统障碍时容易发生此病，患寄生虫病(如蛔虫、钩虫、绦虫等)也可发生异食癖。本病也见于狂犬病等疾病过程中。

【症状】

病犬、猫常吞噬或舔舐木片、石子、砖头、碎布、泥沙、被毛、青草、煤渣、粪便等异物。根据吞噬异物的性状、在消化道内滞留与否、滞留的部位，本病临床表现不尽相同。锐利的异物可能损伤口腔，可见流涎和口腔出血。有的可造成食管、胃、肠内异物梗阻或穿孔。因动物舔舐被毛而在胃内形成毛团并不少见。消化道内有异物时，犬、猫往往有厌食或者绝食、呕吐等症状。

【诊断】

(1)症状诊断。根据临床症状易于诊断。

(2)实验室诊断。消化道内异物可通过腹部、食管触诊或X射线检查发现。

【防治】

1. 防治原则及措施

防治原则：投服缓泻剂或深部灌肠，排除消化道内异物。

(1)由胃肠疾病引起者，应治疗原发病。由肠道寄生虫引起者，用盐酸左旋咪唑每千克体重10 mg，口服；或伊维菌素，每千克体重0.2 mg，肌内注射，一周后重复用药一次。

(2)加强饲养管理，调整食物营养结构，适量补充微量元素和多种维生素，定期驱虫，及时制止其异嗜行为，改善饲养方法和生活环境，以纠正异嗜恶习，有顽固异嗜的不可作为种用。

2. 处方

(1)维生素B。用法：每千克体重10～20 mL，肌内注射，每天1次，连用3～4天。

(2)盐酸左旋咪唑。用法：每千克体重10 mg，口服，一周后重复用药一次。

(3)伊维菌素。用法：每千克体重0.2 mg，肌内注射，一周后重复用药一次。

四、痛风

痛风又称尿酸素质、尿酸盐沉积症或结晶症，是由于体内嘌呤核苷酸代谢障碍，尿酸盐形成过多或排泄过少，在体内形成结晶并蓄积的一种代谢性疾病。本病临床上以关节肿胀、变形，肾功能不全和尿石症为特征，各种动物均可发生。

【病因】

动物性饲料过多是引起本病的主要原因。给动物饲喂了大量的动物内脏、肉屑、鱼粉、大豆等富含核酸蛋白质的食物。肾脏损伤可诱发本病，在禽类尿酸占尿氮的80%，其中大部分通过肾小管分泌而排泄，当肾小管机能不全时，可使尿酸盐分泌减少，产生高尿酸血症，以致尿酸结晶在实质脏器浆膜表面沉着，称为内脏痛风肾中毒型。当日粮中维生素A缺乏时，输尿管上皮角化、脱落，阻塞输尿管，使尿酸排泄减少引起痛风。内服大量磺胺药物损害肾脏以及某些传染病、寄生虫病、中毒性疾病均可继发痛风。

此外，遗传因素与本病的发生有一定关系。

【症状】

患病动物多取慢性经过，患病犬、猫精神沉郁，食欲减退，消瘦，被毛粗乱、蓬松，行动迟缓，周期性体温升高，心搏加快，气喘，血液中尿酸盐含量升高。

(1)关节型痛风。运动障碍，跛行不能站立。关节肿大，病初肿胀软而痛，以后逐渐形成疼痛不明显的硬结性肿胀，结节小如蓖麻子，大如鸡蛋，分布于关节周围。病久者，结节软化破溃，流出白色干酪样物，局部形成溃疡。

(2)内脏型通风。表现为营养障碍、下痢、消瘦、增重缓慢。

【诊断】

(1)症状诊断。根据饲喂动物性食物过多，关节肿大，关节腔或腹腔内有尿酸盐沉积，可作出诊断。

(2)实验室诊断。关键内容物检验，呈紫尿酸胺阳性反应。显微镜检查可见针状或放射状尿酸钠晶粒。或将粪便烤干研成粉末，置于瓷皿中加 10%硝酸溶液 2～3 滴，待蒸发干涸，呈橙红色，滴加氨水后，生成紫尿酸胺而呈紫红色。

【防治】

1. 防治原则及措施

防治原则：目前尚无有效治疗方法，多采取对症治疗，补充维生素 A，消炎止痛；关节型痛风，可用手术摘除痛风石。

(1)急性期。吡罗昔康 20 mg，每 12 h 使用一次，连用 3～4 天，症状可缓。缓解后改为每天 20 mg，症状消失后停药。或保泰松，首次剂量 200 mg，以后每次 100 mg，每 6 h 使用一次，直至症状缓解。上述药物无效者，可用泼尼松每千克体重 2 mg，口服。

(2)慢性期。用排尿酸药，如丙磺舒，0.5 g，口服，每天 2 次；或苯溴酮，第一天 25～100 mg，以后维持量 50 mg，隔天一次。或用抑制尿酸合成药，如别嘌呤醇 100 mg，口服，每天 2～4 次，维持量 100 mg/天。

(3)平时饲喂富含维生素 A 和低蛋白的食物。

2. 处方

(1)维生素 A。用法：每千克体重 400 万 IU，口服，每天 1 次。

(2)保泰松。用法：每千克体重 2～4 mg，口服，每天 3 次。

(3)消炎痛。用法：每千克体重 0.5～1 mg，口服，每天 3 次。维生素 A。用法：每千克体重 400 万 IU，口服，每天 1 次。

第五节　微量元素缺乏及过多症

一、硒缺乏及过多症

硒是维持动物机体正常生理功能的必需微量元素，现已知硒是谷胱甘肽过氧化物酶的组成成分，对于保护细胞膜的正常结构起着重要作用。此外，硒还参与辅酶 A 和辅酶 Q 的合成，催化细胞色素 C 的还原过程，促进丙酮酸脱羧，在物质代谢中发挥着重要作用。

【病因】

(1)原发性因素。见于食物中缺硒。土壤缺硒直接导致植物性食物中缺硒，间接地又使动物性食品中含硒量不足。维生素 E 的缺乏能加重硒的缺乏，因为二者是互补、协调作用，在一定条件下，维生素 E 可代替硒。由于食物中硒或维生素 E 缺乏而引起的营养性肌营养不良，又称白肌病。

(2)继发性因素。硒的拮抗元素是硒缺乏症的继发因素。食物中铜、锌、砷、镉及硫酸盐含量过高，可使硒的吸收和利用率下降，此时即使硒供给量充足，也能发生硒缺乏症。此外，应激反应是硒缺乏症的诱发因素，如犬、猫突然改变生活环境、长途运输、过度奔跑、咬斗等可能会促使硒缺乏症的发生。

【症状】

硒缺乏时，主要发生骨骼肌、心肌、胃肠平滑肌等各种肌组织的变性。动物表现不爱运动，跛行，甚至不能站立；有时出现心率快，脉搏无力，心性水肿等。有的出现消化功能紊乱，生长停滞；有的表现为生殖功能下降等。有的病例在剧烈运动、受到惊吓、过度兴奋、互相追逐中突然发生心力衰竭而猝死。

硒过多时，动物情绪压抑、神经质，食欲不振、呕吐，衰弱、运动失调，发生呼吸困难、脱毛以及肺水肿，数小时到数天内死亡。

【诊断】

依据基本症候群，结合特征性疾病病理变化，参考病史及地区土壤硒含量情况等做出诊断。

应注意本病与维生素 E 缺乏症及某些伴有消化障碍的传染病相鉴别。

【防治】

补硒是治疗硒缺乏症的基本措施。在缺硒地区要注意对食物硒含量的测定，当硒含量较低时，要注意补硒。幼犬用每千克体重 0.01 mg 的硒和每千克体重 1 mg 的维生素 E 的食物饲喂，或每千克干食物添加 0.5 mg 硒（亚硒酸钠），可防止本病发生。

处方：

(1)维生素 E。用法：1.5 mg，口服，每天 1 次。

(2) 1%亚硒酸钠。用法：0.5～1 mL，肌内注射，每隔 2～3 天再注射 1～2 次。

二、锌缺乏及过多症

锌缺乏症是由于机体组织内锌含量减少而引起的一种代谢性疾病，犬、猫主要以生长发育受阻或足垫增厚为临床特征。

犬、猫发生锌过多症较少见，主要是由于吃了含锌的物体（金属、硬币、玩具）或氧化锌软膏而引发。

(一)锌缺乏症

【病因】

锌缺乏症主要是由于饲料中锌含量不足而发生的。一般蛋白质食物中锌含量较多，海产品是锌的主要来源，奶类和蛋类次之，蔬菜和水果中含锌较少。锌的吸收与铁相似，受肠道黏膜细胞中锌含量的影响。过食植物性蛋白质食物的犬、猫，对锌的需求量增多，每 100 g 干食物中需添加锌量到 10 mg（正常为 3 mg）。食物中高钙能减少犬对锌的吸收，所以长期以植物性食物喂养的犬，包括长期在食物中添加高钙饲养的犬，都可能发生锌缺乏症。

【症状】

生长发育缓慢是锌缺乏症的主要症状。幼年犬、猫长期厌食、腹泻、消化紊乱，个体小。

皮肤角化不全和脱毛是缺锌的特征性变化，表现在脸、四肢和身上有痂皮和鳞片损伤。犬还发生趾垫增厚、龟裂。成年犬、猫被毛粗糙，眼、耳、口、下颌、肢端、阴囊、包皮和阴门周围出现痂皮和鳞片，睾丸萎缩，身体局部色素沉积过多，鼻镜黑色素减少。

【诊断】

(1)症状诊断。根据特征性临床表现和病史可以建立诊断。

(2)实验室诊断。检测血清中锌含量，犬正常血清锌含量为 13.62～14.67 μmol/L。

【防治】

补锌是治疗锌缺乏症的基本措施。锌缺乏时，应调整日粮中的含锌量，在食物中多添加肉类及海产品。对于以植物性饲料为主食的犬、猫，应适当添加硫酸锌，并防止过量添加钙制剂；也可口服、注射或皮肤涂擦锌制剂。

处方：

(1)葡萄糖酸锌口服液。用法：5～10 mL，口服，每天 1～2 次。

(2)硫酸锌。用法：每千克体重 10 mg，口服，每天 2 次，连用 2 周。

(二)锌过多症

【病因】

锌过多症的主要原因是犬、猫意外食入含锌物质，如螺丝帽、螺钉、镀锌用具、笼子、电池、硬币、含锌的软膏等发生中毒。

【症状】

早期出现沉郁、呕吐、腹泻、贫血，后期出现黄疸、血红蛋白尿、血尿、轻度或重度贫血。

【诊断】

(1)症状诊断。根据特征性临床表现，呕吐、腹泻、贫血、黄疸、血红蛋白尿、血尿等可作出初步诊断。

(2)实验室诊断。经过检查血液，出现有核红细胞，并嗜碱性着色。肝脏转氨酶活性升高。血清中锌的质量浓度升高(≥0.7 μg/mL)，消化道中积聚有游离的锌成分。放射学检查，发现胃肠内有完整金属块。

【防治】

防治原则：除去胃肠道含锌物质，监测并治疗贫血、血小板减少症及弥散性血管内凝血。

处方

(1)乙二胺四乙酸钙。用法：每千克体重 100 mg，皮下注射，每天 2 次，连用 3～5 天。

(2)青霉胺。用法：35 mg/天，分 4 次口服，连用 7～14 天。

三、碘缺乏及过多症

碘缺乏症是由于食物中长期缺乏碘元素而引起的甲状腺机能紊乱性疾病，临床上以骨骼发育不全和甲状腺肿为特征，多发生于犬。而碘过多症见于过量食用碘制剂，滥用海草灰或其他碘添加剂，发生较少。

【病因】

(1)原发性碘缺乏。主要原因是从食物中摄取碘的量不足。食物中碘与土壤或水中的碘含量密切相关，所以，长期饲喂从缺碘地区产出的食物就易患此病。宠物的碘缺乏症与人的碘缺乏症有一定的相关性。

(2)继发性碘缺乏。某些化学物质或致甲状腺肿物质可以影响碘的吸收，干扰碘与酪蛋白结合。十字花科植物及其籽实副产品，如芜菁、甘蓝、油菜、油菜籽饼、亚麻籽饼、黄豆、豌豆、扁豆、花生等，可影响碘的吸收。含有控制或降低甲状腺聚碘作用的硫氰酸盐、过氯酸盐、硝酸盐等物质，也常可引发碘缺乏。

【症状】

甲状腺肿大是碘缺乏症的示病症状，在犬、猫于喉后方及第 3、4 气管环内侧可以触及肿大的甲状腺，通常比正常大两倍。肿大明显时，可见颈腹侧隆起，吞咽困难，叫声异常，还伴有颈部血管受压的症状。

甲状腺活力严重下降，可使正在生长发育的犬、猫发生呆小症，骨骼发育不全，四肢骨弯曲变形，站立困难，严重者腕关节下榻，触地行走。成年犬、猫出现黏液水肿，被毛短而细，皮肤硬厚、脱屑，精神迟钝、呆板、嗜睡，钙代谢也发生异常。成年母犬、猫不易妊娠或胎儿被吸收。

碘制剂给予量过大时，可引起碘中毒，出现呼吸和脉搏增快，厌食，消瘦和体温升高，有的出现皮疹和痉挛。

【诊断】

(1)症状诊断。一般根据病史、临床症状(甲状腺肿大、被毛粗糙而稀少等)做出初步诊断。幼犬碘缺乏症还应与佝偻病相区别，佝偻病也出现四肢骨弯曲变形，但甲状腺通常不肿大。

(2)实验室诊断。可通过检测基础代谢率和血清甲状腺激素的含量进行确诊。

【防治】

1. 防治措施

补碘是最根本的治疗措施，但应严格控制用药剂量，以防碘中毒。饲喂十字花科植物及其籽实副产品时，应加大补碘剂量，比正常补碘量增大 4 倍。

内服碘化钾或碘化钠。也可内服复方碘液(含碘 5%、碘化钾 10%)，每天 10～20 滴，20 天为一疗程，间隔 2～3 个月再用药一个疗程。还可喂食碘盐(20 kg 食盐加碘化钾 1 g)。

对于甲状腺肿大，剪除被毛后甲状腺部涂擦碘软膏，每天 1 次，直至肿胀消失为止。对长期补碘和涂碘软膏都无效或停药后复发者，应手术摘除甲状腺。有并发症的，应对并发症进行治疗。改善心功能，用心得安 10～20 mg，口服，每 4 h 一次；或利血平 0.5～1 mg，肌内注射，每 4 h 一次，直到心功能恢复正常。

2. 处方

(1)碘化钾。用法：0.5 g，口服，每天 1 次，连用 10 天。

(2)复方碘液。用法：10～20 滴，口服，每天 1 次，连用 20 天。

四、铁缺乏及过多症

铁缺乏及过多症是由于铁的缺乏或过量而引起的一种代谢性疾病，可分为铁缺乏症和铁过多症两种。在犬、猫中铁的缺乏症较为常见，而铁过多症多因喂食过多铁剂而引发，较少见。

(一)铁缺乏症

【病因】

铁缺乏症的主要原因是铁的需要量大，供应不足，特别是仔犬、猫，因生长发育迅速，靠母乳不能满足对铁的需求，此时若不能从补饲饲料中获得足够的铁，就容易患铁缺乏症。

犬、猫患虱、蚤等寄生虫病或其他失血性疾病时，也可引起铁消耗过多而发病。

因消化道慢性炎症或饲料中含钴、锌、镉、铜、锰过多，会使铁的吸收减少。

【症状】

铁缺乏症的主要症状是贫血，其临床表现为易疲劳，喜卧懒动，稍运动则喘息不止，张口吐舌，可视黏膜苍白，饮、食欲下降，心跳加快。幼犬、猫生长停滞，对传染病抵抗力下降，易感染死亡。

【诊断】

(1)症状诊断。根据病史调查及临床症状，可做出初诊。

(2)实验室诊断:血液检查,发现血红蛋白含量降低及血清铁含量下降即可确诊。

【防治】

1. 防治原则及措施

防治原则:补充铁制剂。

主要措施是加强对仔犬、猫的饲养管理和补铁。动物性食物中肉、肝脏、脾脏、骨髓中都含有较多的铁质,应在饲料中经常添加,必要时可在犬、猫食品中加入适量的硫酸亚铁。

首选口服铁剂是硫酸亚铁,价格便宜,刺激性小,吸收率高。根据体型大小可给犬口服0.1~0.5 g,配成不超过1%的水溶液,每天1次,连用7~14天。其他口服铁剂有焦磷酸铁、乳酸铁、枸橼酸铁等。注射用铁剂主要采用葡聚糖铁注射液,犬1~2 mL,猫0.5~1 mL,每天1次,连用5~10天。右旋糖酐铁,犬2~3 mL,猫1~2 mL,每天1次,连用3~5天。血多素,猫0.5~1.0 mL,犬1.1~1.5 mL,每天1次,连用3次。

2. 处方

(1)硫酸亚铁。用法:0.5 g,配成0.5%溶液,每天1次,连用10天。

(2)葡聚糖铁注射液。用法:犬2 mL,猫1 mL,肌内注射,每天1次,连用7天。

(二)铁过多症

【病因】

犬、猫食物中含铁过量,意外食入或人为饲喂含铁过量的添加剂或铁制剂,注射含铁补血药物剂量过大,特别是毒性较大的二价铁摄入过量,则会引起铁过多症,即铁中毒,但极少见。

【症状】

(1)急性中毒。患病犬、猫主要表现食欲减退或废绝,呕吐,吐出带有大量黏液的食物,严重者呕吐物中带有血液和脱落的胃黏膜。排便次数增加,粪便呈黑色糊状或水样。体温下降,发生代谢性酸中毒,最终死亡。

(2)慢性铁过多症。表现为食欲下降,生长缓慢,有的发生慢性胃肠炎。

【诊断】

(1)症状诊断。犬、猫铁中毒没有特殊的临床症状,很难根据症状做出准确诊断。当发现有此病的可能时,应认真进行病史调查,并继续采血进行实验室检查。

(2)实验室诊断。实验室检查发现血液中铁含量增加,血清铁含量大于300 μg/dL时,即可确诊。

【防治】

1. 防治措施

立即停止饲喂可疑食物,使用硫酸钠或硫酸镁,每千克体重0.5~1 g,配成5%~6%的溶液灌服,排除消化道中的铁,以减少对胃肠黏膜刺激。再灌服活性炭3~5 g,以吸附残余的铁和保护胃肠黏膜。

根据临床表现给予对症治疗:输液、治疗休克、纠正脱水及酸中毒。腹泻严重者静脉输注葡萄糖生理盐水。呕吐不止者,用阿托品皮下注射,或用654-2肌内注射。防止继发感染,使用氨苄西林。一般情况下,犬、猫不易发生铁中毒,大多数在配制食物时物质搅拌混合不均匀,导致犬、猫一次性摄入大量二价铁而发生。因此,细心配制饲料,防止搅拌不匀是预防铁中毒的关键。

2. 处方

(1)去铁胺。用法：每千克体重 15 mg，静脉滴注，每天 1 次；或肌内注射，每千克体重 40 mg，每天 3 次。说明：可与体内游离的铁离子形成螯合物。治疗过程中，应对心率和血压进行监测，防止出现心律失常、低血压。

(2)维生素 C。用法：口服。说明：促进铁的排出。治疗 2～3 天后，应测定血清铁浓度是否恢复正常。

五、钴缺乏及过多症

钴缺乏症是由于犬、猫体内钴含量过低而发生的一种代谢性疾病，而钴过多症主要见于使用钴过量，发生较少。

【病因】

钴缺乏症的主要原因是土壤含钴量低，造成植物含钴量也低于正常。或犬、猫长期患肠道疾病时，维生素 B_{12}的合成和吸收都受到严重影响。

【症状】

钴缺乏症无特异性症状，起病缓慢。病犬食欲减退，异嗜，黏膜苍白，腹泻，心动徐缓，常有缩期杂音，体温可无变化。

钴过多时，病犬出现困倦，出汗，呕吐，低血压，反射亢进，肌肉抽搐，甚至惊厥等。

【诊断】

本病发生后，首先应进行流行病学调查，分析当地土壤钴含量状况。在低钴地区的犬、猫，凡是出现厌食、营养性消瘦和可视黏膜淡染(贫血)等症状时，可怀疑为钴缺乏症。然后补钴，用含钴量 5～35 mg 的氯化钴水溶液经口灌服，每天 1 次，连服 5～7 天。若厌食症状好转、消失即可诊断。同时，应对本地区土壤、饲料和肝组织中的钴含量进行分析，以求确诊。

【防治】

改善饲养管理，给予富含维生素 B_{12}的食物是防治钴缺乏症的关键。给犬喂微量元素添加剂。一旦发生钴缺乏症，可使用维生素 B_{12}注射液，肌内注射，100 mg/次，每周 1 次。

六、铜缺乏及过多症

(一)铜缺乏症

铜缺乏症是由于犬、猫体内铜含量过低而引起的一种代谢性疾病，其临床特征为：贫血，运动障碍，关节变形和被毛褪色。

【病因】

铜缺乏症的主要原因是犬、猫日粮中长期缺乏铜。饲喂犬、猫的食物中都含有铜，而铜含量最多的是肝脏、肾脏和甲壳类动物等。奶类中铜含量很少。一般情况下，经常以动物肌肉或内脏喂的犬、猫不会发生铜缺乏症，但如果长期以牛奶为主食的犬、猫，就容易发生铜的缺乏。同时，由于铜的吸收要靠肠黏膜细胞中的载体蛋白，当食物中的锌含量过高时，也会影响铜的吸收，造成铜的缺乏，这可能与铜和锌之间竞争相同的载体蛋白有关。

【症状】

犬、猫铜缺乏的主要表现是贫血。本病初期常无明显症状，随着缺铜时间延长，患病犬、猫逐渐表现喜卧懒动，精神不振，运动减少，动则喘气，可视黏膜变淡，甚至苍白，容易骨折。深色犬、猫颜色变淡、变白，尤以眼睛周围为甚，状似带白边眼镜，故有铜眼镜之称。

幼龄犬、猫生长发育减慢或停滞，关节变形，骨端粗大，行走时后躯摇摆，共济失调，容易摔倒。

【诊断】

(1)症状诊断。根据临床表现，结合长期饲喂奶类食物或含锌高的饲料状况可作出初步诊断。

(2)实验室诊断。通过血液检查发现血浆铜蓝蛋白含量降低即可确诊。

【防治】

本病的主要防治措施是补铜。合理搭配饲料，多喂食动物性食物，防止长期以奶类为主食饲喂犬、猫，最好饲喂全价配合日粮。

处方：

(1)乳酸酮。用法：0.2～0.3 g，内服，间隔 4～5 天一次。

(2)甘氨酸铜。用法：猫 20 mg，犬 40 mg，皮下注射，每 4～5 天 1 次。

(二)铜过多症(铜中毒)

【病因】

(1)急性铜中毒。多因一次性注射或内服大剂量可溶性铜而引起。如给犬催吐时，使用大量硫酸铜溶液，易引发本病。

(2)慢性铜中毒。主要是由于食物中长期含铜量过高，另外有些犬可能因为遗传基因缺陷，产生类似人类的遗传病(Wilson 病)的铜中毒。

【症状】

由于铜和铁在小肠中竞争性吸收，因此铜过多症也能引起贫血。

急性铜中毒时，犬、猫可出现呕吐，粪及呕吐物中含绿色或蓝绿色黏膜，呼吸加快，脉搏频数。后期体温下降、虚脱、休克，严重者在数小时内死亡。

犬、猫发生慢性铜中毒时，呼吸困难，昏睡，可视黏膜苍白或黄染，肝脏萎缩，体重下降，腹水增多。

【诊断】

根据病史调查、临床症状及血铜含量测定可以确诊。

【防治】

慢性铜中毒时，可使用钼酸胺，成犬 50～100 mg，混于食物中喂饲，连用 1 周。或用 20% 硫代硫酸钠溶液，每千克体重 0.2 mg，肌内注射，每天 1 次，连用 1 周。

对急性铜中毒，要立即停止使用铜制剂。如果铜盐仍存在胃里，应及早用 0.2%～0.3% 黄血盐溶液洗胃，同时配合应用盐类泻剂和重金属解毒剂(如依地酸钙钠)，并补液补碱，使用激素(可的松)等，以增强疗效。

为预防铜中毒，应注意对日粮中的含铜量进行检测，防止铜含量过高。同时也要防止食物单一，如常期用动物肝脏饲喂犬、猫，易发生慢性铜中毒。产于英格兰的贝林顿猩因其遗传性缺陷，肝脏易蓄积铜而引起铜中毒，故绝对不能饲喂含铜量过高的食物。

复习思考题

1. 鉴别诊断

(1)试述犬维生素 A 缺乏症与犬瘟热的区别。

(2)试述犬维生素 B_1 缺乏和犬低血糖的区别。

(3)试述犬各种脂溶性维生素缺乏症的鉴别诊断。

2. 病例分析

对以下病例,依据所给临床症状提出初步诊断,制订治疗措施,开出处方。

(1)一杂种德国牧羊犬,四岁,产仔 15 天后,精神委顿,食欲减退,卧地不起,肌肉抽搐,癫痫样发作,体温升高达 41.5 C°,呼吸心跳加快,尿液有铜臭味儿。

(2)一京巴犬,长期食用动物性肝脏,食欲减退,体重减轻,感觉过敏,颈部发硬,跛行,便秘。

(3)一腊肠犬,配种后 40 天,两后肢突然瘫痪,阴户流出灰黑色液体,引导指诊,发现子宫颈口已打开,B 超检查,发现子宫角处有胎儿,胎儿已无心跳。

第七章

内分泌系统疾病

【学习目标】

知识目标

①掌握宠物内分泌系统疾病的概念；

②了解宠物内分泌系统疾病发生的过程；

③明确宠物内分泌系统疾病时的临床症状；

④了解宠物内分泌系统疾病的诊断与治疗的原则和方法。

能力目标

①根据宠物的临床症状表现实验室检查结果，诊断出疾病；

②实施各种技能治疗疾病。

素质目标

①培养学生分析思考、自主学习能力；

②培养学生遵守职业操守、精益求精的工匠精神。

第一节　概　述

一、内分泌系统疾病的发生

大动物较少有内分泌疾病的发生，但犬、猫等小动物内分泌疾病在小动物临床上占有相当重要的地位。据调查，犬内分泌疾病占犬病的10％～20％。猫内分泌疾病所占的比例亦不容忽视。随着我国犬、猫等小动物饲养量的增加，小动物内分泌疾病的发生也势必增多，对此必须应予重视。

首先，犬的甲状腺机能减退是最重要的内分泌疾病之一，约占40％。其次，糖尿病、肾上腺皮质机能亢进、肾上腺皮质机能减退及甲状腺肿，如猫糖尿病的发病率最高，占56％。最后是甲状腺机能减退和继发性甲状旁腺机能亢进。

内分泌疾病的发生与动物的品种、性别、年龄及营养等诸因素有一定的关系。

(1)与品种的关系。有些品种的动物易患某些内分泌疾病。例如，德国牧羊犬和卡雷利阿熊犬易患垂体侏儒症；荷兰卷毛犬易患糖尿病；小猎兔犬多发甲状腺机能减退和甲状腺炎；硬毛狸常发甲状腺肿。这种疾病的品种倾向与遗传缺陷有关。

(2)与性别的关系。母犬患糖尿病、肾上腺皮质机能亢进或减退、肾上腺肿瘤及甲状旁腺功能减退多于公犬，而公犬则易发甲状腺功能亢进、尿崩症和嗜酪细胞瘤。老龄去势母犬比其他犬更易患糖尿病。

(3)与年龄的关系。各年龄组内分泌疾病的发生率亦有所不同。犬、猫在4岁以前易患家族性糖尿病、垂体性侏儒和继发性甲状旁腺机能亢进；1～5岁易发生肾上腺皮质机能减退、甲状旁腺机能亢进、甲状旁腺机能减退；5～10岁多发甲状腺机能减退、糖尿病、肾上腺皮质机能亢进；10岁以上多发尿崩症、原发性甲状旁腺机能亢进。

(4)与营养的关系。动物在饥饿状态下，可引起多种内分泌器官的机能异常。饲料中钙、磷含量不足或比例失调，可引起继发性甲状旁腺机能亢进和高降钙素血症。无论是碘缺乏还是碘过多均可导致甲状腺肿。

二、内分泌系统疾病的病因

内分泌系统疾病的病因可归纳为以下六个方面。

(1)内分泌器官的病变。如肿瘤和增生性病变，往往是内分泌器官原发性机能亢进的主要原因；发育不全或破坏性病变，常是引发内分泌器官原发性机能减退的直接原因。

(2)促激素分泌异常。促激素分泌过多，可引起继发性内分泌器官机能亢进；促激素分泌减少或缺乏，则产生继发性内分泌器官的机能减退。

(3)激素或激素样物质的异位性分泌增加。某些非内分泌肿瘤具有合成激素的能力，尤其是肽类激素，这种异常的激素分泌可产生与内分泌器官原发性机能亢进类似的综合征。

(4)靶细胞应答不能。激素是通过与细胞受体结合或改变细胞内的活动来实现对靶器官的调节。靶细胞受体缺乏或存在缺陷或靶细胞内应答不能时，激素则丧失正常机能。

(5)激素降解异常。已知某些药物能够加速激素的降解，而有的则减缓激素的降解。激素降解和排泄的器官机能发生障碍时，也可导致激素在体内的蓄积。

(6)医源性激素过多。激素的用量过大，是导致医源性激素过多的根本原因。长期使用外源性激素或突然停用外源激素，对内分泌器官都是有害的。

三、内分泌系统疾病的症状

由于内分泌疾病的病因、病性、病情及病理生理学基础不同，其临床表现也有多种多样，即便是同一种疾病，也有轻重之别。

内分泌系统疾病的基本症状有：体重减轻，虚弱，食欲减退或亢进，肥胖，容易病理性骨折，青春期延迟，多发性尿结石，多尿，烦渴，精神紊乱，抽搐、肌肉痉挛，侏儒，脱毛，雄性乳房雌性化，持续性发情间期，阳痿，性欲减退等。

四、内分泌系统疾病的诊断

内分泌系统疾病的诊断包括临床诊断、实验室诊断及内分泌器官机能实验三个方面。

(1)临床诊断。有些内分泌疾病常表现为特征性临床症状，据此可以建立诊断，如糖尿病的“三多一少”症状；又如甲状腺功能亢进的高基础代谢率综合征和高儿茶酚胺敏感性综合征。

但有些内分泌疾病或无特征性的临床症状，或呈现非典型的临床表现，或症状不明显，如肾上腺皮质机能减退，仅依据临床表现很难做出诊断，此时应结合实验室检查进行判定。

(2)实验室诊断。应依据临床表现，有目的地进行实验室检查，包括测定相应的生化指标，获取内分泌器官机能紊乱的间接证据，如肾上腺皮质机能减退的氮血症、低钠血症、高钾血症等；测定血浆中相关的激素含量，查找内分泌机能紊乱的直接证据。

(3)内分泌器官机能实验。其目的在于判定内分泌器官机能状态。对实验室检查结果改变不明显的或亚临床的患畜，可进行内分泌器官机能试验，其结果作为确诊依据。内分泌器官机能实验分为刺激性(兴奋)试验和抑制试验。促肾上腺皮质激素试验和促甲状腺素试验属刺激试验。地塞米松试验和甲状腺原氨酸试验属于抑制试验。

此外，X 射线、CT 检查也有助于内分泌器官疾病的诊断。

五、内分泌系统疾病的治疗原则

对内分泌器官机能亢进的治疗，主要采用手术切除导致机能亢进的肿瘤或部分腺体，应用放射性物质或药物抑制激素的分泌，并辅以对症治疗纠正代谢紊乱。对内分泌器官机能减退的治疗，通常采取激素替代疗法，以弥补激素的不足和缺乏。

第二节　常见内分泌系统疾病

一、糖尿病

糖尿病是由于胰岛素相对或绝对缺乏导致自身糖代谢发生紊乱的一种内分泌疾病。糖尿病是犬最常见的内分泌疾病，临床上以多饮、多食、多尿、体重减轻和高血糖、糖尿为特征，犬、猫均可发生，但犬的发生率较高，以 8～9 岁多见，雌犬的发病率是雄犬的 2～4 倍。

【病因】

糖尿病的发生受诸多因素的影响，但最直接的病因是胰岛 β 细胞分泌胰岛素相对或绝对不足。

(1)胰腺损伤。胰腺损伤是糖尿病发生的主要原因，最常见的胰腺炎、胰腺肿瘤、胰腺萎缩或者外伤、手术损伤等，导致胰岛 β 细胞受损，从而引起胰岛素分泌不足。

(2)药物性原因。有些药物与糖尿病的发生有着直接的联系，尤其是一些激素类药物，对糖尿病的发生起着重要作用。如糖皮质激素、孕激素等类固醇类激素能使肝糖原异生作用加强，拮抗胰岛素，减少组织对葡萄糖的利用，从而提高血糖水平。猫尤其对孕激素敏感。另外，长期使用促肾上腺皮质激素、胰高血糖素、肾上腺皮质激素、噻嗪类利尿剂等，可以诱发糖尿病；长期使用氯丙嗪等非固醇类药物，亦可诱发糖尿病。

(3)营养性因素。犬、猫长期处于营养过剩状态和长期大量摄入高热量食物，致使身体过于肥胖，导致可逆性胰岛素分泌减少，从而引起食源性糖尿病。

(4)应激因素。犬、猫在应激状态下，因神经和体液调节作用，可使胰岛高血糖素、生长激素和肾上腺皮质激素分泌机能增强，胰岛素分泌减少，从而造成血糖升高，引起糖尿病。

(5)遗传因素。由遗传因素引起的糖尿病，临床上表现出明显的品种倾向性。例如凯恩䌷和小杜伯曼犬具有明显的家族性糖尿病倾向，而可卡犬、拳师犬、德国牧羊犬、北京犬、柯力犬等家族性糖尿病临床上极其罕见。

【症状】

糖尿病的主要临床症状是“三多一少”，即多食、多饮、多尿和体重减轻。角膜出现混浊、溃疡、白内障以及尿路感染。伴随病程的进一步恶化，病犬、猫出现呕吐和腹泻，血糖持续升高，血脂也明显升高，并伴发酮酸中毒，呼出气体有酮味。此时食欲减退或废绝，精神沉郁，重度脱水，少尿或无尿，最后陷入糖尿病性昏迷。

【诊断】

1. 症状诊断

根据糖尿病典型症状“三多一少”做出初步诊断。

2. 实验室诊断

(1)血糖、尿糖检测。在采血前要给犬、猫禁食或早晨空腹采血，从前肢或后肢体表静脉采取全血，也可制备血清供检测用。正常血糖值为 3.9～6.2 mmol/L，患病动物血糖值高达 8.4 mmol/L以上。尿糖呈强阳性。

(2)葡萄糖耐受量试验(OGTT)。试验前动物禁食 12～24 h，按每千克体重 1.75～2.2 g 的剂量，将葡萄糖配成 25%的溶液口服，口服前和口服后 0.5、1、2、3 h，分别采血，测定血糖浓度。正常犬在投服后 0.5～1 h 出现血糖值高峰，2 h 后血糖值即恢复到空腹水平。患犬于口服葡萄糖 1 h 后，血糖值通常超过 8.3 mmol/L，并持续不变。

3. 鉴别诊断

在诊断糖尿病时，应与遗传性肾性糖尿、尿崩症和肾上腺皮质功能亢进症等相鉴别。

(1)遗传性肾性糖尿。由先天性肾小管再吸收障碍引起，表现为糖尿、多尿、蛋白尿，多食，血糖值基本正常。

(2)尿崩症。患犬、猫的临床突出表现是多尿和烦渴，尿比重降低，无尿糖。

(3)肾上腺皮质机能亢进症。可通过 ACTH 兴奋试验，根据血浆中 ACTH 的消长情况加以鉴别。

【防治】

1. 防治原则及措施

防治原则：降低血糖，纠正水电解质及酸碱平衡紊乱。

(1)饮食疗法：对于患病动物症状处于早、中期的，可饲喂蛋白质含量高、碳水化合物低的食物，如奶制品、肉类制品等食物及专用宠物日粮，做到定时、定量饲喂，掌握少食多餐的原则，同时供给 B 族维生素丰富的日粮。

(2)服用降血糖药物。当饮食疗法不能收到理想疗效时，可选用具有降低血糖作用的药物，如磺酰脲类和双胍类，口服降血糖药。

(3)胰岛素疗法。该疗法主要用于以上两种未能控制的重症患病犬、猫。目前临床上常用的胰岛素制剂主要是普通胰岛素 RI、低精蛋白锌胰岛素(NPH)、精蛋白锌胰岛素(PZI)三种。

(4)综合疗法。针对由糖尿病引起的电解质代谢紊乱、酮血症和酸中毒等症状，临床治疗中，除了对于大剂量普通胰岛素控制糖尿病的同时，还应进行静脉输液，以纠正血液和电解质代谢紊乱，并可适当应用碳酸氢钠或乳酸钠来纠正酸中毒，恢复酸碱平衡。同时配合抗生素的使用，预防继发感染。

(5)加强护理。患糖尿病动物一旦确诊后，应饲喂单糖或双糖比例小的难消化食物，如含高纤维或低碳水化合物性食物。治疗期间,运动宜减少,如果患犬活动量大,胰岛素剂量要适当减少;为防止脂肪肝,可在食物中每天加入氯化胆碱。

2. 处方

(1)氯磺丙脲。用法:每千克体重 4 mg,口服,每天 1 次。

说明:能直接刺激胰岛β细胞释放胰岛素。

(2)精蛋白锌胰岛素。用法:每千克体重 0.66～1.1 IU,皮下注射,每天 1 次。

说明:直接降低血液中的葡萄糖浓度。

二、肢端肥大症

肢端肥大症是因生长激素呈慢性分泌过多,导致结缔组织、骨组织和内脏过度生长而引起的临床综合征。

【病因】

犬的发病原因是长期大量使用黄体酮进行疾病治疗或者在犬的间情期内源性黄体酮分泌过剩,从而刺激乳腺组织异位生成生长激素;或是临床上罕见的垂体腺瘤,引起生长激素分泌过度。

猫的肢端肥大症往往是因为垂体腺瘤导致生长激素分泌过度所致。

【症状】

多见于老年、没进行绝育的雌性犬和中老年雄性杂种猫。

临床症状主要表现为患病动物多饮多尿,面部变宽和变平,周围形成很多皱褶,皮肤增厚,油腻,被毛增多。腹部增大,体重增加,体型改变。呼吸时发出喘鸣声,牙齿间隙变宽。有时会出现行为迟钝、厌食等症状。外生殖器萎缩。

病理剖检可见心脏、肝脏、肾脏肥大,心律失常,胸腔积液,肺水肿。猫还可见心肌炎。

血糖、尿糖升高,血清碱性磷酸酶和丙氨酸转氨酶轻微升高,血清胆固醇和蛋白质升高,在猫还有红细胞增多症。

【诊断】

(1)症状诊断。根据临床症状和长期使用黄体酮治疗,以及不发情的病史可做出初步诊断。

(2)实验室诊断。实验室检查可为确诊本病提供可靠的事实依据。

①血清学化验。血糖、尿糖升高,血清碱性磷酸酶和丙氨酸转氨酶轻微升高,血清胆固醇和蛋白质升高,在猫还有红细胞增多症。

②X 射线检查。可见心肌肥大和颈部软组织结构增大。

③CT 和磁共振成像检查。可见垂体部位大面积病变。

【防治】

本病尚未有有效的治疗药物,手术乃是肢端肥大症治疗的首选方法。

临床上主要是对症治疗和采取综合的治疗措施,加强护理。

主要措施是停止孕酮的使用,摘除子宫和卵巢,以抑制雌犬发情。对于垂体腺瘤引起,可尝试用外科手术摘除或采取放射治疗。

处方:兰瑞泰,每次 300 mg,肌内注射,每 14 天注射一次。此为长效生长抑制素八肽类似物。

三、尿崩症

尿崩症是指血管升压素分泌不足或肾脏对血管升压素反应缺陷而引起的一组症候群,其临床特征是:多尿,烦渴,低比重尿和低渗尿。

【病因】

尿崩症的发生原因有以下几种情况。

(1)肾源性尿崩症。主要见于后天性肾源性尿崩症,多见于肾上腺皮质机能亢进、高钙血症、子宫蓄脓、肝脏疾病、甲状腺功能亢进、低钾血症和慢性肾病等原因。

(2)中枢性尿崩症。常见于脑部,尤其是垂体下丘脑部位的手术,同位素治疗,严重的脑外伤,病原微生物感染或炎症,先天性缺陷,自发性产生等。

(3)遗传性尿崩症。遗传性癌症十分少见。可以是单一的遗传性缺陷,也可是其他综合征的一部分,可能源于与调节机制缺陷或行为异常。

【症状】

尿崩症的发生无性别和品种差别,和年龄也无必然相关。其主要临床症状是体温正常,食欲变化不明显,突出表现是多饮、多尿,有的患犬突然发生,也有的是渐进性发生。患畜排尿量为每千克体重 80～300 mL 以上,非常明显,尿比重明显降低。

【诊断】

(1)症状诊断。根据犬、猫表现出极度的多饮和多尿,并伴有体重下降以及短时间内喝不到水就会出现脱水症状,或垂体和下丘脑受伤史等症状就可以做出初步诊断。

(2)实验室诊断。主要包括尿分析和改良断水实验。

①尿分析:犬的尿比重低于 1.007,猫的尿比重通常为 1.008～1.012。

②改良断水实验:目的是确定在机体的反应过程中,是否释放了内源性的抗利尿激素(ADH),以及肾脏是否对抗利尿激素(ADH)有反应。

【防治】

1. 防治措施

尿崩症主要有三种治疗方法。

(1)激素疗法。用去氨加压素以补充激素不足引起的尿崩症。该法是治疗中枢性尿崩症的最理想措施,但对肾源性尿崩症无效。

(2)利尿药疗法。如噻嗪类利尿药等利尿剂,这些药物可单独使用,也可联合使用,还可作为激素疗法的辅助药物使用。

(3)行为疗法。逐渐限制饮水,持续数天,纠正不良行为。

2. 处方

(1)去氨加压素。用法:每次 2～4 滴,结膜囊内、鼻内、包皮内或阴门内滴入,每天 2 次。

(2)双氢氯噻嗪。用法:每千克体重 2.5～5 mg,口服,每天 2 次。

四、甲状旁腺功能亢进症

甲状旁腺功能亢进症是由于甲状旁腺激素以及甲状旁腺激素样物质分泌过多,导致机体钙、磷代谢紊乱的一种疾病。本病临床上以骨质疏松、泌尿道结石或消化道溃疡为特征。

【病因】

(1)原发性甲状旁腺功能亢进。由于甲状旁腺的增生、肥大等,分泌过多的甲状腺旁腺激素或甲状旁腺肿瘤出血和坏死时,大量甲状旁腺素迅速释放所致。多见于老龄犬、猫。

(2)继发性甲状旁腺功能亢进。因长期饲喂缺乏钙、磷、维生素 D 或钙、磷比例不当的矿物质和维生素饲粮而导致血钙降低，进而导致甲状旁腺激素分泌过多。多见于青年犬、猫。

(3)肾性甲状旁腺功能亢进。由慢性肾功能不全所致磷酸盐排泄障碍，引起血磷增加，血钙减少，而刺激甲状旁腺分泌增加，引起骨质矿物质吸收，使血浆中磷酸盐进一步增加，继而低血钙又刺激甲状旁腺代偿性增生。

(4)假性甲状旁腺功能亢进。见于骨和甲状旁腺以外的肿瘤，特别是淋巴肉瘤、恶性淋巴瘤等肿瘤细胞分泌骨吸收性物质，结果表现甲状旁腺分泌亢进样的高钙血症和低磷血症。

【症状】

患病犬、猫体温大都维持正常，食欲时好时坏，呕吐、便秘，多饮、多尿，有时出现血尿或尿路结石，常伴有代谢性酸中毒，反应迟钝，肌肉无力，共济失调，盲目运动，心律不齐。

假性甲状旁腺功能亢进患犬、猫症状除与原发性相同外，还有病理性骨折以及恶性肿瘤等其他综合症状。

营养性继发性甲状旁腺功能亢进患犬、猫主要表现骨质疏松，触诊呈多发性骨病和骨折，可见跛行和步态异常；成年犬、猫颌骨明显脱钙，齿槽硬膜消失。

肾性甲状旁腺功能亢进患犬、猫除表现全身骨吸收外，尚可见肾功能不全和尿毒症所致的多饮、多尿、脱水、呕吐以及呼吸气有氨臭味。仔犬、猫的先天性肾功能异常，可见头部肿胀和乳齿异常。

【诊断】

1. 症状诊断

根据患病犬、猫的临床症状可做出初步诊断，确诊必须借助于实验室诊断。

2. 实验室诊断

(1)血液生化指标诊断。患病犬、猫血钙指标升高，血磷低于正常值，血清碱性磷酸酶升高，尿磷排泄量增加。继发性甲状旁腺功能亢进患犬、猫初期血钙明显降低和血磷稍降低，以后呈高磷血症。肾性甲状旁腺功能亢进患犬、猫的血液生化检查，血清尿素氮和肌酸酐升高，血钙基本正常或稍高。

(2)X 射线检查。患病动物骨密度降低，其中上、下颌骨的密度降低最为明显，骨质呈现虫蚀状或纤维状，齿槽骨板吸收和形成骨囊肿。假性甲状旁腺功能亢进患犬、猫还可见肿瘤及其转移病灶。继发性甲状旁腺功能亢进患犬、猫呈全身骨骼的 X 射线通透性增强，齿槽硬膜消失，多发性长骨骨折。肾性甲状旁腺功能亢进患犬、猫呈脱钙现象。

【防治】

(1)原发性甲状旁腺功能亢进。病症较轻的患病犬、猫可以用磷酸盐溶液 100 mL，静脉注射，以促进钙进入骨骼；同时补液防止脱水发生。对甲状旁腺肿瘤和增生的腺体进行外科手术切除，术后发生抽搐的可以给予葡萄糖酸钙 10～20 mL，缓慢静脉注射。不宜手术时，可以给予雌激素以阻止骨的吸收。

(2)继发性甲状旁腺功能亢进。患病犬、猫可饲喂 2～3 月的维生素 D 和钙、磷比例为 2∶1的食物，症状缓解后，给予钙、磷比例为 1.2∶1 的食物。对食欲不振的犬、猫可静脉注射葡萄糖酸钙，以改善症状，管理上要注意骨折的发生。

(3)肾性甲状旁腺功能亢进。患病犬、猫多为慢性不可逆的病理变化，因而难以治愈。对慢性肾功能不全的犬、猫要对症治疗，适当增加饲料中的钙含量。或给予安乐死。

(4)对于假性甲状旁腺功能亢进的早期肿瘤，实施放射性疗法、免疫疗法及对症治疗，或外科手术切除。

五、甲状腺功能亢进症

【病因】

甲状腺功能亢进症的具体原因目前尚不清楚，但大多数认为与自身免疫因素、内分泌机能紊乱和精神受到刺激等有重要关系。另外，甲状腺瘤病变、甲状腺部分切除以及矿物碘的缺乏均可导致甲状腺增生肥大和机能变化。

【症状】

甲状腺功能亢进的发生不分品种或性别，但多发于中老年病犬、猫。甲状腺增生物的大小、数量不等，质地较硬。甲状腺弥漫性肿大则两侧对称性发生，质地柔软，触之有弹性感。病犬表现为食欲增加，体重减轻，烦渴，出现多尿，体形消瘦，体虚无力，易兴奋；心搏动增强，脉搏加快，血压升高；眼睑水肿，眼球突出，羞明怕光；两侧颈下触诊，可摸到肿大的甲状腺肿瘤。

猫甲状腺功能亢进发生缓慢，6 岁以上的患猫临床症状是食欲旺盛，体重下降，排粪次数和数量增加，粪便变稀，个别猫出现呕吐，多饮多尿，行为异常，表现为神经过敏，多动症和攻击行为，烦躁不安，经常嘶叫，心肌肥大，心内有杂音、细胞增多。

【诊断】

1. 症状诊断

根据饲喂碘和硫脲嘧啶可缓解症状，可做出初步诊断。

2. 实验室诊断

主要根据一些血清学指标的变化进行判断。在通常情况下，甲状腺功能亢进患病动物的血清学指标主要有以下几种。

(1)血清总 T4 测定。正常值 15～55 mmol/L，患病动物 T4 的增高提示甲状腺机能亢进。

(2)血清总 T3 测定。正常值 0.6～1.9 mmol/L，若发生本病，则总 T3 值增高，增高幅度常常大于总 T4 值。

(3)反 T3(rT3)的测定。犬患甲状腺功能亢进会出现明显增高。

(4)游离 T4(FT4)和游离 T3(FT3)测定。测定结果比总 T3、T4 的结果更能准确反映 T4 功能状态，甲状腺功能亢进患病犬的结果明显高于正常高限。

(5)抗甲状腺球蛋白抗体(TGA)和抗甲状腺微粒抗体(MCA)测定。犬、猫患甲状腺功能亢进后，其血清中 TGA 和 MCA 检测均呈阳性。

【防治】

1. 防治措施

甲状腺功能亢进的治疗主要有三种措施：第一种是抗甲状腺药物治疗，第二种是放射性同位素碘治疗，第三种是手术治疗。其中以抗甲状腺药物疗法最方便和安全，应用最广。

(1)抗甲状腺药物治疗。可单独进行甲亢的治疗，也可用于手术前纠正甲状腺功能亢进。药物中以硫脲类为主，其中最常用的是丙基硫氧咪唑、甲硫咪唑和甲亢平等。也可和辅助性药物配合治疗，即在抗甲状腺药物治疗的头 1～2 个月内，联合使用 β 阻滞剂心得安，以缓解心悸、心动过速、精神紧张等症状。

(2)放射性同位素碘治疗。治疗剂量对疗效和远期并发症有决定性影响。碘的剂量取决于甲状腺大小，一般为每克甲状腺组织一次给予碘 12.6～37 mBq 放射量。

(3)手术治疗。早期尚未转移的甲状腺癌采取外科摘除术,已转移或难以完全摘除的甲状腺癌不要手术摘除,可以进行放射碘疗法。严重甲状腺功能亢进的患犬,在手术摘除甲状腺瘤前,可用丙硫氧咪唑治疗,或用甲硫基咪唑治疗,等心脏功能好转后再进行手术摘除。

2. 处方

(1)甲硫咪唑。用法:5～10 mg/次,口服,每天 2 次,1～2 周后,每 2～4 周减量一次,每次减 2～5 mg,待症状完全消除、体征明显好转再减至最小维持量 5 mg/天,维持 2 个月。

(2)丙基硫氧嘧啶。用法:每千克体重 10～15 mg,口服,每天 3 次,1～2 个月后症状缓解或甲状腺功能恢复正常后,逐渐减到 50～100 mg/天,维持 2 个月。

六、甲状腺功能减退症

【病因】

引起甲状腺功能减退的常见原因主要是自发性甲状腺萎缩和严重的淋巴细胞性甲状腺炎,临床表现为淋巴细胞性甲状腺炎、肿瘤等。本病的其他原因也见于矿物质碘严重缺乏,甲状腺先天性缺陷及促甲状腺素或促甲状腺素释放激素缺乏等。此外,放射性碘疗、致甲状腺肿的药物、手术切除甲状腺等医源性因素也可引起本病。

【症状】

先天性患病动物表现为皮肤干燥,被毛粗乱无光泽,脱屑,脆弱,呆小,四肢变短,体温降低。

后天性患病动物表现为畏寒怕冷,喜欢待在温暖的地方,精神沉郁,嗜睡,厌食,不爱运动,易于疲劳,脑反应迟钝,体重增加,甚至呕吐或腹泻。被毛呈对称性脱落,先于颈、背、鼻梁、胸侧、腹侧、耳郭及尾部开始,尤以尾部为明显,逐渐扩散到全身,无痒感。再生延迟,皮肤色素增多,后期出现皮脂溢和瘙痒,偶有运动失调和癫痫发作等神经症状。

重症患病动物因黏液性水肿,面部皮肤增厚有皱褶,触诊有肥厚感,但无指压痕,以眼上方、颈和肩的背侧最为明显,体躯肥胖,体重增加,四肢感觉异常,面神经或前庭神经麻痹,兴奋及攻击性增加。此外,患病动物眼睑下垂,外貌丑陋,皮肤色素过度沉着。

母犬发情减少或不发情,流产;公犬睾丸萎缩,导致性欲降低和精子活力降低。

【诊断】

甲状腺机能减退没有特异性临床症状,因此根据临床症状只能做出初步诊断。确诊必须借助于实验室诊断。

【防治】

采用甲状腺素替补疗法,如给予左旋甲状腺素钠、三碘甲腺原氧酸等。对伴有心力衰竭、心律不齐及糖尿病的,应逐渐增加剂量。一般治疗后 7 周内显效。

处方:

(1)左旋甲状腺素钠。用法:每千克体重 0.02 mg,口服,每天 1 次。

(2)三碘甲腺原氨酸。用法:每千克体重 5 μg,口服,每天 3 次。

七、肾上腺皮质机能亢进症

肾上腺皮质机能亢进症是指肾上腺皮质激素分泌过多所引起的综合征,又称柯兴氏综合征。本病多发生于大型犬、猎犬、警犬,小型犬少发。

【病因】

肾上腺皮质机能亢进症发生的确切原因尚不明了,但多与下列因素有关。

(1)功能性肾上腺素皮脂瘤。见于肾上腺素皮质瘤级皮质癌。此腺体肿瘤的生长和分泌功能为自主性,不受垂体促肾上腺皮质激素(ACTH)的控制。由于分泌大量的皮质醇反馈抑制垂体的释放,以致癌变的同侧及对侧肾上腺皮质发生萎缩性病变,有15%的肾上腺皮质机能亢进是由此引发的。

(2)垂体依赖性肾上腺皮质机能亢进。是最常见的发病原因,由于下丘脑垂体功能紊乱或垂体瘤,垂体分泌过多的促肾上腺皮质激素(ACTH),引起双侧肾上腺皮质增生而分泌过多的皮脂醇,由此原因所致犬发病约占本病的80%。

(3)医源性肾上腺皮质机能亢进。见于长期大量使用皮质类固醇类激素药物引起。

【症状】

肾上腺皮质机能亢进症多发生于中老年犬,所有品种均可发生,但狮子犬、德国小猎犬、拳师犬和波士顿犬是最易发品种。本病发展缓慢,表现为多尿、尿频、血尿,继发性多饮,腹围增大、腹肌无力,腹围膨隆呈木筒状;气喘,呼吸促迫,不耐运动,嗜睡,血压升高;贪食,体重下降,尿糖升高;睾丸萎缩,不育,雄性全性欲减退,雌性动物生殖器官肥大、发情周期停止等。

皮肤变化具有特征性,双侧对称性脱毛,被毛干燥无光泽,血管显露,颈部、肋部两侧及会阴部周围明显。头部和四肢被毛较少,修剪过的毛不易长出新毛,皮肤变薄、萎缩,腹部出现皱褶,胸背部、腹股沟部皮肤出现钙化现象,腹部可见很多粉刺,鳞屑增加,皮肤呈纤细的砂纸样。色素过度沉着。

【诊断】

1. 症状诊断

临床上根据多尿、烦渴、血清电解质不变,肚腹渐渐增大,四肢渐渐细缩,被毛脱落和皮肤色素沉着及钙沉着,血浆碱性磷酸酶(AKP)活性升高,尿比重下降等特点,可做出初步诊断。

2. 实验室诊断

(1)血液检查。红细胞比容升高,白细胞总数升高,嗜中性粒细胞增多,淋巴细胞减少,嗜酸性粒细胞减少,为循环血液中粒细胞的6%;血糖增加至150～160 mg/100 mL,平均111 mg/100 mL;血清胆固醇升高到250～400 mg/100 mL,平均290 mg/100 mL,50%的病犬超过300 mg/100 mL;谷丙转氨酶和碱性磷酸酶(AKP)活性升高;血清钠浓度升高,血钾、血氯浓度降低;血浆皮质醇浓度通常升高。

(2)尿常规检查。尿比重在1.015以下,平均1.007;泌尿系统感染的犬,能检测到各种尿沉渣。

(3)ACTH兴奋试验。即经8 h内静脉注射ACTH 10IU,正常犬注射ACTH后血浆中17-羟皮质类固醇值为9.5～22 μg/100 mL,而患病犬则高达50～60 μg/100 mL。

(4)肾上腺皮质功能试验。血浆中17-羟皮质类固醇浓度增高,为正常值的2～3倍,一般可达20 μg/100 mL以上。昼夜周期性波动消失,24小时尿中17-羟皮质类固醇测定明显增高。

3. 鉴别诊断

应与糖尿病、尿崩、肾脏功能衰竭、肝病、高钙血症、充血性心力衰竭等相区别。例如,过量糖皮质激素使血压升高,血容量增加,因而增加了心脏负担,使心肌肥大。充血性心力衰竭呈心脏扩大，但用强心药，如洋地黄反应良好。而由糖皮质激素引起的心肌肥大的同时，常伴有纤维素增生和瓣膜性疾病，使用洋地黄类药物效果不佳。从听诊或(和)心电图检查可进行区别。

诊断中还应区分垂体性、自发性或医源性肾上腺皮质机能亢进。垂体性原因可引起肾上腺皮质增生，激素分泌无明显的昼夜间节律变化；自主性肾上腺皮质增生，除可使 ACTH 呈负反馈性分泌减少外，非增生部分肾上腺皮质萎缩；而医源性肾上腺皮质机能亢进，双侧性肾上腺皮质萎缩。

【防治】

1. 防治措施

(1)药物疗法。首选药物为双氯苯二氯乙烷，每千克体重 50 mg，内服显效后每周服药一次。服药后有的病犬出现一时性食欲减退、虚弱、头晕等症状，分次给药或采食时间给药可缓解药物的不良反应。此外，还可选用甲吡酮、氨基苯乙哌啶酮等药物。

(2)手术疗法。对经 X 射线检查确诊为肾上腺皮质肿瘤的应实施手术切除。手术时，将类固醇加入生理盐水中静脉注射，术后用量减半。但手术后必须进行皮质激素替代疗法。可口服醋酸氢化可的松醋酸酯，每天 2 次。

(3)对症治疗。饲喂高蛋白食物，用抗脂溢性洗发液清洗犬体表以减少皮屑，对干燥的皮肤和被毛选用具有保湿功能的洗液。

2. 处方

(1)双氯苯二氯乙烷。用法：每千克体重 50 mg，口服，每天 1 次，直至临床症状减轻，以后每周服用一次。

(2)螺内酯。用法：30 mg/天，口服，每天 3 次，同时静脉输液补充钾离子。

八、肾上腺皮质机能减退症

肾上腺皮质机能减退症是肾上腺皮质激素分泌不足或缺乏引起的疾病，又称阿狄森病。本病多见于 2～5 岁的母犬，母犬的发病率是公犬的 3～4 倍。

【病因】

各种原因引起两侧性肾上腺皮质严重损伤时均可引起本病。

(1)原发性因素。主要由肾上腺皮质本身的疾病引起。如自身免疫疾病引起肾上腺皮质萎缩，犬瘟热、犬传染性肝炎、子宫蓄脓引起的感染，白血病、各种肿瘤转移所致的细胞浸润，淀粉样变性、肾上腺静脉血栓形成梗塞等血管病变，双侧次或全切除肾上腺的犬、猫。另外，由于先天性缺乏 21-羟化酶，11-羟化酶，17-羟化酶或后天性服用药物(甲吡酮)及化学抑制酶引起皮质激素合成代谢酶缺乏的，也可引起本病。

(2)继发性因素。多由于下丘脑分泌 CRH 和垂体分泌 ACTH 不足所致。一方面是由于各种肿瘤、炎症、细胞浸润、创伤、血管病变等引起下丘脑病，如由肿瘤、脑膜脑炎后遗症等引起的垂体病；另一方面是由于长期大剂量使用糖皮质激素抑制下丘脑垂体所致，停药后有机能减退症候群。

【症状】

病犬精神沉郁，食欲不振，恶心、呕吐，腹胀、腹痛；偶有腹泻，粪便呈糊状；体重减轻，色素沉着，散见于皮肤和黏膜内，几乎见于所有病例；体质虚弱，嗜睡，肌肉无力，易于疲乏，不耐运动，头晕、眼花，血压降低，心电图呈低电压，T 波低平或倒置，P－R 间期、Q－T 时限可延长。

【诊断】

1. 症状诊断

根据皮肤黏膜色素沉着等典型临床表现，可做出初步诊断，测定血中 ACTH 增加，方可确诊。

2. 实验室诊断

(1)血液生化检验。血钠降低、血钾升高，血钠与血钾比小于 30，缺钙轻度升高，正细胞性贫血，嗜酸性粒细胞和淋巴细胞的绝对值以及分类数升高；血清氯化物减低，血糖降低。

(2)心电图检查。T 波低平或倒置，P－R 间期与 Q－T 期间延长，血钙升高时，P 波消失。

(3)激素测定。尿中 17-羟皮质类固醇近于零，血中皮质醇低于犬的正常值5～10g/100 mL。

(4)血浆 ACTH 测定。原发性明显增高，继发性明显降低，接近于零。

【防治】

1. 防治原则及措施

防治原则：纠正动物脱水和电解质失衡，补充盐、皮质激素和糖皮质激素。

(1)急性病例。在脱水、休克情况下，按每小时每千克体重 40～80 mL 的剂量静脉滴注生理盐水，静脉注射氢化可的松。低血糖时，可静脉输入 5%葡萄糖生理盐水。有酸中毒时，还应给予 5%碳酸氢钠解除酸中毒。此后，可根据实验室结果，在纠正酸中毒、电解质失衡时，给予地塞米松。

(2)慢性病例。可以采取肾上腺皮质激素替代疗法，饲喂食盐量应多于正常犬、猫。糖皮质激素可选用可的松。盐皮质激素可应用醋酸去氧皮质酮，每天 1～5 mg，肌肉注射或皮下包埋给药。

2. 处方

(1)琥珀酸钠皮质醇，每千克体重 10 mg；磷酸钠地塞米松，0.5 mg；5%葡萄糖生理盐水，每千克体重 40 mL。用法：一次静脉滴注，每天 1 次。说明：增强抵抗力，补充皮质激素。

(2)可的松。用法：2～4 mg/天，口服，每天分 3～4 次。说明：用于慢性肾上腺皮质机能减退症。

(3)泼尼松。用法：每千克体重 0.5～2.0 mg，口服，每天 3 次。

九、雌激素过剩症

雌激素过剩症是由于雌激素分泌过多或过量应用雌激素所致的雌性化综合征，本病雌性和雄性犬、猫都可发生，雌性犬、猫表现为卵巢功能不均衡，雄性犬、猫表现为雌性化综合征。但临床上本病多发于 5 岁以上的雌性犬、猫。

【病因】

卵泡囊肿、卵巢肿瘤及雌激素投入过量所致。

【症状】

患病犬表现与发情无关的异常子宫出血、子宫内膜增生和发情样症候，外阴部肿胀，阴道流出分泌物，乳头变大，运动控制困难，爬跨雄犬，表现慕雄狂。乳房、外阴周围、会阴部或肷部皮肤呈现左右对称性脱毛，色素沉着，有脂溢性皮炎，除头部或四肢末端外，脱毛可波及全身。子宫内膜增生的犬表现为多饮、多尿，当继发感染时可引起子宫蓄脓症。

【诊断】

(1)临床诊断。患病犬表现与发情无关的异常子宫出血、外阴肿大、乳头增大,出现爬跨雄犬、慕雄狂现象;年龄在 5 岁以上的老龄雌犬,阴道黏膜涂片无正常发情犬的各种细胞成分;皮肤对称性脱毛,色素沉着,脂溢性皮炎,子宫内膜增生而多饮、多尿,有发情样征候的内分泌性皮肤病等,即可怀疑为本病。根据临床变化即可确诊。

(2)实验室诊断。血清性激素测定明显高于健康犬、猫。

【治疗】

手术摘除卵巢、子宫是可靠的治疗方法,药物治疗有一定疗效,但很难根治。

处方:

(1)黄体酮。用法:10 mg/天,肌内注射,每天 1 次。说明:用于子宫内膜增生的犬。

(2)手术摘除卵巢、子宫。说明:适用于 5 岁以上宠物。

第八章

免疫性疾病

【学习目标】

知识目标

①掌握宠物免疫性疾病的概念；

②了解宠物免疫性疾病发生的过程；

③明确宠物免疫性疾病时的临床症状；

④了解宠物免疫性疾病的诊断与治疗的原则和方法。

能力目标

①根据宠物的临床症状表现，诊断出疾病；

②实施各种技能治疗疾病。

素质目标

①培养学生分析思考、自主学习能力；

②培养学生遵守职业操守、精益求精的工匠精神。

第一节　概　述

兽医临床免疫学是研究动物免疫性疾病的一门内容崭新、发展迅速的新型学科。

动物体的免疫系统包括：①淋巴网状器官，如骨髓、淋巴结、脾、肝、胸腺及消化道、呼吸道、生殖道、泌尿道的黏膜等；②细胞，如淋巴细胞、巨噬细胞等；③分子成分，如抗体、淋巴因子。

免疫系统的基本功能是识别外来物质，并消灭它们。这种功能通常都会正常而有效发挥，而且对动物个体毫无损害。但是，免疫系统有些时候会发生一些功能的障碍和混乱，从而导致动物发生免疫性疾病。

动物免疫性疾病分为四大类，即超敏反应、自身免疫病、免疫缺陷病和免疫增生病。

1. 超敏反应

超敏反应是指抗原物质（过敏原或变应原）刺激机体产生的异常免疫反应应答。过敏原主要有完全抗原（异种动物血清、异种组织细胞、各种微生物和寄生虫及其代谢产物、植物花粉、动物皮毛等），半抗原（药物如青霉素、磺胺类等，染料，多糖）和自身组织抗原（因微生物、电离辐射、烧伤、外伤等产生)。

一般根据其发生机制和临床特点，将其分为四个类型。

(1) Ⅰ型。即速发型，包括过敏性休克、过敏性鼻炎、变应性肺炎、荨麻疹、变应性皮炎、犬特应性皮炎、血管神经水肿、乳汁变态反应等。

(2) Ⅱ型。即细胞溶解型或细胞毒型，如不同血型输血、新生畜同种免疫性溶血性贫血、自身性溶血性贫血、同种免疫性白细胞减少症、同种免疫性血小板减少性紫癜、自免性血小板减少性紫癜、链球菌感染致肾小球肾炎、天疱疮等。

(3) Ⅲ型。即免疫复合物型，如血斑病、变应性肺炎、肾小球肾炎、血清病综合征、系统性红斑狼疮、类风湿性关节炎等。

(4) Ⅳ型。即迟发型，如变应性接触性皮炎、变应性脑脊髓炎、蚤咬性皮炎、蠕形螨病、壁虱麻痹等。

2. 自身免疫病

自身免疫病是指宿主免疫系统对自身成分的免疫反应性增高而造成自身组织损害的一类免疫病，包括系统性红斑狼疮、类风湿性关节炎、重症肌无力、自免性溶血性贫血、自免性血小板减少性紫癜、自免性甲状腺病、自免性脑炎、晶体诱变性葡萄膜炎、视网膜变性、天疱疮、大泡性类天疱疮、乳汁变态反应等。

3. 免疫缺陷病

免疫缺陷病是指以机体免疫系统发育缺陷或免疫应答障碍为基本病理过程的一类免疫病，包括联合性免疫缺陷病、免疫缺陷性侏儒、遗传性胸腺发育不全、腔上囊成熟缺陷、选择性 IgA 缺乏症、选择性 IgM 缺乏症、选择性 IgG 缺乏症、选择性 IgG_2 缺乏症、粒细胞综合征、获得性免疫缺陷综合征(艾滋病)等。

4. 免疫增生病

免疫增生病是指以浆细胞或淋巴细胞等免疫细胞异常增生为特征的一类免疫病，包括多株系丙球病、淋巴细胞-浆细胞型胃肠炎、多发性骨髓瘤病、巨球蛋白血症、淋巴增生性单株丙球病以及非骨髓瘤性单株丙球病等。

第二节　常见免疫性疾病

一、食物过敏

食物过敏是某些特异性食物抗原刺激机体引起的变态反应性疾病，常表现为急性或慢性的皮肤和胃肠道疾病(症状)。食物过敏反应包括由 IgE 介导的Ⅰ型变态反应和非 IgE 介导的Ⅰ型变态反应。Ⅰ型变态反应常见于食物过敏，本病以犬、猫皮肤瘙痒和胃肠炎为特征。

【病因】

食物过敏是由过敏原通过黏膜进入机体而引起的过敏反应。引起食物过敏的食物种类主要有牛奶、鸡蛋、鱼、甲壳类水产动物、花生、大豆、坚果、小麦。目前普遍认为食物过敏原的成分是蛋白质，它们广泛地存在于动物性食品中。

【症状】

过敏性肠炎通常在进食后 1～2 h 发生，表现为呕吐、腹泻、胀气、腹痛。皮肤性过敏通常在进食后 4 h 发生,也可能在 1～2 年后发生,表现为皮肤瘙痒、粉红色或出现红斑、丘疹、脱毛、外耳炎等。

【诊断】

饲喂低过敏性处方粮 3～4 个月,如临床症状消失,再改为原饲料,症状再次出现时,可做出诊断。

【防治】

食物过敏的治疗无特效方法,严格避免饲喂含有过敏成分的食物是最有效的方法。但目前尚不能生产出不含过敏原的饲料。

处方:低过敏处方粮。使用低过敏处方粮期间,严禁饲喂其他食物。

二、自身免疫性溶血性贫血

自身免疫性溶血性贫血是由于免疫功能紊乱,产生自身红细胞抗体,导致大量红细胞破坏加速而产生的溶血性贫血。本病主要发生于 2 岁以上雌性犬,猫很少发生。

【病因】

自身抗体的产生机制尚不清楚。继发性自身免疫性溶血性贫血可以继发于其他自身免疫性疾病、肿瘤性疾病和感染性因素。

【症状】

急性贫血,可视黏膜苍白,厌食,精神沉郁;多饮、呕吐、下痢,体温升高,脾脏肿大等。血常规检查红细胞增多,红细胞比容下降。

【诊断】

常根据以下临床症状及实验室检查结果进行诊断:①临床急性贫血症状;②末梢血液抹片中出现大量未成熟红细胞;③球状红细胞显著增多;④血红素值和血容比值很低;⑤有自体性红细胞凝集作用;⑥血液常规检查;⑦直接 Coombs 试验阳性;⑧免疫荧光法测定红细胞抗体。

【防治】

1. 防治措施

本病目前主要是使用皮质类固醇、血浆置换、给予免疫抑制剂等方法进行治疗。

给予大剂量皮质类固醇,以抑制红细胞被吞噬及抗红细胞抗体的产生。

严重贫血时可以输血。

中医疗法急性发作期以清热凉血为主,缓解后,以健脾益气、滋阴养血为主。

2. 处方

(1)强的松龙。用法:每千克体重 1～2 mg,口服,每天 2 次。

(2)全血。用法:每千克体重 10～20 mL,静脉输注。

(3)硫唑嘌呤。用法:每千克体重 1.5～2.0 mg/天,口服,连续使用 30 天。说明:严重贫血时输血或输生理盐水。

三、系统性红斑狼疮

系统性红斑狼疮是由于血清中存在以抗核抗体为主的多种自身抗体所引起的一种多系统非化脓性炎症性自身免疫病。本病主要侵害关节、皮肤、造血系统、肾脏、肌肉、胸膜或心肌等,主要发生于犬,而猫则很少见,多预后不良。

【病因】

目前本病病因尚未明确，一般认为与下列因素有关。

(1)遗传因素。系统性红斑狼疮的发生有明显的家族性倾向。

(2)病毒感染。主要是与副黏病毒感染有关。

(3)化学药物。长期服用某些药物，如磺胺类药物、苯妥英钠等可诱发系统性红斑狼疮。

(4)与阳光、紫外线照射有关。

具有遗传性免疫缺陷的动物，在以上因素的诱导下，产生多种自身抗体，出现细胞溶解型和免疫复合物型超敏反应，导致血细胞和相应器官组织的免疫学损伤。

【症状】

表现为多器官、系统的损伤，可引起自身免疫性溶血性贫血、血小板减少性紫癜、类风湿性关节炎、膜性肾小球肾炎、胸膜炎、多株免疫球蛋白增多症、皮肤变化等。由于严重肾小球肾炎引起的肾衰竭，通常是病犬致死的原因。

【诊断】

根据临床症状、LE 细胞实验、抗细胞核抗体试验可以确诊。

LE 细胞试验是可靠、简单的诊断方法。

【防治】

通常使用肾上腺皮质激素疗法，以减少炎症的发生，抑制免疫损伤进一步发展。血小板减少时，可用长春新碱。

处方：

(1)长春新碱。用法：每千克体重 0.02 mg，静脉注射，每周 1 次。

(2)泼尼松。用法：每千克体重 1.5～3.0 mg/天，口服，每天 1 次。

(3)环孢菌素。用法：每千克体重 2.5～5 mg/天，口服，每天 2 次。

四、特应性皮炎

特应性皮炎又称异位性皮炎、遗传过敏性皮炎，是一种多发于多种动物的瘙痒性、慢性皮肤病。约 10% 的犬易发本病，麦町犬发病率较高。目前认为本病的发生与遗传、免疫功能紊乱、药理生理学异常有关。

【病因】

病犬的特应性皮炎通常是由于吸入变应原(如尘螨、花粉、霉菌、羽毛、人和动物的皮屑等)引起。猫的特应性皮炎以食物性过敏原更为常见。

【症状】

剧烈瘙痒和皮肤出现疹和鳞片是本病的主要症状。病变常出现在指趾部、面部、腹部、腋下等处，皮肤的损害因为动物的舔嚼、抓搔，引起继发感染而加重。猫的特应性皮炎表现为粟疹或局部炎症反应。

【诊断】

根据皮肤损伤特点，可以初步诊断；再依据皮内试验、血清测定可以确诊。

【防治】

1. 防治措施

本病防治的最理想的方法是加强饲养管理，避开过敏原。如果与食物有关，则饲喂低过敏处方粮。

(1)减低敏感疗法。每隔1个月肌内注射一次适量的诱发变应原,直到改善为止。

(2)肾上腺皮质激素疗法。

2. 处方

(1)饲喂低过敏处方粮。

(2)泼尼松。用法:每千克体重1.0 mg/天,口服,每天1次,连续服用5～7天;然后按0.5 mg/(kg体重·天),连续服用7天,以后每隔日服用每千克体重0.5 mg。

五、过敏性休克

过敏性休克是外界抗原物质进入机体后,通过免疫机制在短时间内触发的一种强烈的多脏器累及症候群。包括IgE介导的过敏性休克和非IgE介导的过敏性休克。过敏性休克的表现程度,因抗原进入量、途径、机体反应等不同而有很大的差别。

【病因】

大多数过敏性休克是典型的Ⅰ型变态反应在全身多器官(尤其是循环系统)的表现。外界的抗原性物质进入体内后,刺激免疫系统产生相应的抗体,其中IgE的产量因体质不同而有较大的差异。这些特异性IgE有较强的亲细胞性质,能与皮肤、支气管、血管壁等靶细胞结合。此后,当同一抗原再次与已致敏的个体接触时,就能激活机体潜在体液或细胞介导的反应系统(包括交感-肾上腺髓质系统、补体系统、激肽系统、凝血与纤溶系统等),产生各种生物活性物质(组胺、5-羟色胺、血小板激活因子等)的相互作用,引起微循环功能障碍。微循环功能障碍是休克的重要病理生理基础。

【症状】

发生突然,初期往往表现为红斑、瘙痒,随后的症状表现有所侧重,可表现为由于喉头、气管水肿、支气管痉挛、肺水肿引起的呼吸道阻塞,由于心肌收缩乏力、心律紊乱、外周血管扩张、血压下降引起的循环衰竭症状,由于脑缺氧、脑水肿引起意识不清、昏迷、抽搐等神经症状,以及广泛的荨麻疹或血管神经性水肿等。

【诊断】

通过病史调查及临床症状不难做出诊断。

【防治】

采用肾上腺素静脉或心内注射,以抗支气管痉挛和后肠系膜血管扩张。血压和呼吸的辅助支持治疗也是必要的。由于本病症状出现急,故抗组胺药物治疗疗效不大。

处方:

(1)肾上腺素,0.1～0.3 mg/次,静脉注射或心内注射。

(2)吸氧。

六、免疫缺陷综合征

免疫缺陷综合征(或称缺陷病)是机体对各种抗原刺激的免疫应答不足或缺乏而引起的一系列病症,反映免疫系统主要成分的一种或多种发生损害,包括非特异性免疫的吞噬细胞、多形核嗜中性粒细胞、补体,特异性免疫的体液系统与细胞介导的免疫系统损害。

【病因】

特异性免疫的免疫缺陷病分为原发性与继发性两种。

(1)原发性免疫缺陷有以下3类：体液免疫缺陷引起的低γ-球蛋白血症；细胞免疫缺陷引起的胸腺发育不全；两系统联合缺陷引起的淋巴细胞减少性无γ-球蛋白血症。这些先天性的免疫缺陷病不常发生，至今在犬、猫尚未有报道，只出现过犬可能由于免疫缺陷而感染卡氏肺囊虫。

(2)继发性免疫缺陷通常继发于感染性疾病、肿瘤、老龄动物、某些药物治疗对免疫系统的损伤等。继发性免疫缺陷可发生于犬、猫。

【症状】

不同原因引起的免疫缺陷病，症状差别比较大，但其主要特征是：抗感染能力低下，易形成肿瘤。

【防治】

先天性免疫缺陷病目前尚无有效的治疗药物，关键是检出病理基因，做好选育工作。继发性免疫缺陷病，在查清其原发病后，积极治疗原发病，有助于改善免疫机能。

七、寻常性天疱疮

天疱疮是由于表皮棘层细胞间抗体沉积，引起棘层细胞分解，并以表皮内水疱形成为特征的自身免疫性皮肤黏膜病。寻常性天疱疮是天疱疮中较常见、较严重的一种类型。本病常见于成年犬，发病率无性别和品种差异。

【病因】

本病病因不明，其发病机理也不完全清楚，目前较多的证据说明它是一种自身免疫性疾病。一般认为病毒附着、化学药物或酶的作用，使自身组织抗原性发生改变。入侵的微生物与某些组织有共同抗原，可引起交互免疫反应。免疫活性细胞的突变和免疫稳定功能失调等，都可产生自身抗体而发生免疫性疾病。

【症状】

多呈急性经过，初期病犬表现口腔黏膜糜烂、齿龈炎，并且不易愈合，随后黏膜和皮肤交界部(如口、鼻孔、唇、眼睑、肛门、外阴、包皮)及指趾间很快出现浆液性水疱。水疱破裂后易发生继发感染，表现严重的皮肤炎症，出现尼克尔斯基氏症(即病变周围外观正常的皮肤一擦即破)，具有诊断价值。

【诊断】

根据典型临床症状，如发病早期口腔黏膜损伤、正常皮肤发生松弛性水疱、尼克尔斯基氏症，可初步确诊。实验室检查包括：直接免疫荧光检查发现IgG沉积于表皮细胞间，血清学检查天疱疮抗体阳性，抗体滴度与疾病程度平行。

【防治】

1. 防治措施

(1)皮质激素是目前治疗本病的首选药物。

(2)支持疗法，静脉补充液体、电解质，口服补充蛋白质食物、维生素。

(3)防止继发感染，使用广谱抗生素制剂1～2周。

(4)使用免疫抑制剂环磷酰胺及硫唑嘌呤。

(5)加强管理,防止外伤的发生。

2. 处方

(1)泼尼松。用法:每千克体重 1～3 mg,口服。如效果不明显,则以 4～8 mg,口服,连用 5 天。再以 0.5～1.0 mg 的维持量口服。说明:发病初期使用。

(2)环胞菌素。用法:每千克体重 2.5～5 mg/天,口服,每周 4 次,停药 3 天,然后,每天 1 次。

(3)硫唑嘌呤。用法:每千克体重 1.5～2.0 mg/天,口服,连续服用 30 天。

(4)头孢唑林钠。用法:每千克体重 15～30 mg,肌内注射,每天 2 次。

八、落叶状天疱疮

落叶状天疱疮与寻常性天胞疮相同,属于自身免疫性皮肤病。落叶状天疱疮与寻常性天胞疮的主要区别是症状轻,黏膜与皮肤交界处病变少,通常无口腔黏膜损害。本病除犬外,猫也能发生。犬的发病率无品种、年龄及性别的差异,预后较寻常性天疱疮为佳。

【病因】

本病是机体对自身表皮细胞的间质物质或部分表皮细胞壁发生的免疫反应。

【症状】

皮肤与黏膜处突然形成水疱,因为病变原发生于表皮细胞,故短时间内即破溃形成痂皮,以后取慢性经过。早期病变损害常限于头面部,尤其是鼻、眼周围及耳部,然后向全身发展。病变呈水疱性、溃疡性、脓包性变化。患部脱毛、发红、渗出,形成大范围的痂皮。无全身症状,也很少有细菌感染,但表现出程度不同的瘙痒。

【诊断】

根据典型临床症状,如早期病变损害常局限于头面部,而后向全身发展,病变部位广泛,通常无口腔黏膜损害,尼克尔斯基氏征阳性,可初步确诊。实验室检查包括:直接免疫荧光检查发现,IgG 沉积于表皮细胞间;血清学检查天疱疮抗体阳性,抗体滴度与疾病程度平行。根据临床病理变化,结合临床症状可以确诊。

活检可见脓疱形成于表皮的角质下层或颗粒层,棘细胞层发生融合角化,嗜酸性粒细胞浸润,通常炎性反应较弱。

【治疗】

参照寻常性天疱疮的治疗方法。

第九章

中毒性疾病

【学习目标】

知识目标

①掌握宠物中毒性疾病的概念；

②了解宠物中毒性疾病发生的过程；

③明确宠物中毒性疾病时的临床症状；

④了解宠物中毒性疾病的诊断与治疗的原则和方法。

能力目标

①根据宠物的临床症状表现，诊断出疾病；

②实施各种技能治疗疾病。

素质目标

①培养学生分析思考、自主学习能力；

②培养学生遵守职业操守、精益求精的工匠精神。

第一节 概 述

一、中毒的概念及毒物的分类

毒物是指一种物质进入体内，在一定的剂量与条件下，引起机体严重的功能障碍或形态改变，甚至导致动物死亡，这种物质称为毒物。由于毒物引起的疾病称为中毒。

毒物与药物是相对的。俗话说，“是药三分毒”，药物剂量过大时，可引起中毒，如磺胺类药物中毒。而某些毒物在剂量较小时，又可作为药物使用，正所谓“以毒攻毒”。如亚硝酸盐，既能引起中毒，又能作为氢氰酸或氰化物中毒的特效解毒药，只是剂量不同而已。

毒物的毒性是指毒物的剂量与机体反应之间的关系。毒物引起中毒的剂量越小，说明毒性越强。

根据来源，毒物可分为内源性毒物或外源性毒物两大类。

(1)内源性毒物。是指在机体内形成的毒物，包括机体的某些代谢产物和寄生于机体内的细菌、病毒、寄生虫等病原体的代谢产物。由内源性毒物所引起的中毒称为内源性毒物中毒，即自体中毒。

(2)外源性毒物：是指在体外所形成或存在而进入机体内的毒物，如动物、植物、矿物等。由外源性毒物引起的中毒称为外源性毒物中毒，即一般所谓的中毒。

以毒物对机体系统的作用可分为神经毒、消化毒、呼吸毒、心血管毒、肾毒、肝毒等，称其为毒理学分类。而以毒物的来源和性质又可分为植物类毒、饲料类毒、农药化肥类毒、真菌毒素类、矿物元素类毒、药物类毒、动物类毒等。

中毒性疾病也是依据上述毒物分类而进行分类的。在兽医临床上，常以后者分类为主要基础，即将不同来源、不同性质的毒物引起的中毒性疾病冠以相应的毒物名称，此又称为临床分类，如农药中毒、鼠药中毒、饲料中毒、霉菌毒素中毒等。

二、中毒性疾病原因

(1)误食毒物或有毒食物。

(2)饲料保管不当，真菌毒素中毒。

(3)饲料中有毒成分。

(4)用药剂量过大，如体表大面积涂抹杀虫剂，服用大剂量抗寄生虫药物。

(5)污染工矿区的废水，废气处理不净，污染空气、饮水和植物。

(6)动物毒中毒，如毒蛇咬伤、昆虫刺蜇以及人为投毒。

毒物进入动物机体后，通过吸收、分布、代谢和排泄等转运过程，损害机体的组织器官或生理功能，发生中毒。

三、毒物的作用方式

1. 局部的刺激作用和腐蚀作用

刺激性和腐蚀性毒物，在与动物有机体接触或经不同途径进入体内的过程中，对所接触的表层组织产生化学作用而造成直接损害。如与皮肤、黏膜接触，引起皮肤的灼伤、坏死、糜烂。

2. 干扰生物膜的通透性

某些毒物(如铜、铅、醚类等)对生物膜具有特殊的亲和性，对细胞和亚细胞的膜结构造成损害。此类药物主要通过作用于膜上的蛋白质或脂质破坏生物膜。

3. 阻止氧的吸收、转运和利用

亚硝酸盐、芳香胺中毒可使血红蛋白变为高铁血红蛋白，从而失去结合氧和运氧能力。一氧化碳对血红蛋白的亲和力较大，使血红蛋白失去携氧能力。有些毒物可与细胞的氧化还原酶结合，以此阻断细胞氧化酶的氧化还原功能，从而导致细胞的有氧呼吸中止。

4. 抑制酶活性

大多数毒物进入体内后，以细胞内酶为靶分子，通过抑制细胞酶的活性而发挥毒害作用。毒物与酶的功能团结合，使酶失去活性。毒物与基质竞争同一种酶，从而降低了酶的作用。毒物与酶的激活剂作用，从而抑制酶的活性。毒物消耗辅酶的合成成分，也抑制了酶的活性。毒物的代谢物，对酶的抑制影响了酶的作用。有机物毒物可与神经传导介质的水解酶结合，使该酶失去活性，如有机磷化合物与胆碱酯酶结合，形成稳定的磷酰化胆碱酯酶而丧失了水解能力，致使乙酰胆碱在组织中大量积聚而表现中毒。

5. 其他作用方式

其他作用方式包括放射性损伤、电离损伤及毒物对核酸、靶器官的毒害作用等。放射性物质，除直接辐射损伤外，还有电离作用产生的自由基等所形成的间接损伤。某些毒物能与复制的 DNA 和 RNA 产生共价结合，呈现致癌、致突变、致畸的作用。此外，某些毒物还能破坏遗传信息，影响免疫功能，发挥致敏作用等。

四、影响毒物作用的因素

动物机体接触毒物后表现出毒害作用的性质和程度受诸多方面的影响，主要因素有毒物的剂量、理化性质及动物品种、个体差异及外界环境等。

1. 毒物的剂量

毒物引起的生物化学反应的程度与接毒剂量（接触浓度）和次数相关，存在着剂量-效应、剂量-反应和时间-效应的关系。剂量-效应是机体接触一定剂量的化学物质后所呈现的生物化学反应，只涉及个体。剂量-反应是指接触一定剂量的化学物质后呈现某种效应，并达到一定强度的个体在群体中所占的比例。时间-效应是机体持续接触一定剂量的化学物质时，及其后所呈现的生物化学变化。

一般用剂量-反应关系来说明毒物的毒性，多以半数致死量（LD_{50}）或半数有效量（ED_{50}）来表示毒物毒性的强弱。

2. 毒物物理化学性质

毒物的溶解度、化合物的稳定性和纯度等理化性质对毒物毒性作用有很大影响。

3. 动物种类

不同种类动物对同一毒物的反应性相差很大，主要是各种动物对毒物的吸收和排泄不同，血浆蛋白结合毒物的能力不同及作用部位对毒物的亲和力不同等。

4. 动物体格大小、年龄和性别

新生动物和老龄动物对毒物的敏感性高，主要由于其解毒能力和屏障功能不健全。

5. 动物健康情况

动物机体的健康情况和营养情况直接影响毒物的毒性。

五、中毒性疾病症状

由于毒物的性质、数量及中毒的途径不同，故中毒的临床表现也不一样，一般分为最急性、急性和慢性 3 种。

(1)最急性中毒。病程短促，呈闪电经过，临床常表现为惊厥、窒息和突然心衰，很快死亡。有的甚至不表现出任何症状而突然死亡。故不易诊断。

(2)急性中毒。发病突然，经过较急，但症状较明显。通常表现为明显的神经症状，如瞳孔缩小或散大、精神兴奋或沉郁、肌肉痉挛或麻痹、反射敏感或减弱、感觉消失等，伴有重剧的消化障碍，如食欲废绝、流涎、呕吐、腹痛、腹泻、粪便混有黏液和血液等。体温一般正常或低下，但有机磷中毒和十字花科植物中毒的初期以及伴有器官发炎的中毒，体温升高。另外还有循环、泌尿、呼吸系统和皮肤等表现中毒症状。

(3)慢性中毒。其病状隐蔽，病程较长。一般表现消瘦、贫血及消化障碍等，但不易显示典型症状，易被忽视或误诊。值得注意的是，慢性中毒所造成的损失并不亚于急性中毒，甚至超过急性中毒。

六、中毒性疾病的诊断

1. 病史调查

(1)调查发病前一周之内饲养管理情况,有无接触毒物的可能性。

(2)了解饲料的种类、品质是否霉变。

(3)调查饲养场周围是否存在污染源。

(4)调查发病头数或死亡率,判断是群发还是个别发生。

(5)调查病程长短,判定急性中毒或慢性中毒。

(6)调查有无治疗,用什么药,有无效果。

2. 临床表现

(1)大多数病情及发病迅速,但有慢性中毒病例。

(2)体温正常或偏低,流涎、呕吐,腹痛、腹泻,肌肉发抖,瞳孔变大或缩小,呼吸困难,心跳加快等。

3. 病理特点

(1)中毒性疾病多发现有出血性胃肠炎。

(2)胃肠内可发现没消化吸收的毒物。

(3)磷化锌中毒时胃肠内容物有大蒜臭味,一氧化碳中毒时血液呈樱红色,这些特征对疾病的诊断都有重要意义。

4. 毒物检验

采取可疑饲料、饮水、呕吐物、胃内容物、尿液、血液和乳汁进行毒物检验,化验出相关的毒物,这是确诊中毒病的依据。

5. 治疗试验

假定是某一种毒物,应用该毒物中毒后的特效解毒剂,观察有无治疗效果。

七、中毒性疾病的治疗

宠物中毒性疾病具有发病急、死亡快的特点,在临床上很难快速做出正确诊断,而且目前对多数毒物尚无特效解毒药,因此临床上多采取一般治疗措施,这对于缓解中毒症状、维持生命、使动物康复都具有极其重要的意义。

中毒性疾病的治疗原则是:首先阻止有毒物质继续进入体内,并尽快排除已经进入体内的毒物;其次用解毒药物来抵抗或消除已经吸收的毒物;最后根据机体器官的具体状态,采取综合性治疗措施。

八、排出毒物

1. 防止有毒物质继续进入体内

迅速将患病动物移至远离毒物污染的环境,皮肤或黏膜接触毒物时,要立即用大量的清水或生理盐水冲洗干净。

2. 排出体内毒物

(1)催吐。对由口食入毒物尚不超过1~2 h,毒物未被吸收或吸收不多时,为排除已进入胃肠道的毒物，可以通过催吐的方法将毒物排出体外。催吐的具体方法如下。

①对于清醒的动物，可用刺激咽喉后壁的方法催吐，即用投药板或镊子从口角中伸入刺激咽喉。

②作为家庭抢救时，可用10 g左右的食盐撒入口内，也有催吐效果。

③灌服3%过氧化氢，共用5～10 g。

④注射阿扑吗啡，每千克体重0.04 mg，静脉注射；或每千克体重0.08 mg，皮下、肌内注射。

⑤口服吐酒石，0.1～0.5 g。

⑥口服1%硫酸铜溶液，犬20～100 mL，猫5～20 mL。

⑦口服吐根末，0.5～1.0 g。

注意，当毒物已被吸收时，催吐无效。此外，食入强酸、强碱、腐蚀性毒物时，不宜催吐，以防对食道、口腔黏膜损伤或使胃破裂。

(2)洗胃。由口食入毒物不久，尚未吸收时，可采取洗胃措施。洗胃液的选择与毒物的种类有关。

①在尚未确定毒物种类之前，可选择清水、生理盐水或0.5%的活性炭混悬液进行洗胃。

②食入有毒植物的生物碱、砷化物、氢化物或无机磷时，可用0.1%～0.2%的高锰酸钾溶液洗胃，因其可使毒物氧化失去毒性。但若为有机磷农药中毒时，则不能使用高锰酸钾洗胃，因为这些农药氧化后毒性更强。

③2%碳酸氢钠溶液可使多种生物碱沉淀，并能结合某些重金属(如汞、铅等)。但有机磷农药，特别是敌百虫在碱性条件下可转变为毒性更强的敌敌畏，故不能使用碳酸氢钠洗胃。

④0.2%～0.5%硫酸铜溶液可用于无机磷中毒，硫酸铜与磷反应后生成不可溶性的磷化铜，从而不能吸收。

⑤如摄入毒物不超过4小时，可用绿豆汤反复洗胃。

(3)缓泻。若摄入毒物不超过6小时，可进行导泻，加速肠道内容物排出体外，以减少肠道对毒物的吸收。泻剂以刺激小、不溶解毒物、不促进毒物吸收者为佳。一般选择盐类泻剂，因其能增加渗透压，阻止毒物吸收，排毒效果较好。油类泻剂有溶解脂肪、促进吸收的作用，故很少使用，只在食盐、升汞中毒时选用。如已经发生严重腹泻或脱水，则要慎重导泻。

(4)灌肠。要促进肠道内有毒物质排除，可选用灌肠法。液体选择温热的普通水或肥皂水，也可选用0.1%高锰酸钾溶液。

(5)利尿。毒素被吸收后多经泌尿系统排出，因此可选用利尿药脱水药，通过增加排尿量来促进溶解在尿中的毒物随尿排出。此外，人为改变尿液pH，可以促进某些毒物排出。当中毒动物发生少尿或无尿，甚至肾功能衰竭时，可进行腹膜透析，从而促使体内代谢产物和某些毒物通过透析液排出体外。

3. 清除皮肤、黏膜上的毒物

对皮肤、黏膜上的毒物，应及时使用冷水洗涤(为了防止血管扩张而加速对毒物的吸收，不宜用热水)，洗涤越早、越彻底越好。

对不宜用水洗涤的毒物，可酌情使用酒精或油类物质擦洗。但是用上述洗液擦洗时，易使毒物溶解于酒精或油脂中，也能促进其吸收，所以在使用该种措施时，应小范围迅速擦洗，并且边擦洗边用干毛巾擦净。

对已知毒物，最好选用具有中和或对抗作用的药物来清洗体表或黏膜上的有毒物质。但应注意选用洗涤药物时，不能使被清洗的毒物增加毒性。如敌百虫中毒时，严禁用弱碱性溶液洗涤。

九、解毒药物

1. 常用的一般解毒药物

(1)吸附剂。除氰化物以外，任何经口食入消化道的毒物，都可以使用吸附剂解毒。使用吸附剂后配合泻下、洗胃、催吐，效果会更好。常用的吸附剂有药用炭、木炭末等，剂量为每千克体重1～3 g，一般配成2%～5%的混悬液灌服。剂量可根据情况酌情增减。

(2)保护剂。常用黏浆剂、黏滑性保护剂，不受剂量限制，对经口进入消化道的毒物一般均可使用。在应用黏浆剂时，首先用催吐剂或泻剂，以免使过多的毒物沉积于胃、肠壁上不易清除，最后造成不良后果。黏浆剂一般可多次使用，但不宜同其他药物混合使用。常用的保护剂有蛋清、牛乳、米汤、面粉糊等。

(3)凝固剂。凝固剂只能应用于铅、铜、汞、石炭酸等易被凝固的毒物。常用凝固剂有蛋白水、花生油、菜油、猪油等。应用油类凝固剂时，应注意除上述毒物外，有的毒物易溶于油中而被吸收，有加重中毒危险。因此，在应用凝固剂后，再灌服盐类泻剂将更为安全。

(4)中和剂。当毒物为已知酸性或碱性毒物时，使用中和剂是最重要的解毒措施。常用的弱酸性解毒剂有：食醋、酸奶、0.25%～0.5%的稀盐酸、1.5%～3%的稀醋酸。弱碱性解毒剂有：氧化镁、石灰水上清液、小苏打水、肥皂水等。在用于灌肠或洗胃时，浓度可以加大几倍，以增强效果。

(5)氧化剂。常用于能被氧化的毒物，如生物碱、氰化物、无机磷、巴比妥类药物、砷化物等。有的毒物如有机磷应用氧化剂后其毒性增强，故禁止使用。氧化剂常用于洗胃或口服，以及深部灌肠。常用的氧化剂有：0.1%高锰酸钾溶液、3%过氧化氢溶液等。前者有刺激性、腐蚀性，应用时应注意药物的浓度；过氧化氢溶液易产生气体，不宜用于治疗腐蚀性毒物中毒。

(6)沉淀剂。沉淀剂能与毒物反应生成不溶性复合物，以减少毒性或延缓吸收而达到解毒目的。常用的沉淀剂有：鞣酸、浓茶、稀碘酒、蛋白水等，主要用于生物碱类及砷、汞等重金属中毒。

(7)拮抗剂。利用药物与药物间、药物与毒物间、甚至毒物与毒物间的相互拮抗作用来达到解毒目的。常见的拮抗剂有以下几种。

①阿托品、莨菪碱类，拮抗毛果芸香碱、新斯的明、槟榔及其制剂等。阿托品还对有机磷、西维因、吗啡类药物、毒蕈碱等有一定的拮抗解毒作用。

②水合氯醛、巴比妥类药物，拮抗士的宁、美解眠。

③氯丙嗪、安乃近，拮抗盐酸苯海拉明等(对抗肌肉震颤)。

④阿片、吗啡、杜冷丁及其他阿片类药物，拮抗盐酸丙烯去甲吗啡、麻黄碱、戊四氮、尼可刹米、安纳咖、回苏灵、山梗菜碱等。

⑤巴比妥类药物、水合氯醛，拮抗麻黄碱、苯丙胺、戊四氮、尼可刹米、山梗菜碱、安钠咖、美解眠等。

2. 特效解毒药

针对某一种或某一类毒物中毒表现出特殊拮抗作用而具有解毒功能的药物称为特效解毒药。常用的特效解毒药有以下几种。

(1)铅、汞、锑、锰、镍、铜、锌及一些放射性元素中毒可应用依地酸钙二钠来治疗。因其能够与多种金属结合形成稳定的络合物,随尿液排出体外。

(2)砷及汞中毒应用二巯基丙醇、二巯基丁二酸钠、二巯基丙磺酸钠、青霉胺等治疗。上述物质均具有巯基,能夺取组织中与酶相结合的金属,并与其结合成不易分解的巯基盐,随尿液排出体外。

(3)氰化物中毒应用亚硝酸钠、硫代硫酸钠疗法。3%亚硝酸钠注射后,能使血红蛋白迅速变成高铁血红蛋白,高铁血红蛋白可与氰离子迅速结合成氰化高铁血红蛋白,从而阻止氰离子对细胞色素C氧化酶发生毒性作用。但体内氰化高铁血红蛋白不稳定,可分离出氰离子,再次对机体产生危害。故必须按时注射硫代硫酸钠,使之与未解离的氰离子及已经解离的氰离子相结合,生成毒性极低的硫氰酸盐而随尿液排出。

(4)有机磷中毒。有机磷可用胆碱酯酶复活剂(解磷定、氯磷定、双复磷等)解毒。有机磷药与体内胆碱酯酶相结合,使其失去水解乙酰胆碱的能力,以致乙酰胆碱大量堆积在胆碱能神经末梢,表现出胆碱能神经过度兴奋的中毒症状。应用解磷定可与磷酰化胆碱酯酶中的磷酰基结合,将胆碱酯酶游离出来,从而恢复其活性,解除有机磷药等毒性。

(5)亚硝酸盐中毒。亚硝酸盐中毒可用低浓度美蓝(亚甲蓝)或维生素C等还原剂,使血液中的高铁血红蛋白还原成血红蛋白,以恢复血红蛋白的携氧功能而达到解毒的效果。

(6)有机氟农药中毒。可用乙酰胺解毒。氟乙酰胺在体内乙酰胺酶的作用下分解成氟乙酸,从而破坏三羧酸循环的正常进行。应用乙酰胺能提供大量的乙酰基,与氟乙酰胺争夺乙酰胺酶,使氟乙酰胺不能分解出氟乙酸即被排出体外,从而达到解毒的目的。

3. 对症治疗

对症治疗又称支持疗法,在中毒病治疗中具有非常重要的意义,为缓解中毒症状、抢救中毒动物生命赢得了时间。当前仍有许多毒物中毒后无特效解毒药,多通过对症治疗,增强机体的代谢调节功能,降低毒性作用,从而获得康复。如中枢神经过度兴奋给予镇静药,过度抑制给予兴奋药,并进行强心、利尿、止痛、兴奋呼吸中枢、降温等措施。补充体液、调节酸碱平衡等也是中毒病中不可忽视的重要措施。对症治疗主要包括以下措施。

(1)制止惊厥与痉挛。可静脉注射巴比妥类,但呼吸困难者禁用。巴比妥结合肌肉松弛剂(如氯丙嗪)更为有效而安全。

(2)抢救休克。休克见于多种中毒病,可采取补充血容量、纠正酸中毒、给予血管扩张剂(如苯卞胺异丙肾上腺素)等措施。

(3)缓解兴奋和疼痛。给予镇静剂。

(4)缓解呼吸困难。主要针对某些呼吸中枢麻痹的毒物(如麻醉药、镇静药、鸦片等)造成中毒性肺水肿引起的呼吸困难。首先应使呼吸道畅通,清除分泌物,必要时应用气管切开术,插入气管导管。呼吸困难时吸入氧气,效果甚佳,但应在纯氧中加入5%的二氧化碳。也可以使用呼吸兴奋剂,如尼可刹米或山梗茶碱等。

(5)维持电解质平衡。防止脱水,常用于腹泻、呕吐或饮食废绝之后,应进行静脉补液。

(6)维护心脏功能。应用强心剂。

第二节 常见农药中毒

20世纪40年代以来,随着科学研究的不断深入,新的农药不断问世,农药的种类不断增多，它们用于防治植物病虫害、清除杂草、消灭鼠害，对保护农作物、蔬菜、水果、牧草等发挥着巨大的作用。但由于各种农药都有不同程度的毒性作用，又常因使用管理不当而污染环境并危害动物，从而对畜禽养殖业和豢养宠物造成一定的危害，引起中毒病的发生。

一、有机磷杀虫剂中毒

有机磷杀虫剂目前仍广泛应用于农业，可防治果树、农作物害虫，在兽医临床上也用作体外驱虫药。有机磷农药按毒性可分为剧毒类、强毒类、低毒类。

(1)剧毒类有机磷杀虫剂。对硫磷(1605)、内吸磷(1059)、甲拌磷(3911)、硫特普等。

(2)强毒类有机磷杀虫剂。敌敌畏、甲基1059等。

(3)低毒类有机磷杀虫剂。敌百虫、乐果、马拉硫磷(4049)等。

有机磷类农药种类繁多，毒性不一，在临床上常会因使用不当而引起宠物中毒。宠物有机磷中毒具有发病快、病情重、病程短、死亡率高的特点，犬、猫对有机磷杀虫剂比其他动物敏感，更容易发生中毒。

【病因】

有机磷类杀虫药为毒性较强的接触性或内吸性农药，具有高度的脂溶性，可经犬、猫消化道、呼吸道、皮肤进入体内引起中毒，临床上以消化道吸收中毒多见。

(1)误食拌有有机磷杀虫药的食物，饮用被有机磷农药污染的饮水。

(2)误用配药用具作犬、猫食盆或饮水盆。

(3)用敌百虫驱除犬、猫体内外寄生虫，如果用量过大或犬、猫舔舐体表的药物，或将犬、猫放在喷有药液的房间等均可发生中毒。

【症状】

有机磷杀虫剂中毒大多取急性经过，动物吸入、吃入或皮肤污染后数小时内突然发病，主要中毒表现为胆碱能神经过度兴奋，相应组织器官生理功能改变，出现毒蕈碱样症状、烟碱样症状、中枢神经系统症状。

(1)毒蕈碱样症状。又称M样症状，主要表现为唾液分泌增多，胃肠运动过度而导致剧烈的腹痛、痉挛、呕吐、腹泻、瞳孔缩小、支气管收缩、腺体分泌物增多，引起呼吸困难。由于此作用颇似毒蕈碱样作用，故称毒蕈碱样症状。

(2)烟碱样症状。又称N样症状，当支配骨骼肌的运动神经末梢的交感神经节前纤维等胆碱能神经兴奋时，乙酰胆碱的作用与烟碱的作用相似，故称烟碱样症状。主要表现为肌肉震颤、躯体及四肢强硬、肌肉活动过度，很快转为骨骼肌无力、麻痹。

(3)中枢神经系统症状。凡能通过血脑屏障的有机磷农药，均能抑制脑内的胆碱酯酶，导致脑内乙酰胆碱含量增高。临床表现为神经质、兴奋不安、运动失调、惊恐，逐渐发展成为惊厥或癫痫等。中毒症状多在毒物进入机体后几个小时内出现，中毒轻重受毒物量多少、进入机体途径影响。急性严重中毒表现为呼吸困难、呼吸衰竭，最后死于呼吸麻痹。

【诊断】

根据接触有机磷杀虫药的病史、临床症状、胃内容物毒物检查、血液胆碱酯酶活性降低即可确诊。

(1)病史调查。发生中毒时，应当对当地使用的有机磷杀虫剂的种类进行仔细分析，同时要注意观察中毒动物的饲料、饮水以及中毒动物呼吸道分泌物、胃内容物及皮肤有无有机磷杀虫剂的特殊味道。

(2)临床症状。注意流涎、瞳孔缩小、肌肉震颤、呼吸促迫、肠蠕动音增强等示病症状。

(3)实验室检查。取可疑饲料、饮水、胃内容物进行毒物检验检测,测定血液胆碱酯酶活性。这项检查不仅对诊断有意义,而且对中毒程度的判定、观察疗效、推断预后也很重要。

(4)治疗性诊断。静脉或肌肉注射硫酸阿托品注射液,如 10 min 不表现阿托品过量现象(如口干、心跳加快、瞳孔散大)的可判定为有机磷中毒。

(5)鉴别诊断。氨基甲酸酯类农药中毒与有机磷农药中毒的中毒机理、临床症状相似,但毒物检验结果不同。注射生理拮抗剂对氨基甲酸酯类农药中毒有效,但用胆碱酯酶复活剂无效。

【防治】

1. 防治措施

(1)避免犬、猫继续接触有机磷杀虫剂。

(2)若口服中毒没超过 2 小时,可用催吐疗法,用阿扑吗啡或硫酸铜,犬还可以使用碘酊。也可以口服液状石蜡,以减少毒物在肠道的吸收,尽快排出体外。还可以口服活性炭,吸附胃肠内毒物,然后随粪便排出。

(3)皮肤接触中毒的,可用清洁水冲洗。

(4)药物治疗。解磷定、氯磷定或双复磷阿托品联合疗法。

(5)对症疗法。中毒休克时,采用人工呼吸、吸氧等措施。催吐、腹泻严重时静脉输液治疗。

2. 处方

(1)硫酸阿托品。用法:犬、猫每千克体重 0.2～1.5 mg(根据中毒程度确定剂量),皮下或静脉注射,每3～6 h 1 次。

(2)解磷定或氯磷定。用法:每千克体重 20～50 mg,配成 10%溶液,肌内或静脉注射。可重复给药。

(3)双复磷。用法:每千克体重 15～20 mg,肌内或静脉注射,必要时重复给药。

二、有机氟制剂中毒

有机氟制剂主要有氟乙酰胺、氟乙酸钠、N-甲基-N-萘基氟乙酸盐等剧毒农药,通常用于杀灭农林蚜虫、螨虫、鼠类。由于有机氟对人、动物有剧毒,故我国 1992 年明文规定不许再生产、使用有机氟化物农药,特别不允许使用氟乙酰胺作为杀鼠药。但此类产品目前市场仍有,因此犬、猫畜禽有机氟中毒时有发生。

【病因】

宠物有机氟中毒最常见的原因是犬、猫吃了毒饵或中毒死亡的老鼠或其他动物,或是误食的有机氟化物(尤其是氟乙酰胺)污染的食物、饮水等。有机氟经过消化道、呼吸道、擦伤的皮肤吸收进入机体,由血液运送到全身并蓄积于特定的组织。动物中犬、猫对有机氟最敏感,犬、猫经口致死剂量为每千克体重 0.05～0.2 mg。

【症状】

(1)临床症状。有机氟进入机体 30 min 后就中毒发病,毒物主要毒害犬、猫中枢神经系统和猫心脏。急性中毒表现精神沉郁,呕吐,频排粪尿,犬出现粪尿失禁。严重中毒主要表现为兴奋、狂暴、嚎叫、狂奔、跳跃、爬墙,不久倒地打滚、抽搐、角弓反张、呼吸加快。猫脉搏快而弱。安静片刻后又重复发作,发作数次后,强直而死亡。病程只有十几分钟至 1 h 左右。

(2)尸体剖检。可见脑膜充血、出血,心肌变性松软,心包及心内膜有出血点;肝、肾重大、淤血,有卡他性或出血性肠炎。

(3)实验室检验。血液中柠檬酸含量增多,经口食入毒物时,胃内容物中检出有机氟毒物。

【诊断】

根据病史、临床症状、实验室检验、尸体剖检等可作出诊断。

目前检验氟乙酸盐的方法有气-液色谱法、氟离子选择电极法,样本取可疑食物、呕吐物、胃内容物、肝、肾等。测定血液中的柠檬酸及氟含量有助于诊断。

【防治】

1. 防治措施

使动物脱离毒物现场,更换可疑食物或饮水。

(1)一般措施。首先催吐,也可用 1∶5 000 高锰酸钾溶液洗胃,然后口服鸡蛋清保护胃黏膜,最后口服硫酸钠导泻。

(2)应用特效解毒药。肌肉注射解氟灵(乙酰胺)。

(3)对症治疗。镇静用氯丙嗪;解除痉挛用葡萄糖酸钙溶液;控制脑水肿用甘露醇溶液;使用维生素 C、地塞米松等缓解病情。

2. 处方

(1)硫酸钠。用法:犬 10～25 g,猫 5～10 g,配成 5%～10%的溶液,灌服。说明:导泻。

(2)乙酰胺(解氟灵)。用法:0.1～0.3 g/天,分 2～4 次注射。首次剂量达到每日用量的一半,连用 3～5 天。

(3)醋精(乙二醇乙酸酯)。用法:100 mL 醋精加入 500 mL 水中,让犬、猫自饮或灌服。

(4) 95%酒精 10～20 mL,加水适量,口服,每天 1 次。或 5%酒精、5%醋酸溶液,犬、猫每千克体重 2 mL,口服。

(5)氯丙嗪。用法:犬 0.12～0.5 g/次,猫 7.8～31.2 mg,皮下或肌内注射,必要时 2 小时后重复一次。

第三节　毒鼠药中毒

毒鼠药是用来杀灭鼠类的一类强毒或剧毒药物,常用的有磷化锌、安妥、有机氟化合物等。毒鼠药按照其性质可大致分为六大类:抗凝血毒鼠药(灭鼠灵、敌鼠)、无机磷毒鼠药(磷化锌)、有机磷毒鼠药(毒鼠磷)、有机氟毒鼠药(氟乙酰胺、甘氟)、氰熔体毒鼠药以及其他毒鼠药(安妥、氯化苦)。

毒鼠药在保护农田、牧草、森林等方面发挥了巨大的作用。研究表明,啮齿类可传播寄生虫等多种流行性疾病,对人类、动物有害无利,故毒鼠药在保护人、畜安全上也发挥了重要作用。但由于毒鼠药具有高强毒性,故在使用不当的情况下常引起人和动物的中毒病的发生。

一、灭鼠灵中毒

灭鼠灵又叫华法令,化学名 3-(α-乙酰基苄基)-4-羟基香豆素,为白色结晶,无臭无味,性质稳定,难溶于水,一般以 0.025%～0.05%制成毒饵。动物中毒时以全身各部位自发性大出血、创伤手术或针扎后出血不止为特征。

【病因】

病犬、猫中毒的原因为：采食由灭鼠灵毒死的老鼠，发生二次性中毒；误食灭鼠灵药。

用华法令钠等抗凝血药物预防治疗血栓性疾病的时候，用药量过大或用药时间过长；或者在用华法令的同时应用了保泰松、阿司匹林、广谱抗生素、氯丙嗪等能增强其毒性的药物时，也可引发灭毒灵中毒。

【症状】

急性中毒无任何症状，突然死亡。尸体剖检多见脑内、心包内、胸腹腔内有出血。亚急性中毒，从吃入毒物到动物死亡，一般需经过2～4天时间。中毒初期精神不振、厌食，稍后不愿活动，出现跛行，厌战喜卧，呼吸困难，眼结膜苍白，眼结膜、齿龈、唇黏膜等有出血；脉搏快而失调；继续发展，表现为共济失调、贫血、血肿、血便、眼前房出血、血尿、吐血、衄血等；最后痉挛、昏迷而死亡。病例剖检可见组织器官广泛性出血。

【诊断】

根据接触灭鼠药病史、广泛性出血的临床症状，可做出初步诊断。确诊需要进行实验室检查。

实验室检查主要采取血液、呕吐物、胃内容物为检查材料，可见凝血因子减少，凝血时间延长。

【防治】

1. 防治措施

首先，加强护理，避免动物外伤。

其次，使用特效解毒药。维生素K是治疗抗凝血杀鼠药中毒的特效解毒药，尤其是维生素K_1。如果出血过多，应进行输血治疗。已中毒的犬、猫不能进行手术或放血，对于出至皮下或胸腹腔的血液，如果不危及生命，可让其慢慢吸收。病愈恢复期，应加强饲养管理，饲喂营养丰富的食物，最好是犬、猫商品性食品。

2. 处方

(1)维生素K_1。用法：犬每千克体重5 mg，猫每千克体重5～25 mg，加入葡萄糖生理盐水中，缓慢静脉注射；也可以肌肉注射，每12 h注射一次，连用2～3天。然后改用口服维生素K，每千克体重5 mg/天，连用10～20天。

(2)输血，每千克体重10～20 mL，开始输血快一些，输入一半后，速度应减慢。说明：配合支持疗法。

二、敌鼠中毒

敌鼠又名二苯乙酰胺基茚酮，化学名为2-(二苯基乙酰基)-1,3茚满二酮，是一种抗凝血毒鼠药。敌鼠的钠盐是一种无臭无味的淡黄色粉末，加热至(207～208)℃时颜色由黄色转变为红色，至325℃时则转化为黑色，可溶于水。市售为1%敌鼠粉剂及敌鼠钠盐。

【病因】

误食毒饵、误食中毒死亡动物尸体。敌鼠可干扰肝脏对维生素K的利用，影响凝血酶和凝血酶原的合成，使凝血时间延长，降低血液的凝固性；并且直接损害毛细血管壁，发生无菌性炎症变化，导致血管壁通透性、脆性增加，引起血管破裂。

【症状】

中毒初期表现恶心、呕吐、食欲减退，精神不振；发生鼻衄、齿龈出血，皮肤发生紫斑；鼻液、粪、尿中有血；见有关节炎、跛行而使动物少站多卧。后期呼吸高度困难，黏膜发绀，最后因窒息死亡。

【诊断】

(1)临床诊断。根据采食敌鼠的病史、急性出血的临床症状可做出初步诊断。确诊要进行实验室检查。

(2)实验室检查。采取食物、呕吐物、胃内容物，从中检验出敌鼠成分、血液凝固性降低则可确诊。

【防治】

立即催吐、洗胃，使用盐类泻剂。肌内注射维生素 K_1，严重者采取输血疗法。

三、磷化锌中毒

磷化锌(Zn_3P_2)又名二磷化三锌，是一种剧毒的灭鼠药和熏蒸杀虫剂，而且价格低廉，效果确实，目前仍在广泛用作灭鼠药。磷化锌为带闪光的暗灰色结晶，不溶于水，能稍微溶解在酸、碱和油中，在空气中容易吸收水分，放出蒜臭味磷化锌气体，有剧毒，通常按 5%比例制成毒饵灭鼠。

各种动物的口服磷化锌致死量基本一致，为每千克体重 20～40 mg。

磷化锌中毒主要发生于猫、犬，除非坏人放毒，大动物极少发生。

【病因】

最常见原因是误食灭鼠毒饵，或吃了沾染磷化锌的饲料，亦有个别投毒破坏的。磷化锌在胃内酸性环境下立即释放出剧毒的磷化氢气体和氯化锌，呈强烈的刺激和腐蚀作用，导致胃和小肠的炎症、溃疡和出血。

磷化锌吸收后，主要损害实质脏器和血管壁，造成全身各组织充血、水肿和出血，心、肝、肾变性乃至坏死。

剖检时，除上述病变外，胃内容物常散发一种带蒜味的特异臭气，在暗处则可见有磷光(PH_3)。

【症状】

通常在误食毒物后不久突然起病，首先表现消化道刺激症状，作呕、呕吐、腹痛、腹泻，粪便混有血液，口腔及咽喉黏膜糜烂；呕吐物有蒜臭味，在暗处可发磷光。接着出现全身症状，病畜极度衰弱，呼吸促迫，黏膜发绀，心跳减慢，节律失常，脉搏细弱，有的排血尿。末期则抽搐并陷于昏迷。

病程较急，一般持续 2～3 天，预后大多不良。

【诊断】

根据采食磷化锌病史、中毒后临床表现、呕吐物蒜臭味可做出初步诊断。实验室检查可助诊断。

【防治】

磷化锌中毒无特效解毒药。可实施中毒的一般急救处置。

应尽快进行催吐、洗胃和缓泻。催吐常用 1%硫酸铜溶液，因能与磷化锌作用生成磷化铜沉淀。洗胃最好用 0.1%高锰酸钾液，因可使磷化锌变成磷酸盐。缓泻常用硫酸钠，禁用油类泻剂。

此外，可用高渗葡萄糖和氯化钙液静脉注射，并实行补液、强心、利尿等对症疗法。

四、安妥中毒

安妥，化学名为甲萘硫脲，商品为灰色粉剂，通常按2%比例配成毒饵毒杀鼠类。各种畜禽的单次口服致死量：犬每千克体重10～40 mg，猫每千克体重75～100 mg。

【病因】

常见的病因是保管使用不当，安妥散失，同其他药剂混淆，造成误食。猫捕食中毒的老鼠造成间接（二次）中毒。小鼠、大鼠、家兔等实验动物逃出笼圈而误食毒饵。

安妥经胃肠吸收，主要分布于肺、肝、肾和神经组织中。安妥的毒性主要作用在三个方面：通过交感神经系统，阻断血管收缩神经，肺部血管通透性增加，导致肺水肿和胸腔积液；分子结构中的硫脲水解形成氨和硫化氢，对局部呈现刺激作用；具有抗维生素K作用，抑制凝血酶原等维生素K依赖性凝血因子的生成，导致出血倾向。

【症状】

中毒的犬、猫主要表现为各组织器官淤血和出血。肺部病变最为突出，全肺暗红色，极度肿大，散在或密布出血斑，气管内充满血色泡沫，胸腔内渗漏多量水样透明液体。

食入毒物或毒饵后数小时显现症状。

主要表现体温低下，呕吐或作呕（犬、猫、猪），很快由于肺水肿、肺出血和渗出性胸膜炎陷入呼吸高度困难，肺区听诊有广泛的捻发音和水泡音，两鼻孔流出带血色的细泡沫样液体，在短时间内死于窒息。

【诊断】

根据接触过安妥的病史以及突然爆发肺水肿、胸腔积液等症状，可初步诊断为安妥中毒。要确诊可取胃内容物或呕吐物进行毒物分析。

【防治】

无特效解毒药。中毒后采取中毒的一般急救措施。病初可给予阿扑吗啡进行催吐。给予10%硅溶液可阻止气管中气泡的形成。给予含巯基的药物，可竞争含巯基的酶，以防肺水肿的发展。给予渗透性的利尿药，如50%葡萄糖溶液、甘露醇溶液，以消除水肿。对症治疗在于消除肺水肿，排除胸腔积液和注射维生素K制剂。必要时采取强心、保肝措施。

第四节 食物中毒

一、变质食物中毒

变质食物中毒是指犬、猫采食腐败变质或不新鲜的鱼、肉、乳、蛋类食物而引起的中毒。

【病因】

在温暖的季节，所有食物，尤其是肉类、奶制品、蛋、鱼等富含营养、水分食物，极易腐败变质。在夏季，即使放在冰箱里的食物时间长了也会变质。变质食物不再适合人类食用，常用来饲喂犬、猫。由于变质食物含有大量沙门氏菌、葡萄球菌、肉毒梭菌、痢疾杆菌、变形杆菌、链球菌等，故当犬、猫食入后，这些病菌就进入体内并大量繁殖，引起急性感染。而食物中链球菌、葡萄球菌、沙门氏菌及其他杆菌等，在温暖条件下能大量繁殖，并产生肠毒素，肠毒素刺激、腐蚀胃肠上皮引起损伤、坏死，导致胃肠分泌增多，甚至出血。中毒犬、猫呕吐、腹泻。发病后10～72 h肠胃蠕动变弱，甚至停滞，出现鼓胀。在变质食物中繁殖的革兰氏阴性细菌，死后溶解时释放出大量脂多糖性内毒素。内毒素进入胃肠道，能引起胃肠炎，吸收后毒害心血管系统，产生弥漫性血管内凝血，致血容量减少，引起休克。内毒素通常和常毒素一起引起犬、猫中毒。

【症状】

由于食入细菌的种类不同及数量不同，中毒的表现症状各异。临床上主要表现为体温升高、恶心、呕吐、腹泻、腹痛、虚脱等症状。

犬、猫食入变质食物后，0.1～3 h就发生呕吐。如果采食量少，呕吐完变质食物后便恢复健康。严重者，出现腹泻、便中带血，腹壁紧张，触压疼痛；肠蠕动变慢，肠内积气，肚腹增大；更利于革兰氏阴性菌生长繁殖，释放内毒素，病情进一步恶化，甚至发生内毒素中毒性休克。

肉毒梭菌中毒时，有特有的神经症状：运动麻痹、昏迷，表现运动不灵活、躺卧、不能站立、后肢或前肢不全麻痹；流涎或口吐白沫，浸湿颌下部被毛；瞳孔散大，眼球突出。有些突然死亡而毫无征兆，死前呈阵挛性抽搐。

葡萄球菌中毒时，先呕吐、腹痛，随后腹泻、虚脱，死亡率较低。致死性毒素中毒不超过5～15 min后或4小时内可发病，表现不安、抽搐，呼吸困难，惊厥，最后死亡。

变质鱼有组织胺产生，其中毒潜伏期不超过2小时。犬、猫突然呕吐、下痢，呼吸困难，鼻涕多，瞳孔散大，共济失调；可能昏迷，后躯麻痹；体弱，血尿，粪便黑色。

【诊断】

根据病史调查、临床症状可初步诊断，确诊必须实验室检验食物。

【防治】

变质食物中毒尚无特效药物治疗，一般治疗方法如下。

(1)催吐。阿扑吗啡静脉注射，每千克体重0.04 mg。必要时洗胃。

(2)止泻。腹泻初期不要止泻，在肠内容物基本排空时，再用止泻剂。阿托品，犬每千克体重0.3～1 mg，猫每千克体重0.05 mg，皮下或肌肉注射。氢溴酸东莨菪碱，犬0.1～0.3 mg/次，皮下注射。

(3)抗菌消炎。为防止肠道内细菌继续繁殖生长，产生毒素，口服广谱抗菌药，如庆大霉素、四环素等。

(4)维持水电解质平衡。静脉输液，补充水分、电解质，调节酸碱平衡。

(5)防止休克。应用皮质类固醇，如肌肉注射或静脉注射地塞米松、强的松、强的松龙。

(6)禁止给犬、猫饲喂变质食物，且不要让犬、猫过量采食鱼及肉类食物。

二、洋葱、大葱中毒

洋葱及大葱中毒是指犬、猫采食属于百合科葱属植物洋葱和大葱后引起的中毒。此类中毒以排红色或红棕色尿液为特征，以犬发病较多，猫少见。

【病因】

犬、猫采食了含有洋葱或大葱的食物后，可引起中毒。中毒剂量为每千克体重15～20 g。研究证明，洋葱、大葱中具有辛香味挥发油——N-丙基二硫化物或硫化丙烯，此类物质不易被煮熟、烘干等加热破坏。越老的洋葱或大葱，其含量越多。洋葱或大葱中含有的N-丙基二硫化物或硫化丙烯，能降低红细胞内葡萄糖-6-磷酸脱氢酶的活性，而葡萄糖-6-磷酸脱氢酶能保护红细胞内血红蛋白免受氧化变性破坏。如果葡萄糖-6-磷酸脱氢酶活性减弱，则氧化剂能使血红蛋白变性凝固，从而使红细胞更易氧化变性溶解。红细胞溶解后，从尿中排出血红蛋白，使尿液变红；严重溶血时，尿液呈棕红色。

【症状】

采食后1～2天，排出红色或红棕色尿液。

轻度中毒：症状不明显，有时精神差，食欲差，排淡红色尿液。

中度中毒：精神沉郁，食欲减退或废绝，走路蹒跚，不愿活动，喜卧，眼结膜或口腔黏膜发黄；心搏增速，喘气，虚弱，排深红色或红棕色尿液；体温正常或降低。

严重中毒：死亡。

血液检验：血液稀薄，红细胞数、血红蛋白、血细胞比容减少，白细胞数增多；红细胞内或边缘上有海恩茨氏小体。

生化检验：血清总蛋白、总胆红素、直接和间接胆红素、尿素氮、天冬氨酸转移酶活性均呈不同程度升高。

尿液检验：颜色呈红色或红棕色；比重增加，尿潜血、蛋白尿、血红蛋白阳性，尿沉渣红细胞少见或没有。

【诊断】

根据有采食洋葱、大葱的病史，尿液红色或红棕色(图9-1)，尿中含有血红蛋白，红细胞内或周边有海恩茨氏小体可做出诊断。注意本病与其他有血红蛋白尿症状的疾病进行鉴别。

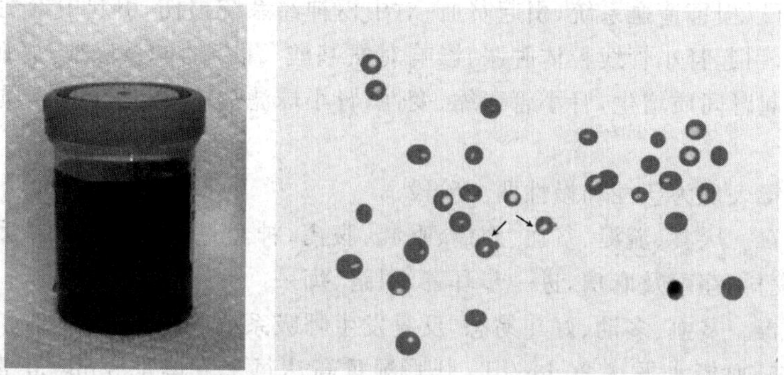

犬洋葱、大葱中毒的红棕色尿液(红细胞表面的突起物)图中箭头所示为海恩茨氏小体

图9-1　犬洋葱、大葱中毒尿液检验

【防治】

立即停喂含有洋葱或大葱的食物。应用抗氧化剂维生素E。支持疗法进行输液，补充营养。给予利尿剂，促进血红蛋白排出。严重的输血治疗，每千克体重10～20 mL。

第五节 其他中毒

一、铅中毒

铅中毒是指动物直接或间接食入含铅的物质，可蓄积在体内而产生中毒，其临床特征是：流涎、腹痛、兴奋不安、贫血。铅是蓄积性毒物，小剂量持续地进入体内逐渐蓄积而呈现毒害作用。

铅中毒多发于幼龄犬、猫，犬比猫多发。据统计，6月龄以下的犬，4%的有铅中毒。血铅含量不超过10 μg/dL为正常，超过10 μg/dL就将对犬、猫及儿童造成危害。

【病因】

由于在人类和动物生活的环境中，含铅的物质普遍存在，如汽油、汽车尾气、油漆、漆布、焊锡、电池、润滑油等均可污染环境，故各种被铅污染的食物、玩具等普遍存在。含铅物经消化道、呼吸道、皮肤进入动物机体，引起中毒。犬、猫的中毒量每千克体重10～20 mg。含铅物经口进入胃肠道，在食物中缺钙、磷、铁蛋白时，或在酸性环境条件下更利于铅的吸收时，一般成年犬可吸收食入铅的10%，而幼年犬吸收率高达90%，所以幼龄犬、猫易发生中毒。肠道吸收的铅由红细胞携带进入组织，如肝脏、肾脏、中枢神经系统、骨髓，还能通过胎盘进入乳中。铅自然从机体排出很慢，从尿液中排泄量也很少，但治疗药物与之形成螯合物后，排泄加快。

铅中毒后可以损害造血系统，引起贫血；对中枢神经系统损伤，引起中毒性脑病、外周神经炎；对肾脏损害，引起肾小管线粒体肿胀，影响对氨基酸、葡萄糖的重吸收，肾脏合成维生素D的能力降低；引起肾间质增生，肾小管萎缩、变性，肾小球滤过率降低，出现氮质血症。

【症状】

犬、猫铅中毒表现为急性和慢性两个阶段。

(1)急性中毒。厌食、流涎、贫血、腹痛、呕吐、腹泻；神经过敏，癫痫样惊厥，狂叫、咬牙、乱跑、运动失调，发抖、痉挛及麻痹，进一步耳聋、眼瞎、痴呆。

(2)慢性中毒。贫血、多动、好斗易怒，反复发生呼吸系统、泌尿系统感染。

实验室检查，血铅水平达30 μg/dL，肝脏湿重高达每千克体重5 mg(正常为每千克体重3.5 mg)，血细胞数减少，出现贫血性有核红细胞、低色素性小红细胞、嗜碱性点彩红细胞等。

【诊断】

根据动物有接触铅或含铅物的病史，临床症状，血液、尿液血铅含量检测初步诊断。用依地酸钙钠治疗有效，治疗24 h后尿液中排铅增多等可确诊。铅中毒时，治疗24 h后尿液中排铅量可达治疗前的6倍。

【防治】

防治原则：断绝毒源，清除胃肠道的铅，防止进一步吸收；尽快排除体内的铅；解毒对症疗法；治疗神经症状。

(1)排除毒物。催吐、洗胃、导泻。

(2)尽早使用依地酸钙钠。用法：每日100 mg，分四等份，加入5%葡萄糖或生理盐水，静脉注射；或配成20%溶液，肌内注射。连用2～5天。同时可使用青霉胺，每日100 mg，分四次口服，连用1～2周。呕吐、不安、厌食时，可空腹口服或服药前半小时口服苯海拉明每千克体重 2～4 mg。

(3)有神经症状的犬、猫需用镇静药。口服安定，犬 2.5～20 mg，猫 2.5～5 mg。戊巴比妥钠，口服每千克体重 15～25 mg，静脉注射时 2～4 mg。

(4)支持疗法。输液，补充电解质，调节酸碱平衡。

二、蛇毒中毒

蛇毒中毒是指犬、猫被毒蛇咬伤引起的以神经、血液循环系统严重损伤为主的全身性急性中毒病。毒蛇有很多种，世界上有 3 000 多种，有毒的 650 种；我国约有 160 种，有毒的 47 种。毒蛇多分布于长江以南及东南沿海各地，长江以北由于气候较冷，毒蛇相对较少，只有蝰蛇、蝮蛇、龟壳花蛇、菜花烙铁头等几种。

【病因】

犬、猫在野外被毒蛇咬伤后引起。毒蛇都有毒牙、毒腺，它们咬伤犬、猫后，把毒液注入犬、猫体内，引发中毒。蛇毒进入体内后，有两种扩散方式：一是随着血流扩散，很快扩散到全身，使犬、猫很快中毒死亡；二是随淋巴扩散，散布速度较慢，有利于蛇毒被吸出急救。

蛇毒有神经毒、血液毒、神经血液混合毒，可以造成动物骨骼肌麻痹、心力衰竭、呼吸衰竭、红细胞溶解等。

【症状】

犬、猫被蛇咬伤后会留下两个特征性毒牙穿刺孔。由于毒素不同，产生不同症状。

(1)神经毒。流涎、呕吐、声音嘶哑、牙关紧闭、吞咽困难、呼吸促迫、四肢无力、共济失调、全身震颤或痉挛。严重的肢体瘫痪，惊厥后昏迷，卧地不起，终因呼吸中枢麻痹而窒息死亡。

(2)血液毒。局部表现严重，剧痛、流血不止、迅速肿胀、灼热，并不断扩散(向心性扩散)。局部淋巴结肿大，有压痛。皮下出血，有时形成水疱或血肿，组织溃烂坏死。全身表现烦躁不安、呕吐及腹泻，黏膜皮肤呈广泛性出血，排尿减少或无尿，血尿，蛋白尿。有溶血性黄疸贫血，呼吸促迫，心律失常，休克甚至死亡。

(3)神经血液混合毒中毒。两种中毒的综合，直接死亡原因通常是呼吸中枢呼吸肌麻痹引起窒息或心力衰竭性休克。

【诊断】

根据病史，咬伤局部、全身症状，肌酸激酶活性增加等做出综合诊断。

【防治】

防治原则：急救，防止蛇毒扩散，排毒、解毒，对症治疗。

(1)防止扩散。止血带在伤口上方 2～3 cm 处结扎，隔一段时间放松一下。

(2)冲洗伤口、扩创：清水、肥皂水、过氧化氢或 0.1%高锰酸钾溶液冲洗伤口。切除伤口周围的组织并挤压排毒，用 3%过氧化氢或 0.1%高锰酸钾溶液冲洗伤口。扩创时用普鲁卡因局部封闭。

(3)解毒。早期注射多价抗蛇毒血清。同时内服外用南通蛇药片(季德胜蛇药片)、上海蛇药或群用蛇药片，每日 4 次。

(4)对症治疗。应用大剂量糖皮质激素(强的松、地塞米松等)，增强抗休克能力；同时强心(咖啡因、樟脑)、补液(复方氯化钠、葡萄糖或葡萄糖酸钙等液体)。

复习思考题

1. 鉴别诊断

(1)怎样鉴别有机磷中毒和有机氟中毒?

(2)怎样鉴别洋葱中毒和鼠药磷化锌中毒?

2. 病例分析

(1)某宠物医院送来一只德国牧羊犬,表现厌食、流涎、贫血、腹痛、呕吐、腹泻。神经症状表现为神经过敏,呈现癫痫样惊厥,狂叫,咬牙,乱跑,运动失调,发抖,痉挛及麻痹,还出现耳聋、眼瞎、痴呆的症状。依据所给的临床症状,提出初步诊断,制订治疗措施,开出处方。

(2)李某有只犬,出现精神沉郁,食欲废绝,走路蹒跚,不愿活动,喜卧,眼结膜或口腔黏膜发红,心搏增速,喘气,虚弱,排红色尿液,体温降低。依据所给的临床症状提出初步诊断,制订治疗措施,开出处方。

第十章

皮 肤 病

一、皮炎

皮炎是指皮肤真皮和表皮的炎症，临床上以红斑、水疱、湿润、结痂、瘙痒等为特征。

【病因】

皮炎的病因多种多样。外伤性皮炎是由于皮肤受到机械性的刺激，如犬颈环套的摩擦或经常搔痒抓伤引起；化学性皮炎是皮肤接触化学物质引起的，如给犬涂擦刺激性药物，洗澡用的洗涤剂、肥皂、洗衣粉等；物理性皮炎多因热伤、冻伤、日光及射线的损伤引起；某些细菌、真菌、寄生虫以及变态反应等也可引起皮炎。

【症状】

皮炎的特点是先在接触部位发生病变。皮损的性质、疹形、范围和严重程度取决于机体的反应性、接触物的性质、浓度、接触方法和接触时间长短。皮肤损伤轻者局部呈红斑、丘疹，并有时肿胀，重则发生水疱、糜烂和坏死等。早期皮损与接触物的部位较一致，呈局限性、潮红、轻度肿胀、增温、发痒和疼痛等。由于搔抓、摩擦，皮肤可继发感染，使病情加重。

【诊断】

详细了解病史，结合临床症状、实验室检验有助于诊断。对怀疑过敏药物引起的皮炎应进一步做斑贴试验。

【防治】

防治原则：对症处理，尽量避免外用刺激性较强和易致敏的药物。

在症状较轻的红斑阶段时，可用鱼石脂水杨酸油膏（鱼石脂 10.0 g、水杨酸 20.0 g、氧化锌油膏 200.0 g 混合），每天 1 次，局部涂擦。

对伴有感染、过度瘙痒的炎性病变，可用苯唑卡因油膏（苯唑卡因 1.0 g、硼酸 2.0 g、无水羊毛脂 10.0 g 混合），亦可用肤轻松软膏局部涂擦，效果较好。

继发感染时，应用抗生素药物予以控制。

二、湿疹

湿疹是致敏物质所引起皮肤表皮细胞的炎症反应。其特点是患部皮肤出现红斑、丘疹、水疱、糜烂、结痂和鳞屑等损害，伴有热、痛、痒等症状。

【病因】

湿疹的发病原因是多种因素作用的结果，一般认为湿疹是一种迟发性过敏反应，其发病机理主要取决于两方面的原因:一方面是机体先天性及遗传性过敏素质或后天获得性的致敏状态;另一方面是致敏因子及变态反应原的致敏作用。

机体的过敏性素质是湿疹发生的主导因素,只有在机体处于致敏状态时,其致敏因子作用于皮肤才能引起湿疹。湿疹的发生是内因(动物机体过敏性状态)和外因(环境致敏因子)相互作用的结果。

(1)外界因素环境致敏因子。化学性的原因,如药品、化学物质、炎性渗出物和机体排泄物;物理性原因,如潮湿、寒冷和燥热等;机械性原因,如摩擦、搔抓、压迫等;生物学原因,如吸血昆虫、寄生虫、微生物等。

(2)内在因素先天性过敏性素质,表现为动物个体对某种环境致敏因子特别敏感。后天性新陈代谢及内分泌机能紊乱,导致机体处于对某些环境致敏因子特别敏感的状态,如消化道疾病、肠道腐败分解的产物被机体吸收、摄入致敏食物、某些抗原等均可引起机体的变态反应,也有因潮湿、日光、药物等引起的变态反应。营养失调、维生素缺乏、代谢紊乱等是诱发湿疹的主要因素。

【症状】

湿疹按其病程和皮肤损伤可分为急性湿疹和慢性湿疹两类。

1. 急性湿疹

多开始于耳下、颈部、背脊、腹外侧和肩部,其特征表现为患部呈斑点状、多形性、界限不清的皮疹,伴有瘙痒和溃烂。

根据病情发展可分为红斑期、丘疹期、水疱期、溃烂或湿润期、结痂期及脱屑期。

(1)急性湿疹发病初期,患部皮肤充血、潮红,有轻微肿胀,分布有一定对称性。红斑指压褪色,界限不清,面积有大有小,可逐渐向健康皮肤蔓延,此症状称为红斑性湿疹。

(2)随着病程的发展,真皮乳头层发生细胞性浸润,皮肤上出现界限明显的粟粒大到豌豆大的质度较硬的丘疹,数目多少不定,称为丘疹性湿疹。

(3)以后炎症渗出物增多,丘疹变成水疱,称水疱性湿疹。水疱内细菌感染化脓,蔓延扩散,引起附近淋巴结肿大,称脓疱性湿疹。

(4)脓疱破溃后,脓汁流出,表皮坏死,露出鲜红的糜烂面,创面湿润,称为溃烂性湿疹或湿润性湿疹。

(5)渗出液干固,形成黏着的痂皮,则为结痂性湿疹。

(6)急性湿疹末期炎症消退,痂皮脱落,新生上皮逐渐角质化,病变部皮肤覆以白色糠麸皮屑,称为鳞屑性湿疹。

临床上的湿疹常以某个病期症状表现得相对突出而命名(如水疱期占主要地位则称水疱性湿疹)。犬湿润性湿疹较为常见。犬皮肤表层较薄,常因瘙痒而啃咬或摩擦加重皮炎的溃烂期。

2. 慢性湿疹

常发生于背部、鼻、颊、眼眶等部位,犬尤易发生鼻梁湿疹。以皮肤增厚、苔藓样病变和被毛粗糙为特征,常常是由于急性湿疹持久不愈或反复发作而转为慢性。

慢性湿疹的瘙痒症状加重,常伴有色素沉淀和脱屑,皮肤增厚形成明显的皱襞,患部界限明显。有时湿疹一开始就表现为慢性症状。

急性湿疹一般经过 2~6 周时间即可痊愈,但由于护理不当,患部受到咬啃和摩擦等刺激,可使病情恶化,病程也随之延长。慢性湿疹病程更长,数月不愈,甚至数年不愈。

【诊断】

根据病变的对称性、瘙痒及皮肤病变表现可做出诊断。

【防治】

防治原则：加强护理，消除病因，制止渗出，脱敏、消炎和防止继发感染。

1. 加强护理

通过给病犬装上口笼或用绷带包扎等措施，防止犬啃咬，同时配以止痒药。尽可能除去内、外刺激因素，注意饲喂易消化、营养丰富的食物，增加机体抵抗力。保持皮肤清洁和干净。动物舍内通风良好、阳光充足，清洁和干燥。经常运动，及时治疗发生的疾病。

2. 局部治疗

剪去患部的被毛，细心清除创面异物。用1%～2%鞣酸溶液或0.1%高锰酸钾溶液清洗患部(切忌用肥皂水等刺激性溶液)，然后用药处理。

急性湿疹处于前期(红斑期和丘疹期)时，宜用保护性粉剂(配方：氧化锌、滑石粉、淀粉按1∶2∶2的比例配制)和清凉搽剂(配方：石灰水、花生油按1∶1的比例配制)。处于水疱期、渗出期、脓疱和糜烂期时，可用收敛剂促使炎症消散，如复方粉(配方：水杨酸3份、滑石粉87份、淀粉10份)和2%明矾溶液和醋酸铅溶液(配方：醋酸铅5 g、明矾10 g，加水100 mL)。注意不能使用油剂和软膏，因为油脂可影响水分蒸发，阻碍渗出液和热量的发散。处于渗出液减少或无渗出的结痂期和脱屑期时，可用防腐药物，如白色洗剂(配方：硫酸锌24 g、醋酸铅30 g，加水500 mL)和硼酸氧化锌软膏(配方：硼酸10 g、氧化锌30 g、甘油20 g、单软膏40 g)。

慢性湿疹有皮肤增厚或苔藓样病变的病例，宜用软膏和乳剂，使药物能渗透到深部组织起作用，如水杨酸软膏(配方：水杨酸10 g、安息香酸20 g、液体石蜡3 000 mL)和碘仿鞣酸软膏(配方：碘仿10 g、鞣酸5 g、凡士林100 g)等。

3. 脱敏疗法

应用苯海拉明或扑尔敏常量内服。盐酸赛庚啶，每千克体重1～2 mg，分2次口服。短期应用皮质类固醇激素疗法。

三、脓皮病

脓皮病是指皮肤感染化脓性细菌而引起的化脓性皮肤病，可分为原发性和继发性两种。犬最易感染本病。

【病因】

原发性脓皮病常与化脓菌感染有关，常见的化脓性细菌有金黄色葡萄球菌、表皮葡萄球菌、链球菌(溶血性和非溶血性)、棒状杆菌、假单胞菌和寻常变形杆菌等。

代谢性疾病、免疫缺陷病、内分泌失调或各种变态反应等可继发脓皮病。此外，皮肤干燥、裂伤、创伤、烧伤或皮炎等均易继发本病。

【症状】

本病可分为浅表、深部和幼年脓皮病。

(1)浅表脓皮病。特征为皮肤表面形成脓疱、滤泡样丘疹或圆形红疹圈。后者最为常见，因呈环形病变，其边缘脱落，常被误认为癣。

(2)深部脓皮病。特征为皮肤深在性炎性水疱或脓疱，脓疱破溃，流出脓性液体或有脓性窦道。常发生于面部、四肢或指(趾)间等部位，亦可发生于全身。

(3)幼年脓皮病。又称幼犬腺疫，一般 12 周龄或更年幼的犬易发。特征为淋巴结肿大，耳、口及眼周围肿胀，有脓疱及脱毛，常伴有发热、厌食、嗜睡等全身症状。

对于犬，无论何种类型脓皮病，临床应首先与犬毛囊蠕形螨病相区别。猫脓皮病临床症状与犬相同。猫可感染分枝杆菌，如猫麻风病。

【防治】

早期脓皮病用防腐剂，如 30%六氯酚或聚乙烯酮碘溶液热浴；浅表或皮肤皱襞脓皮病可用 2.5%过氧化苯甲酸洗发剂，也可用 5%龙胆紫溶液或抗生素软膏，每天局部涂布。浅表性脓皮病较易治疗。

深部脓皮病应进行局部和全身治疗，除去痂皮，再敷以敏感的抗生素软膏，以促进溃疡愈合。如脓液较多，应使患部保持干燥，可用收敛、杀菌剂。全身可选用敏感抗生素和磺胺类药物治疗。对于持久性或复发性的脓皮病可用免疫刺激剂，如菌苗。

幼年脓皮病(并非是细菌感染)治疗应包括开始大剂量地使用皮质类固醇，如强的松或强的松龙(每千克体重 1 mg，每天 2 次)，以后逐渐减少，连用 1 个月；同时配合应用抗生素进行治疗。

四、脱毛症

脱毛症又叫无毛症或秃毛症、稀毛症，指皮肤在无可见病变的情况下发生的局部或全身被毛脱落。不过，许多炎性皮肤疾病也可引起脱毛。

【病因】

引起脱毛症的病因有先天性和后天性两种。

后天性脱毛症多继发于全身性疾病，如神经性疾病、内分泌病(甲状腺、垂体和性机能失调等)、热性疾病(肺炎、某些传染病)、慢性病(寄生虫、慢性消化器官疾病)、营养障碍(碘、维生素、脂肪酸等物质的缺乏)、慢性中毒病(碘、汞、铊、甲醛中毒)以及恶痛质等疾病。

脱毛症外部因素有物理、化学因素的刺激，如 X 射线、摩擦、涂脱毛剂等。

【症状及诊断】

一般从局部开始脱毛，逐渐扩大，然后几个局部互相融合，变成较大面积的脱毛。常伴有皮屑脱落。如果是神经性、内分泌性疾病引起的脱毛，则多呈对称性。

【防治】

防治原则：查明病因，消除病因，并进行对症治疗。

(1)加强营养，补充缺乏的营养物质，同时注意皮肤的卫生。

(2)对症治疗，如甲状腺机能减退，服甲状腺制剂；性机能失调，应用性激素药物。

(3)局部治疗，常用间苯二酚 5.0 g、蓖麻油 5.0 g、乙醇 200.0 mL 混合，也可用水杨酸钠 5.0 g、橄榄油 50.0 g、秘鲁香脂 3.0 g 混合，或用水杨酸钠 18.0 g、鞣酸 18.0 g、乙醇 600.0 mL 混合，涂抹患部。

复习思考题

1. 鉴别诊断

(1)皮炎和湿疹应如何鉴别？

(2)脱毛症可见于哪些疾病？如何鉴别？

2. 病例分析

对以下病例,依据所给临床症状进行初步诊断,制订治疗措施,开出处方。

(1)2 岁可卡犬,皮肤呈局限性潮红,轻度肿胀,增温、发痒和疼痛,不断搔抓、摩擦,皮肤出现继发感染。

(2)3 岁京巴犬,耳下、颈部、腹外侧等处出现界限不清的皮疹,5 日后皮肤上出现界限明显的粟粒大到豌豆大的质度较硬的丘疹,后变成水疱,继而水疱破溃化脓,后结痂痊愈。

附:模拟试题

【模拟试题一】

一、单选题(每题 2 分,共 40 分)

1. 某患猫,最近食欲减退,采食、咀嚼缓慢小心,口腔检查:口腔黏膜潮红,口温增高,无黏膜溃疡或糜烂,涂片检查未发现芽孢或菌丝。以下治疗时不恰当的处理有(　　)。

A. 口服维生素 A　　B. 2%硼酸溶液冲洗口腔

C. 涂敷 5%硝酸银于患部　　D. 青黛散含于口中

2. 食管阻塞最易引起的并发症是(　　)。

A. 胃空虚　　B. 口炎　　C. 胃肠炎　　D. 吸入性肺炎

3. 犬胃内异物时,常灌服 5%硫酸铜溶液,其主要目的是(　　)。

A. 止吐　　B. 泻下　　C. 促进异物分解　　D. 催吐

4. 某患犬,持续性呕吐 2 日,临床检查为胃炎。为了缓解碱中毒的症状,可补充(　　)。

A. 氯化钾　　B. 氯化钠　　C. 碳酸氢钠　　D. 氯化铵

5. 腹膜炎可采用的治疗方法是(　　)。

A. 腹腔穿刺　　B. 腹腔注射　　C. 腹腔冲洗　　D. 灌肠消毒

6. 从流行特点看,呼吸道疾病常发生于(　　)。

A. 干燥、气温变化较大的季节　　B. 炎热、干燥的季节

C. 温暖、湿润的季节　　D. 无明显的季节性

7. 急性支气管炎初期主要症状是咳嗽,其特征是(　　)。

A. 干、短、痛　　B. 湿、长、痛　　C. 干、长、痛　　D. 湿、短、痛

8. 肺水肿时,为了排出水肿液,常用药物是(　　)。

A. 呋塞米　　B. 尼可刹米　　C. 654-2　　D. 氯丙嗪

9. 患胸膜炎的病犬,呼吸方式呈(　　)。

A. 胸式呼吸　　B. 混合式呼吸　　C. 腹式呼吸　　D. 胸腹式呼吸

10. 犬心力衰竭的主要临床特征是(　　)。

A. 呼吸困难,皮下水肿,发绀　　B. 静脉怒张,心搏减少,皮下水肿

C. 呼吸困难,黄疸,心搏增多　　D. 静脉怒张,呼吸困难,黄疸

11. 心力衰竭时,放血治疗可减轻心脏负担,临床上犬、猫放血量为(　　)。

A. 1～5 mL　　B. 50～100 mL　　C. 500～1 000 mL　　D. 2 000 mL 左右

12. 各种原因引起红细胞大量破坏导致的贫血称为(　　)。

A. 出血性贫血　　B. 溶血性贫血　　C. 营养不良性贫血　　D. 再生障碍性贫血

13. 临床上,长期使用哪种药物可以引起再生障碍性贫血?(　　)

A. 氯霉素类　　B. 青霉素类　　C. 氨基糖苷类　　D. 林可霉素类

14. 急性肾炎时常伴有血尿症状,血尿常发生在排尿的哪个时期?(　　)

A. 排尿初期　　B. 排尿末期　　C. 排尿全程　　D. 排尿中后期

15. 下列血液生化指标的检测对肾炎具有诊断意义的是(　　)。

A. 血浆蛋白降低,血清非蛋白氮升高　　B. 血浆蛋白降低,血清非蛋白氮降低

C. 血浆蛋白升高,血清非蛋白氮升高　　D. 血浆蛋白升高,血清非蛋白氮降低

16. 下列关于猫泌尿系统综合征的说法中错误的是(　　)。
A. 公猫、母猫均可发生,以长毛猫发病率最高,以 2～6 岁的猫多见
B. 临床上以排尿困难、血尿、尿道阻塞等为特征
C. 饲喂大量含镁的食物,可促进本病的发生
D. 尿常规检查时,尿的 pH 呈酸性,尿中无蛋白,尿潜血呈阴性
17. 脑膜脑炎时,为了降低颅内压,缓解临床症状,可采用(　　)。
A. 20%甘露醇溶液　　B. 5%葡萄糖溶液
C. 10%木糖醇溶液　　D. 10%乳酸钠溶液
18. 有机磷中毒的实验室检查主要指标是(　　)。
A. 碱性磷酸酶　　B. 谷胱甘肽还原酶
C. 肌酸激酶　　D. 胆碱酯酶
19. 犬洋葱中毒的主要原因是(　　)。
A. 溶血　　B. 出血　　C. 水肿　　D. 缺氧
20. 痛风主要由于体内(　　)代谢障碍所引起。
A. 糖类　　B. 脂肪　　C. 蛋白质　　D. 胆固醇

二、判断题(每题 1 分,共 10 分)

1. 胃内异物主要依靠 X 射线检查进行确诊,若 X 射线检查未发现有异物,表明不是该疾病。(　　)
2. 犬患急性胰腺炎时,可适当应用阿托品进行治疗,其主要目的是抑制胰腺的分泌。(　　)
3. 小叶性肺炎时,X 射线检查肺部表现为斑片状或斑点状的阴影,大小和密度均匀,边缘清晰,可沿肺纹理分布。(　　)
4. 癫痫是临床上以反复发作、长时间意识丧失、痉挛为特征的疾病。(　　)
5. 日粮中钙缺乏和维生素 D 不足是导致成年动物骨软病的主要原因。(　　)
6. 维生素 B_{12} 缺乏症是由于犬、猫体内维生素 B_{12} 合成或吸收障碍而引起的一种营养代谢性疾病,临床上以小红细胞性低色素性贫血和神经损害为特征。(　　)
7. 雌激素过剩症是由于雌激素分泌过多或过量应用雌激素所致的雌性化综合征。皮肤呈现左右对称性脱毛。(　　)
8. 间质性肾炎是指肾间质发生弥散性或局灶性非化脓性炎症。临床上以血尿、肾区敏感、肾体积缩小、质地坚硬为特征。(　　)
9. 宠物营养代谢病具有垂直传播的特点。(　　)
10. 食物过敏反应包括由 IgE 介导的Ⅰ型变态反应和非 IgE 介导的Ⅰ型变态反应,由 IgE 介导的Ⅰ型变态反应常见于食物过敏中。本病以犬、猫皮肤瘙痒及胃肠炎为特征。(　　)

三、填空题(每空 1 分,共 10 分)

1. 宠物内科病是研究宠物________为主的一门综合性的临床学科。
2. 肠梗阻与肠套叠二者在症状上的主要区别是有无________。
3. 胰腺炎时,检测血清中的相关酶有助于疾病的诊断,这些酶主要有________和血清脂肪酶。
4. 小叶性肺炎的热型为________;大叶性肺炎的热型为________。

5. 血小板减少症的典型症状是________。

6. 肾功能衰竭是肾功能下降或完全丧失引起的以少尿或无尿、________及尿毒症为特征的一种疾病。根据病程分为急性和慢性两种类型。

7. 脑膜脑炎的主要临床表现为一般脑症状、________和脑膜刺激症状。

8. ________(维生素)的缺乏可以导致幼犬佝偻病。

9. 举例说明临床上常用的抗过敏药物________。

四、名词解释(每题 3 分,共 12 分)

1. 腹水症

2. 白细胞减少症

3. 中暑

4. 异食癖

五、问答题(每题 6 分,共 12 分)

1. 引起胃肠炎的主要原因有哪些?如何治疗?

2. 简述中毒病的一般治疗原则及具体措施。

六、病例分析题(16 分)

2007 年 5 月,某个体养犬场多只犬发病,死亡的 10 只犬无前期症状,均为突然倒地,稍挣扎后猝死。其他发病犬均表现可视黏膜苍白,眼、鼻出血,有的出现血便。病犬呼吸困难,心跳减慢,节律不齐,共济失调,站立不稳,步态踉跄,不断发抖,体温下降。在诊断过程中,主人怀疑老鼠药中毒并及时出示灭鼠药的包装和说明书。根据以上资料分析该病产生的原因,并提出治疗措施。

【模拟试题二】

一、单选题(每题 2 分,共 40 分)

1. 收治京巴犬一只,八岁,该犬臼齿牙龈红肿、发炎,牙齿侧壁上有大量的黄褐色附着物着物。比较合理的应急处理方法是(　　)。

①全身抗感染　②去除附着物或拔下牙齿　③3%过氧化氢冲洗患部　④皮下注射阿托品

A. ①②③　　B. ①②④　　C. ②③④　　D. ①③④

2. 食管阻塞时,可皮下注射(　　),促进食管肌肉收缩和分泌,从而促进阻塞物的排出。

A. 阿托品　　B. 阿扑吗啡　　C. 毛果芸香碱　　D. 东莨菪碱

3. 犬胃扩张-扭转综合征的典型症状是(　　)。

A. 频繁呕吐　　B. 腹胀腹痛　　C. 叩诊呈浊音　　D. 消化不良

4. 某患犬间歇性呕吐,排棕黑色稀粪,血液检查嗜酸性粒细胞增多。可能引起该病的原因是(　　)。

A. 病毒　　B. 细菌　　C. 真菌　　D. 过敏

5. 鉴别腹水性质的试验为(　　)。

A. 李凡他试验　　B. 凡登白试验　　C. 班氏法　　D. 沙氏法

6. 感冒的治疗原则是(　　)。

A. 解热镇痛,祛风散寒,防止继发感染　B. 加强护理,解热镇痛,防止并发症

C. 解热镇痛,祛风散寒,防止并发症 D. 加强护理,解热镇痛,防止继发感染

7. 支气管炎与上呼吸道感染的主要区别是( )。

A. 流鼻液 B. 咳嗽 C. 打喷嚏 D. 呼吸困难

8. 小叶性肺炎听诊病灶周围的健康肺组织时,所呈的病理变化是( )。

A. 肺泡呼吸音减弱 B. 啰音 C. 肺泡呼吸音增强 D. 浊音

9. 心力衰竭时,为了增强心肌收缩力,增加排血量,常使用( ).

A. 洋地黄 B. 咖啡因 C. 士的宁 D. 尼可刹米

10. 下列哪种病原体感染可引起幼犬的心肌炎,往往来不及治疗而死亡?( )。

A. 钩虫 B. 细小病毒 C. 犬瘟热 D. 链球菌

11. 白细胞持续降低时,为了提高白细胞数量,可使用( ).

A. 维生素 B_1 B. 维生素 B_2 C. 维生素 C D. 维生素 B_6

12. 急性膀胱炎患犬的典型临床表现是( )。

A. 频频排尿,但无尿液排出,终末尿为血尿

B. 少尿或无尿,腹痛,初始尿为血尿

C. 频频排尿,多尿,终末尿为血尿

D. 少尿或无尿,腹痛,全尿带血

13. 对于在碱性条件下形成的尿结石,可采取( )保守治疗,效果较好。

A. 碳酸氢钠 B. D-青霉胺 C. 异嘌呤醇 D. 氯化铵

14. 在中暑的急救中,所采取的关键的措施是( )。

A. 迅速降温 B. 补充体液 C. 强心 D. 防止肺水肿

15. 犬误食有机氟后,容易发生中毒,其主要症状是( )。

A. 消化道症状 B. 呼吸道症状 C. 神经症状 D. 循环障碍

16. 黄曲霉毒素中毒主要损害的器官是( )。

A. 心脏 B. 肺 C. 胃肠 D. 肝

17. 犬洋葱中毒时,红细胞形态学检查可发现红细胞内含( )。

A. 海恩茨氏小体 B. 卡波环 C. 嗜碱性点彩 D. 细胞核

18. 下列哪种叙述不是营养代谢病的特点?( )

A. 群发性 B. 流行性 C. 区域性 D. 传染性

19. 克山病由于哪种矿物质缺乏引起的?( )

A. 钙 B. 镍 C. 钼 D. 硒

20. 糖尿病的治疗可采用( )。

A. 胰高血糖素 B. 胰岛素 C. 糖皮质激素 D. 生长激素

二、判断题(每题 1 分,共 10 分)

1. 口炎时,一般用 20%~30%的硼酸溶液冲洗;流涎较多者,多用 2%明矾清洗,有利于疾病的痊愈。( )

2. 肝炎时,检查动物的可视黏膜主要呈发绀症状。( )

3. 取少量脓性鼻液,加入 10%的 KOH 后煮沸,离心后将沉渣涂片,在显微镜下观察到肺组织分解出的弹力纤维,常提示异物性肺炎的发生。( )

4. 发生出血性贫血时应立即止血，常用止血敏进行局部止血，必要时应输血治疗。（ ）

5. 犬患膀胱结石时，尿中常带血，尤其是排尿末期更为明显，最后几滴可能是鲜血。（ ）

6. 测定血液胆碱酯酶活性不仅对诊断有机磷中毒有意义，而且对中毒程度的判定、观察疗效、推断预后也是一项重要指标。（ ）

7. 维生素 B_6 缺乏症是由于机体组织中缺乏维生素 B 而引起的犬、猫的一种营养代谢性疾病，以严重的巨红细胞性高色素性贫血为特征。（ ）

8. 阿狄森病是由于肾上腺皮质激素分泌亢进引起的疾病。（ ）

9. 肺水肿是肺毛细血管内血液异常增加，血液的液体成分渗漏到肺泡、支气管及肺间质内的一种并发症，临床上以突发剧烈咳嗽为特征。（ ）

10. 犬、猫采食大量洋葱后易引起中毒，主要表现为排红色或红棕色尿液。犬发病较多，猫少见。（ ）

三、填空题（每空 1 分，共 10 分）

1. 宠物内科病的治疗主要有保守治疗和______两种，具体治疗措施为________物理疗法与手术疗法。

2. 在含碘的消毒药中可用于治疗口炎的是______。

3. 便秘防治的主要措施是______。

4. 感冒是由于受风寒侵袭而引起的、以______为主的急性全身性疾病，多发于气候突变的季节。

5. 患胸膜炎病猫的呼吸方式为______。

6. 有机磷中毒时主要表现三种症状：毒覃碱样症状、______和中枢神经症状。

7. 痛风是由于体内______代谢障碍而引起的一种代谢性疾病。

8. 试举两种可以引起对称性脱毛的内分泌系统的疾病：________与______。

四、名词解释（每题 3 分，共 12 分）

1. 食管梗阻

2. 支气管肺炎

3. 肾功能衰竭

4. 佝偻病

五、论述题（每题 8 分，共 16 分）

1. 试述贫血的种类及鉴别方法。

2. 肝炎时，实验室化验指标有哪些？如何变化？

六、病例分析题（共 12 分）

10 岁公犬，明显消瘦，精神沉郁，全身无力，初期食欲不振，而后废绝。体温正常或略升高。眼结膜黄染。粪便呈灰白绿色，恶臭，不成形。肝区触诊有疼痛反应、腹壁紧张，于肋骨后缘可感知肝肿大。叩诊肝浊音区扩大。病情严重时，表现肌内震颤、肌肉无力、感觉迟钝、昏睡或昏迷。腹泻与便秘交替发生，粪便色淡，偶有呕吐，回答：

(1)根据所给的资料,初步诊断可能是什么疾病？写出诊断要点。(3 分)

(2)为了确诊,需做哪些化验？(3 分)

(3)根据诊断结果,提出合理治疗方案。(6 分)